数字媒体艺术专业“十二五”规划教材

用户体验与UI交互设计

石云平 鲁晨 雷子昂 编著

中国传媒大学出版社
·北京·

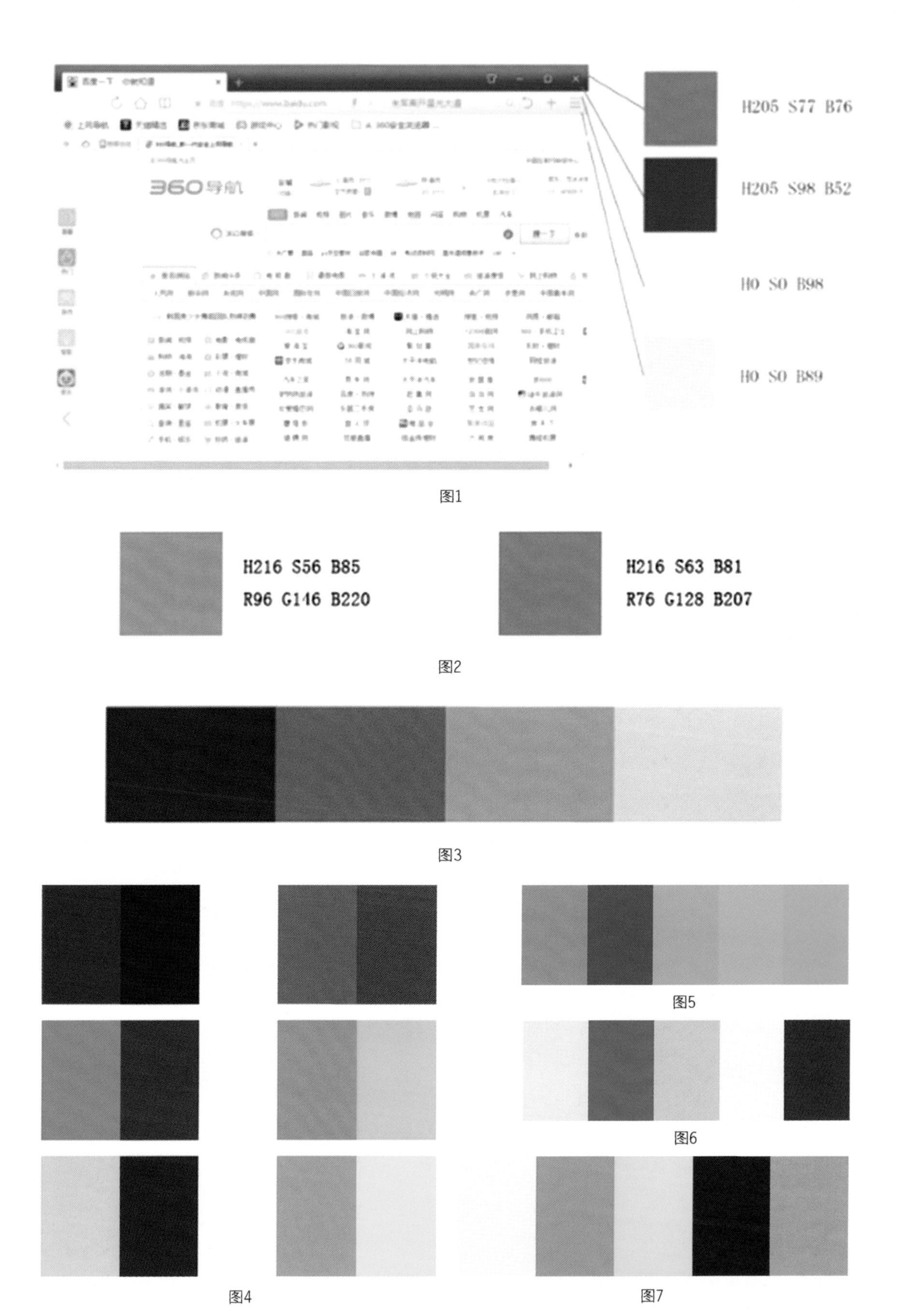

图1

图2

图3

图4

图5

图6

图7

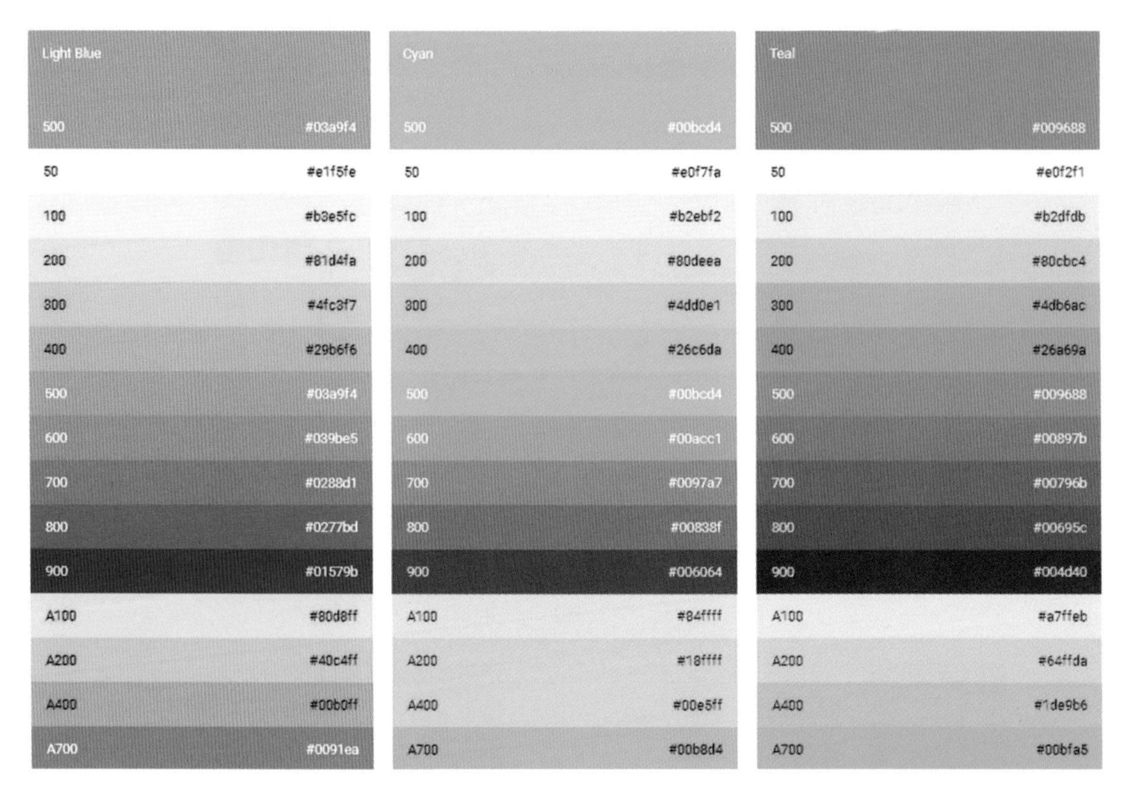

Light Blue
500 #03a9f4
50 #e1f5fe
100 #b3e5fc
200 #81d4fa
300 #4fc3f7
400 #29b6f6
500 #03a9f4
600 #039be5
700 #0288d1
800 #0277bd
900 #01579b
A100 #80d8ff
A200 #40c4ff
A400 #00b0ff
A700 #0091ea
Cyan
500 #00bcd4
50 #e0f7fa
100 #b2ebf2
200 #80deea
300 #4dd0e1
400 #26c6da
500 #00bcd4
600 #00acc1
700 #0097a7
800 #00838f
900 #006064
A100 #84ffff
A200 #18ffff
A400 #00e5ff
A700 #00b8d4
Teal
500 #009688
50 #e0f2f1
100 #b2dfdb
200 #80cbc4
300 #4db6ac
400 #26a69a
500 #009688
600 #00897b
700 #00796b
800 #00695c
900 #004d40
A100 #a7ffeb
A200 #64ffda
A400 #1de9b6
A700 #00bfa5

图8

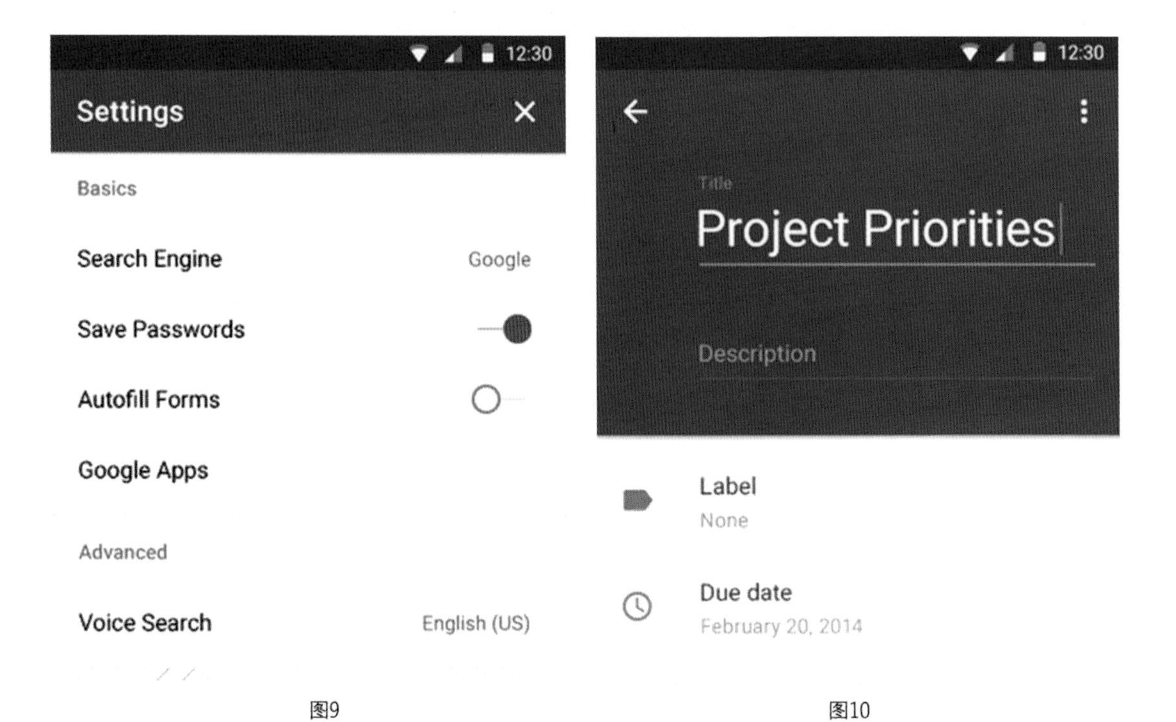

12:30
Settings
Basics
Search Engine
Google
Save Passwords
Autofill Forms
Google Apps
Advanced
Voice Search
English (US)
12:30
Title
Project Priorities
Description
Label
None
Due date
February 20, 2014

图9

图10

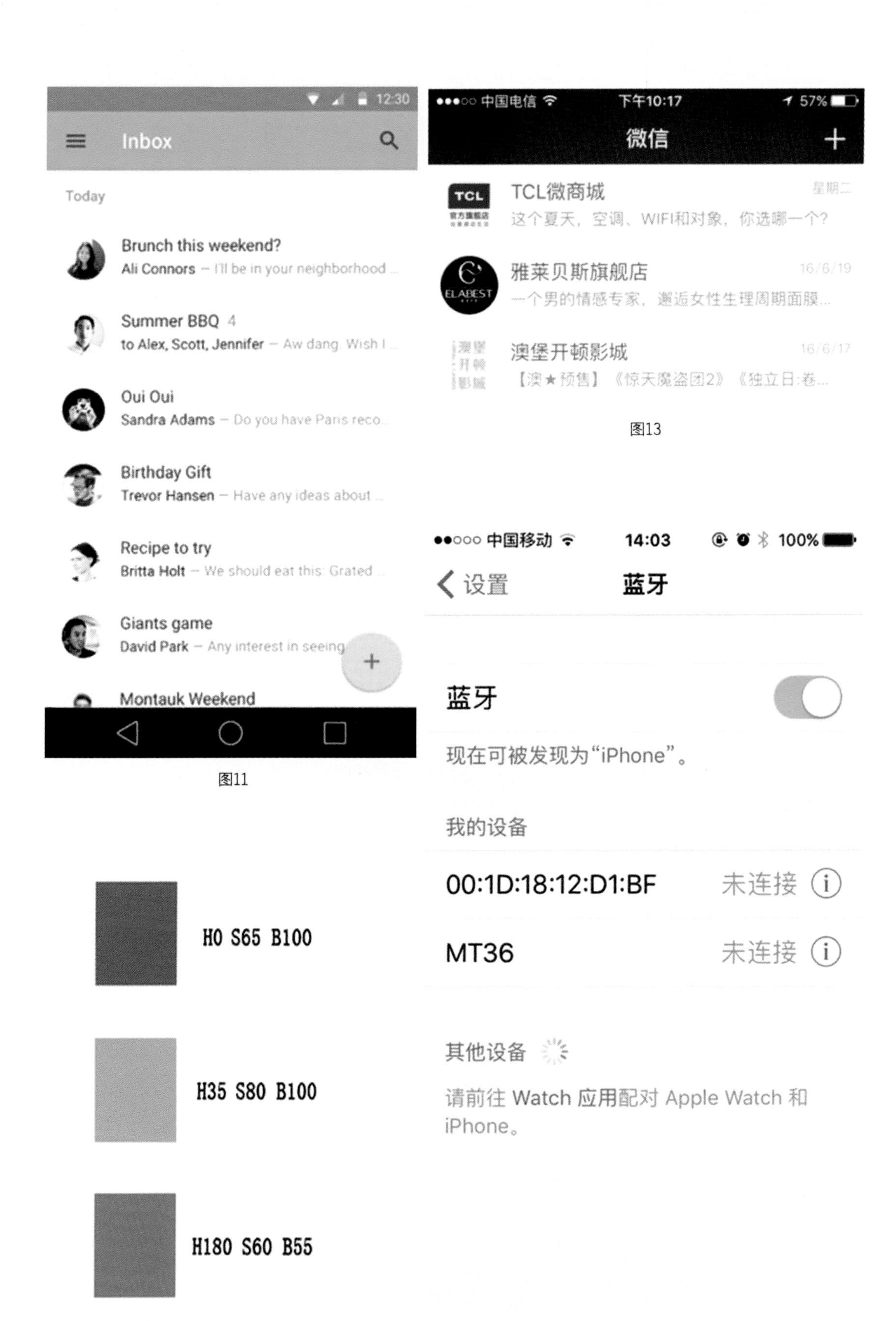

图11

图12

图13

图14

图15

图16

THIS MONTH LAST MONTH ALL TIME

图17

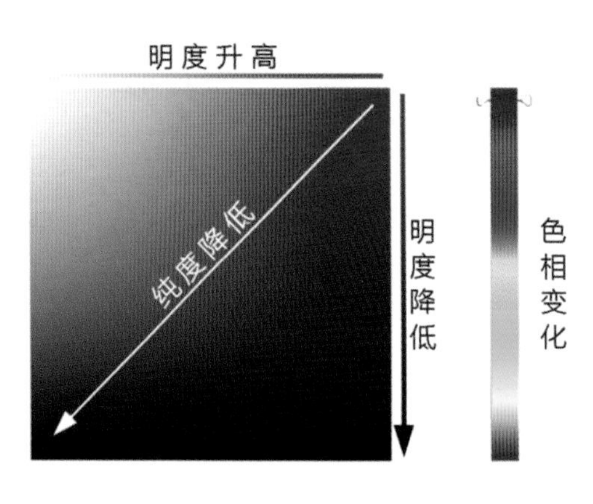

图18

图19

图20

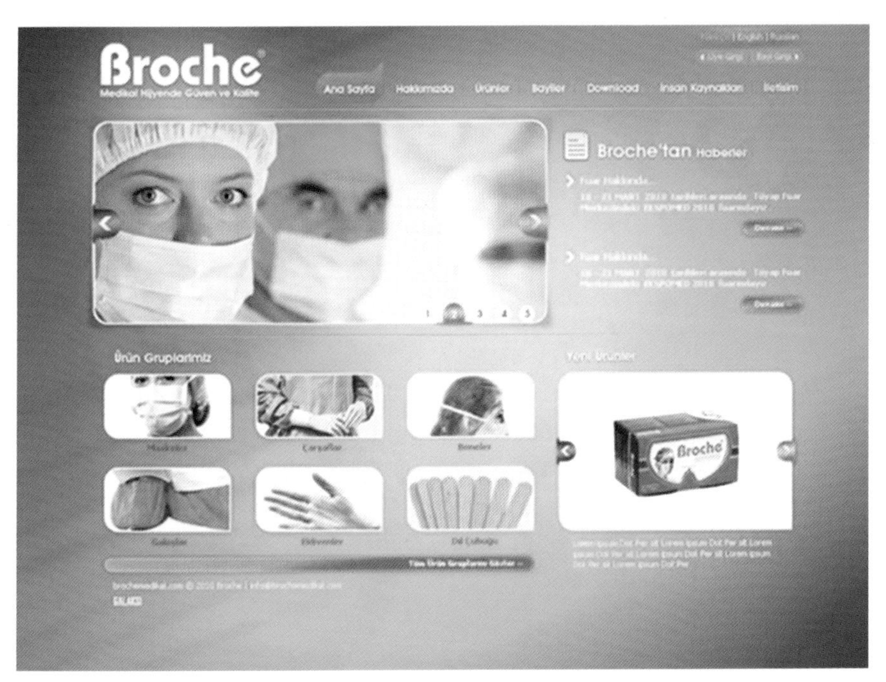
Broche
Medikal Hijyende Güven ve Kalite
Ana Sayfa
Hakkımızda
Ürünler
Bayiler
Download
İnsan Kaynakları
İletişim
Broche'tan Haberler
Ürün Gruplarımız
Yeni Ürünler
图21

AECSTASY
k3nny dezigns
Aecstasy Limousine
718.709.1489
OUR LIMOUSINE SERVICES
Weddings
Casino Trips
Night on the Town
RESERVE TODAY!
图22

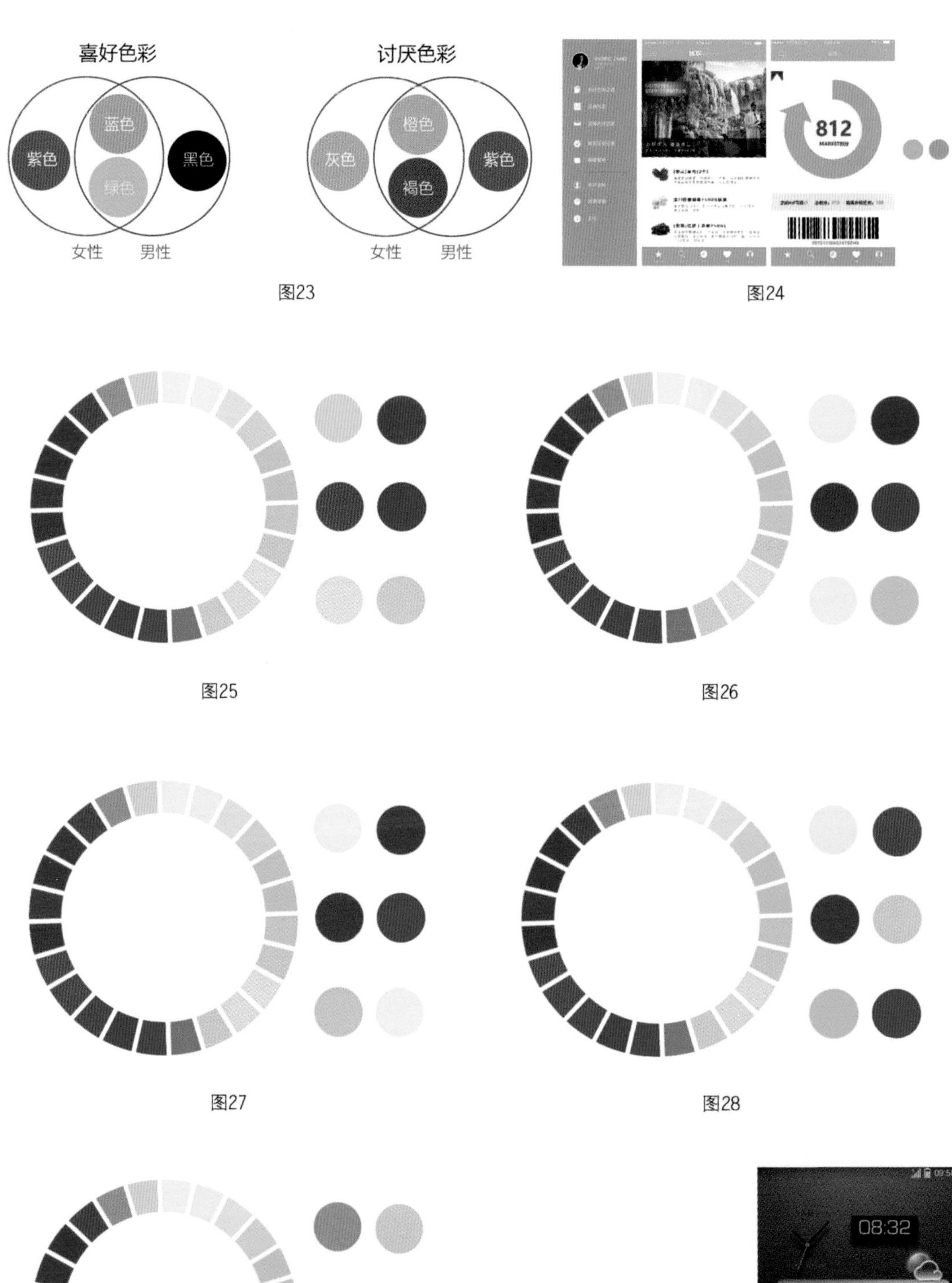

图23

图24

图25

图26

图27

图28

图29

图30

图31

图32

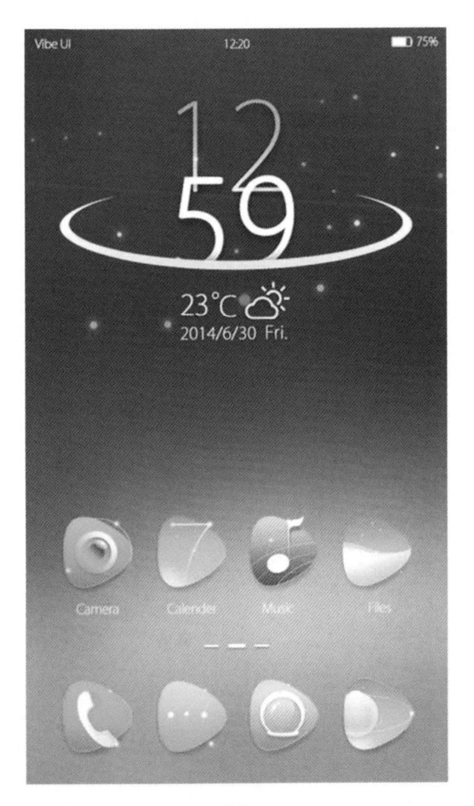

图33

图34

图35

图36

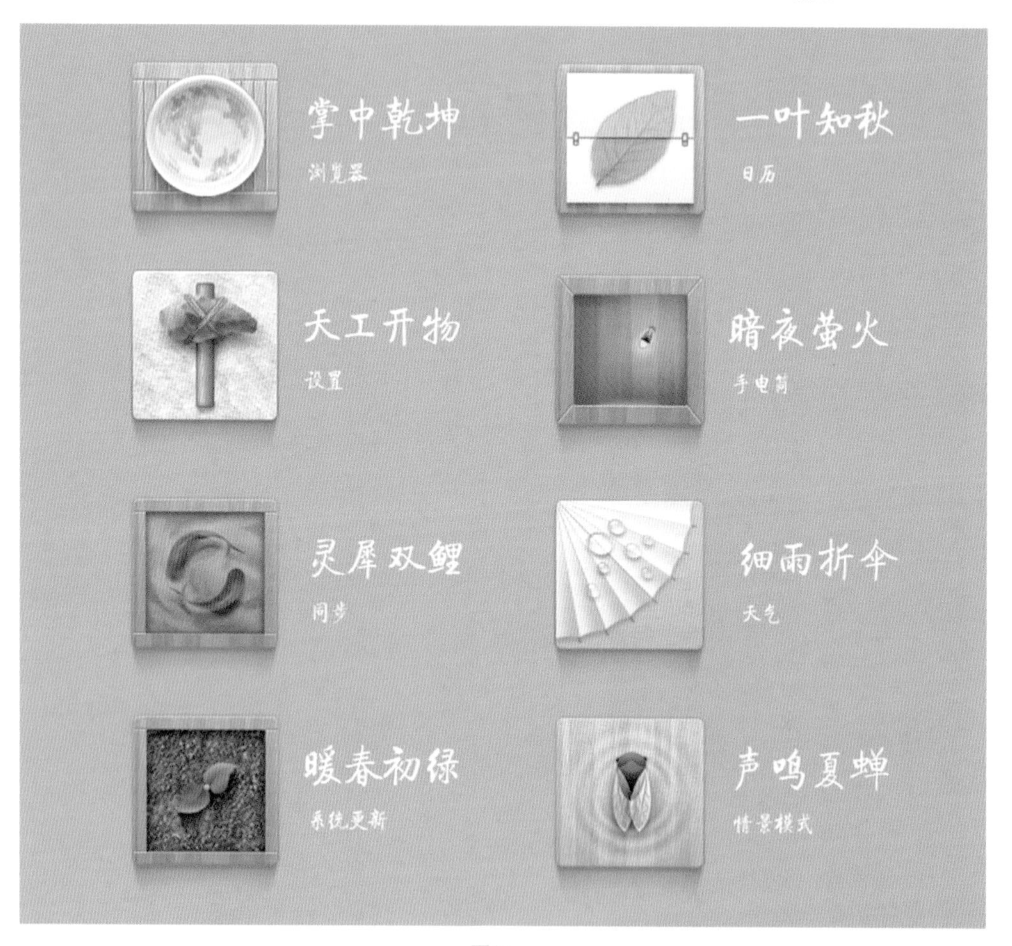

图37

图38

图39

图40

图41

图42

图43

图44

图45

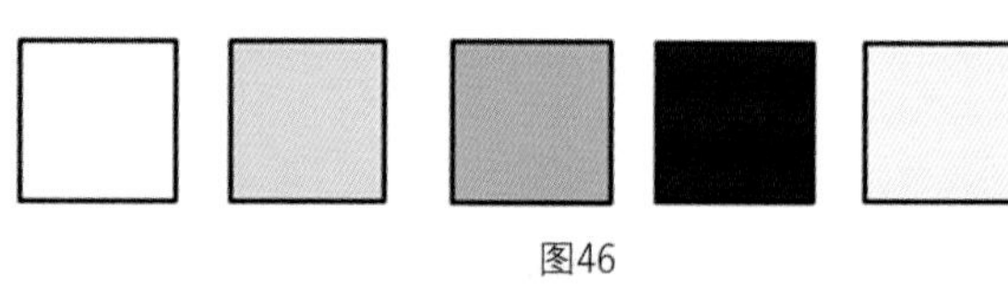

图46

图48

图47

图49

图50

图51

颜色提取

white

图52

64

图53

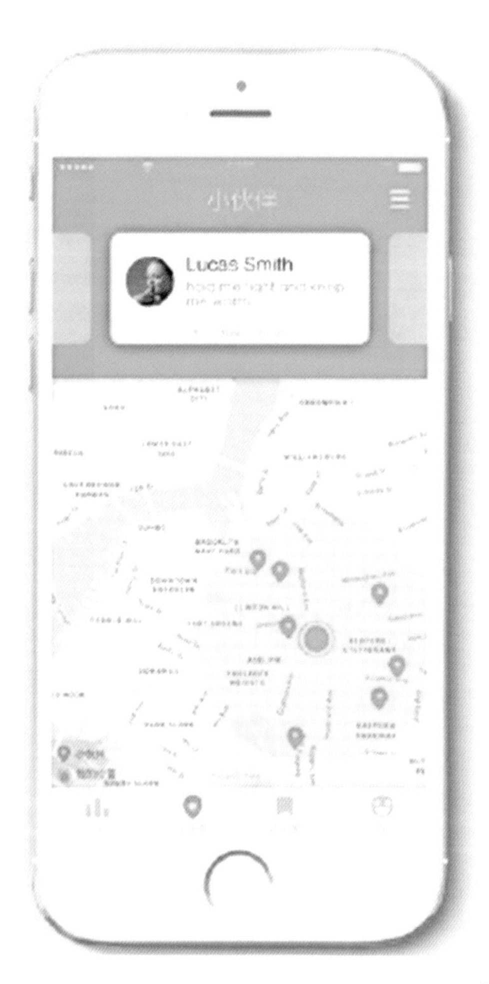
小伙伴
Lucas Smith

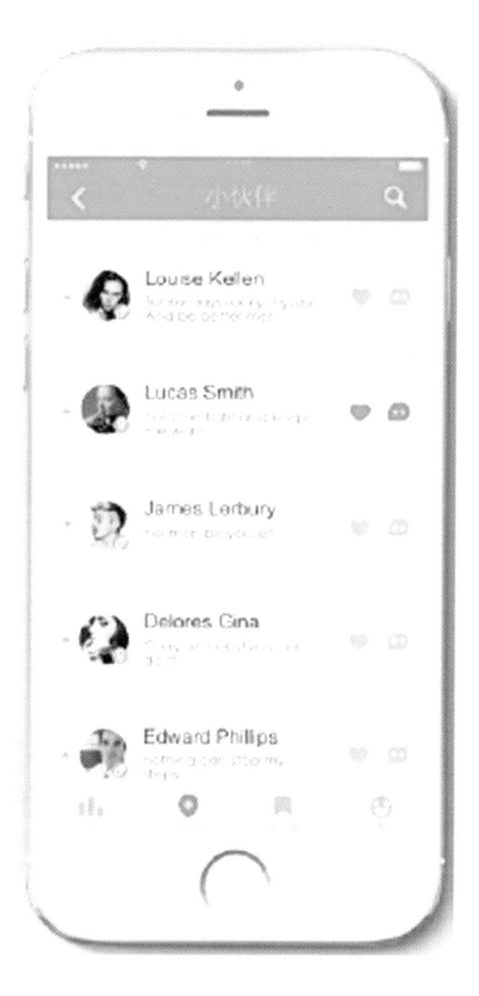
小伙伴
Louise Kellen
Lucas Smith
James Lerbury
Delores Gina
Edward Phillips

图54

序　未来已来

整个人类文明史上有两个十分重要的时代。第一个是大航海时代，因为大航海运动把所有孤立的大陆上的物种、人种彻底融合在一起，塑造了今天的世界，包括政治格局。第二个就是互联网时代，互联网再一次把全人类的思想融合在了一起。我们虽然不可能重返大航海时代，但庆幸的是我们正身处互联网时代。互联网时代是一个充满机遇的时代，一个微妙的小动作、一个不一样的思维就有可能改变我们已经遵循很多年甚至几百年的生活方式，颠覆我们习惯已久的认知。

互联网时代发展至今已经经历了三个阶段。在1.0时代，各个领域的企业争相推出自己的App来占领用户的手机端。那是一个只要抓住用户某个很细微的“痛点”就能成就一番事业的时代，我称它为互联网的“寒武纪”，遍地的App产品就像生命爆发一样迅速地涌现；到了2.0时代，已经接近饱和状态的App产品市场开始融合，构建出较为完善的服务平台，提升了某个领域内的所有利益相关人的用户体验；今天，我们结合硬件技术的创新构建产品生态链，步入了3.0时代。从智能穿戴到智能家居，从衣食住行到教育医疗，互联网思维已经渗透到我们生活的方方面面，让人们觉得以前在电影里出现的未来的生活场景已经来到了我们面前。不断创新的科技又一次让人类集体亢奋，就像第一次工业革命时期一样，几乎每天都会有新的概念产品进入人们的视野。在这样一个全民创新的时代，设计变得尤为重要，因为设计思维尝试解决的就是如何平衡用户(需求)、技术(可行)、商业(利益)三者之间的关系的问题,而正是这些决定了一个产品的生命力。

本书集合了互联网行业内专业UI设计知识,联手知名互联网企业及专业UI设计公司,深度剖析优秀的设计案例,解读当下互联网产品设计法则、流程及规范,相信能给UI设计初学者带来一些帮助。我相信随着互联网持续快速的发展、科技的革新及应用、商业模式的进一步创新,一个拥有设计思维并具备多元的设计能力的UI设计师才能接手已经到来的未来时代。

徐 强

UI Park Design Director

前　　言

以用户体验为中心的移动应用交互设计的好坏对于移动应用产品的开发是否成功起着决定性的作用吗？本书以行业对数字媒体人才的需求为导向，将实际项目贯穿于本书的设计中，首先，本书从感知移动设计讲起，分析、总结了移动设计的特点、生命周期、三大主流平台的应用以及人机交互设计的相关知识，并对移动设计的发展前景和就业趋势进行了分析、总结；其次，本书以用户体验的三大设计流程为主线，详细分析了每个流程中涉及的新技术、方法、原则、思路和设计标准，同时作者们根据自身的移动应用设计经验，介绍了一些常用的设计工具和使用技巧，希望对新入行的设计师们有所帮助；最后，本书详细讲解了移动平台产品设计项目的实践范例，让使用者通过本书真正掌握移动设计的方法，真正了解行业设计流程。同时，以附录的形式列出了很多有参考价值的资料、网址供设计者学习。本书适合数字媒体艺术相关专业的移动设计初学者，对移动设计感兴趣、想进入此领域的设计师，对企业家、开发人员、产品经理、质量保证人员、销售与客服来说也是一本非常实用的参考书，同时对设计师在设计领域中迅速转型也有很大的帮助。

从想法诞生到付诸实施花费了好几个月的时间，从内容结构到设计观点，我们进行了一遍遍的推敲，确定了本书的核心内容和创新点，每位作者都付出了艰辛的努力。书中难免会有一些纰漏，还望各位读者批评指正并提出宝贵的意见和建议。

本书整体结构由主编石云平规划，全书共七大章，第一章、第二章、第三章和第六章由石云平完成，共配图200余幅；第四章由雷子昂完成，共配图100余幅；第五章由鲁晨完成，共配图60余幅；第七章由石云平、鲁晨和雷子昂共同完成，共配图60余幅。在撰写过程中，UI Park为本书提供了很多素材和资料，并提出了很多非常有建设性的意见和建议，使全书的品质有了很大的提高，在此对UI Park致以真诚的谢意！同时还要感谢数字艺术学院数字媒体艺术专业的殷亚菲、王晗君、曹伟等同学的辛勤付出！

石云平

2016年6月于西安邮电大学

目　　录

第一章　感知移动设计 …… 1
第一节　移动设计的特点 …… 1
第二节　移动应用的生命周期 …… 11
第三节　移动设计的创新——互联网思维 …… 12
第四节　移动设备的三大主流平台和应用 …… 18
第五节　移动设备中的人机交互设计 …… 23
第六节　移动 UI 设计发展新趋势 …… 24
第七节　移动设计就业要求 …… 30

第二章　用户体验与 UI 交互设计概述 …… 34
第一节　用户体验 …… 34
第二节　用户体验设计三大流程 …… 38
第三节　UI 交互设计 …… 40
第四节　原型设计工具推荐 …… 43

第三章　移动产品的创意和原型草图设计 …… 47
第一节　移动产品的创意 …… 47
第二节　移动产品的定位 …… 57
第三节　移动产品的需求分析 …… 64
第四节　讨论与初步设计 …… 71
第五节　绘制用户体验原型草图 …… 82

第四章　移动产品的中保真原型设计 …… 99
第一节　移动应用产品设计规范 …… 99

第二节 界面布局和导航机制 …… 123
第三节 设计组件 …… 129
第四节 中保真原型设计流程 …… 137
第五节 中保真原型的可用性测试 …… 139

第五章 移动产品的高保真原型视觉设计 …… 145
第一节 图形元素的合理构建 …… 146
第二节 界面的色彩选择 …… 153
第三节 文字使用技巧 …… 164
第四节 数字界面的三大风格 …… 168
第五节 界面中的图标设计 …… 175
第六节 特殊界面设计 …… 187

第六章 移动产品原型设计之 Axure RP …… 191
第一节 Axure RP7.0 的交互基础 …… 191
第二节 流程图 …… 210
第三节 动态面板高级应用 …… 214
第四节 内部框架应用 …… 229
第五节 高级交互 …… 238
第六节 Axure 原型发布和规格说明书 …… 261
第七节 多人协助和版本管理 …… 266

第七章 移动平台产品设计项目实践 …… 271
第一节 项目一:回音 …… 271
第二节 项目二:放下 …… 283
第三节 项目三:减约 …… 294

附 录 …… 304
附录一:常用用户体验素材网站 …… 304
附录二:UI 交互设计相关资料汇总 …… 306
附录三:UI 设计师必读的八本专业书籍推荐 …… 310

参考文献 …… 311

第一章　感知移动设计

本章要点

1. 移动设计的特点
2. 移动应用的生命周期
3. 移动设计的创新
4. 移动设备的三大主流平台
5. 移动设备中的人机交互设计
6. 移动 UI 设计发展新趋势
7. 移动设计的就业要求

在互联网媒体的演变中，媒体不仅要“告知”用户有用的信息，还要友好地“展示”信息，给用户以良好的视觉引导，从而使其快速获得有用的信息。那么在这个交互获取信息的过程中，用户体验的意义到底是什么？什么是用户体验？打个简单的比方：你可以把你设计的App当成社会中的个体，用户通过某种方式接触这个个体以后，肯定会留下一些或深刻或模糊的印象。用户也会通过接触中的一些事情对这个个体作出一个评价。这个评价就是我们所说的“用户体验”。如果“用户体验”效果好，用户肯定还会继续关注这个App，反之，二者只有“一面之缘”，不会再有交集。

第一节　移动设计的特点

一、了解用户并给用户最想要的

（一）用大数据思维分析移动用户的重要性

移动用户无论在网络上完成什么样的操作或进行什么样的网络活动，总会留下很多的数据,例如购买商品后,我们会很容易从用户的浏览或购买数据中发现用户对于某一品牌的偏爱,同时还可以分析出用户购买的产品之间的关联性。我们一般会把用户产生的网络数据划分为三个层面,即信息、行为、关系。挖掘这些数据,有助于企业进行商业决策和发展预测。数据分类如图 1-1 所示。

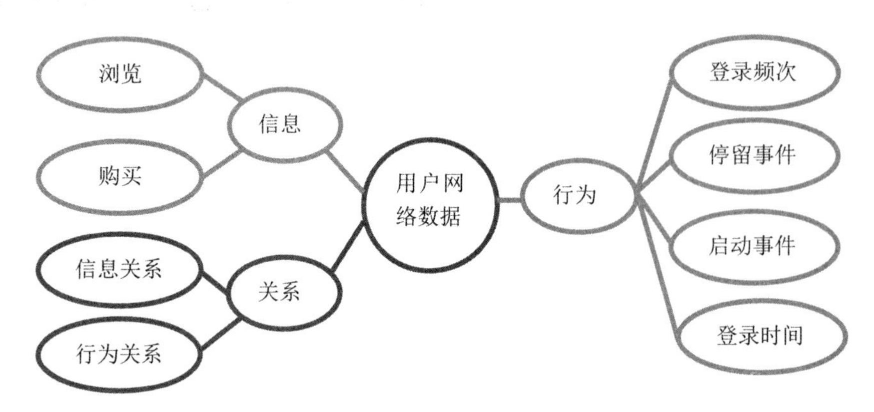

图 1-1　用户产生的网络数据

大数据的价值不在于大,而在于我们对它的挖掘和据它做出的预测。我们可以运用数据挖掘技术,挖掘数据之间的相关性,并对相关数据进行聚类分析,从而准确地对产品进行人性化分类,满足用户的需求。大数据思维的核心是理解数据的价值,通过数据分析结果创造更高的商业价值。也就是说,数据资产已经成为核心竞争力,小企业同样需要大数据的支持,这样才能发展下去。例如淘宝网,淘宝网一直致力于对用户的日志进行统计,每个用户在淘宝网上的浏览、购买、支付等行为都会被日志系统记录下来。基于用户的浏览和购买信息,阿里巴巴得到了精确的用户偏好信息,更深入地了解和理解了用户,进而做出了强大的、精确的广告系统。细心的用户不难发现,我们每次打开淘宝网,总能看到自己的浏览痕迹,同时系统还会推荐很多相似的产品供我们浏览和购买。

(二)产品与用户的关系

随着社会的进步和各种技术的发展,尤其是互联网技术的发展,人们对于设计的理解和认识已经发生了很大的变化,越来越多的设计者更加注重产品使用的主体即用户在产品设计中的作用,更加注重用户的使用需求和使用体验。产品的设计者和开发者,也把“给用户最想要的”作为设计的终极目标,给用户最大的使用满足感和现实感。图 1-2 很好地体现了用户和产品的关系。

注重用户体验的案例很多。2015 年 12 月 10 日至 12 日,中国电子体验展暨中国用户体

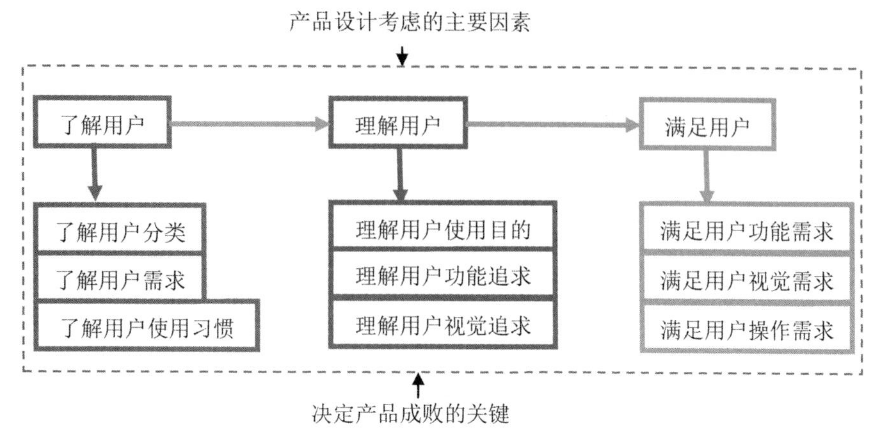

图 1-2　产品与用户的关系

验峰会在北京国际会议中心举行，大会以“创新从用户体验出发”为主题，集中展示了用户体验为传统行业带来的重塑力量，并举办了若干场具有权威性的高峰论坛，深刻阐述了“互联网＋”时代中，各行各业的调整方向、企业创新体系的构建和用户口碑树立等热点话题。“用户体验”成为一个热度很高的词，其广度和深度也不断拓展。苹果公司凭借不断创新的用户体验，即用“给用户最想要的”这一理念重塑了很多行业；海底捞对用户体验的重视也为传统餐饮业带来了令人眼前一亮的改变。由此可见，抓住用户，就抓住了机会，就为成功打下了坚实的基础。

（三）用户分类

要了解用户、理解用户和满足用户，给用户使用性最好的产品，最重要的任务就是先对用户进行大的分类，了解每一类用户的特点和需求，这样才能更好地为用户服务，设计出用户想要的产品。根据用户的需求和用户的使用经验，我们对网络用户进行了分类，如图 1-3 所示。

大多数用户既非新手，又非专家用户，而是中级用户。一般情况下，中级用户和专家用户在长期使用某部分交互时遇到的问题更具有代表性，而新手用户提出的问题则更利于设计人员了解用户与智能手机交互时的认知过程。设计人员只有充分了解产品所面对的客户群体，才能设计出符合用户使用习惯的成功的移动产品。如果我们根据使用移动终端设备的用户的不同熟练程度画一个人数曲线，必定近似于经典的正态分布统计曲线。Robert Reimann 在他的《About Face 3 交互设计精髓》中阐述了此正态曲线的分布方式，如图 1-4 所示。

没有人愿意永远停留在新手级别，也就是说，随着使用软件的熟练程度不断提高，一段

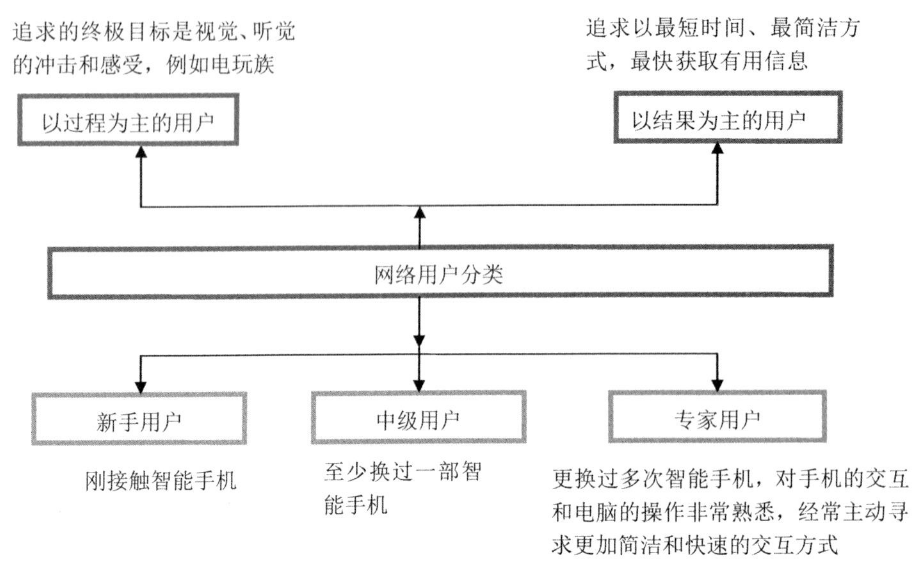

图 1-3　用户分类

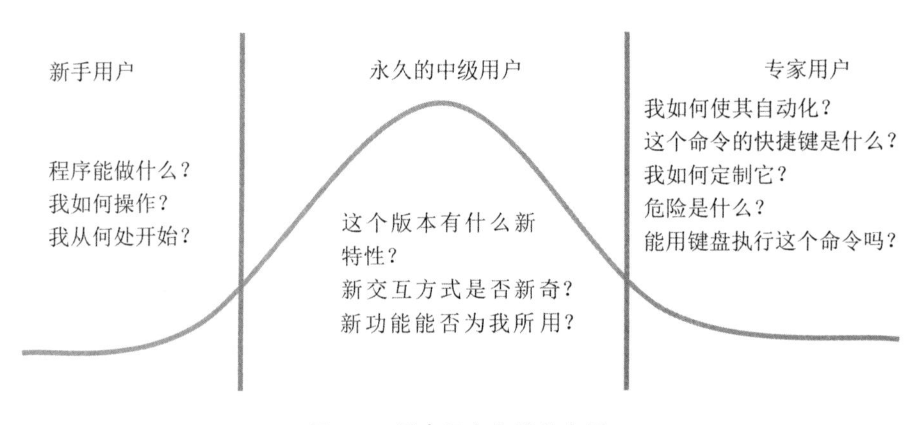

图 1-4　用户正态曲线分布图

时间后用户群体会发生变化，但中级用户相对比较稳定，因为成长为专家用户比较困难，而且对大部分用户来说，没有必要成为专家用户，方便使用对他们来说才是第一位的。

了解用户分类对于 UI 交互设计是非常有用的。设计人员一般会在几类用户中间进行平衡，既不迎合新手，也不迎合专家，而是把大部分设计精力放在满足中级用户上。与此同时，也会提供一些特殊功能，让数量较少的新手和专家用户也可以方便地使用该产品，例如很多产品都会增加一些辅助功能，如用户向导（面对新手用户）和对产品新特性的演示（面对专家用户），这样做是为了吸引更多的潜在用户，给用户最想要的。

二、让用户一目了然

“突出重点，一目了然”，对任何产品而言，能让用户首先关注的内容将是设计中要表达的重要信息。什么样的设计才能让用户一目了然呢？我们认为，可从“视觉”一目了然、“功能”一目了然和“操作”一目了然来展开讨论。例如，本来用文字展示的产品换成用广告图片来展示，因为图片更能让客户一目了然，充分调动客户的感官，从而达到宣传的目的，所以很多设计用图形来吸引用户的视觉中心，如图 1-5 到 1-7 所示。

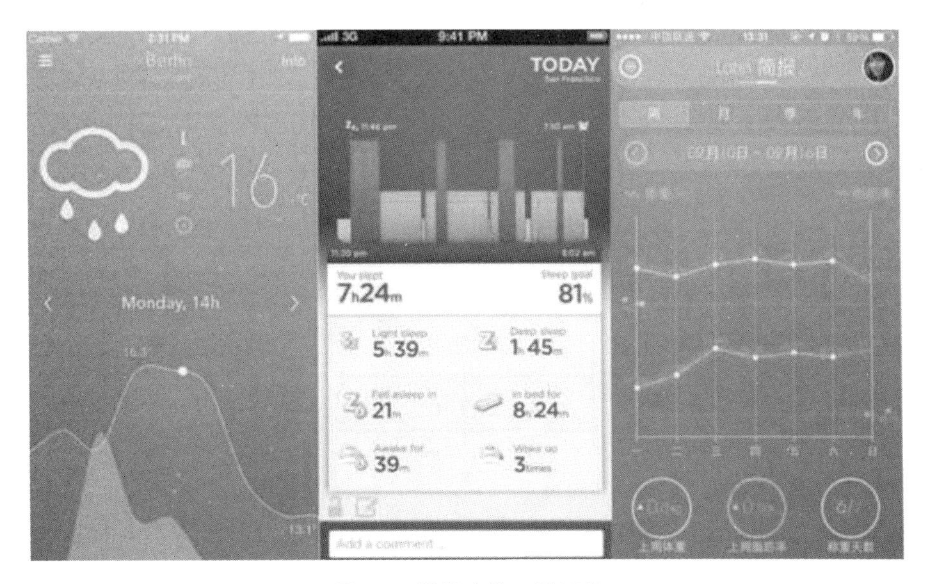

图 1-5　视觉上的一目了然

图 1-6　功能上的一目了然

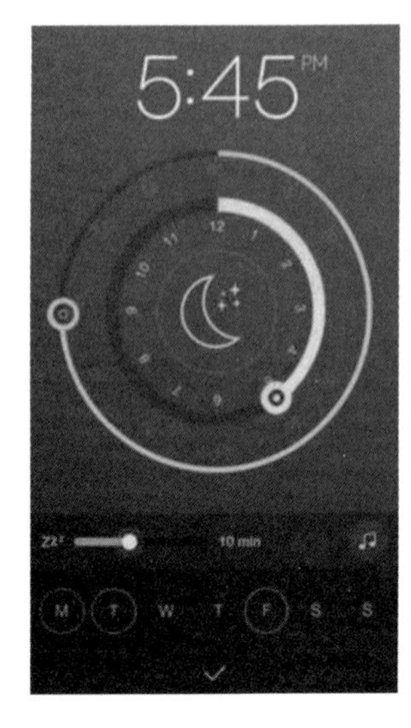

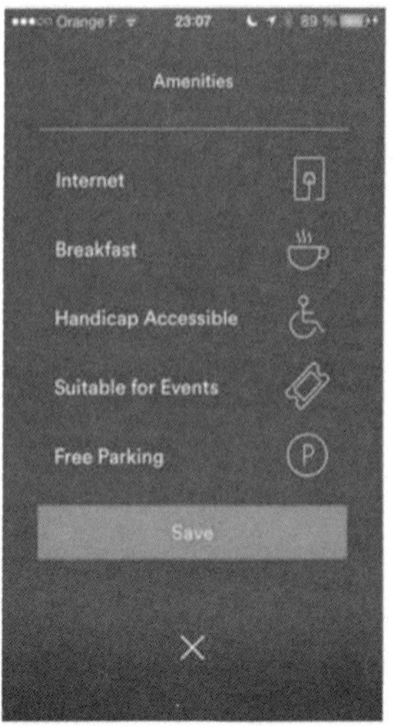

图 1-7　操作上的一目了然

要想做到设计上的一目了然，让用户快速喜欢上产品，并且爱不释手，须做到以下几点：

(1)使自己成为产品的一个用户，从用户的角度去感受产品的功能和视觉设计。

(2)视觉设计要做到“所见即所得”，让用户在最短的时间内了解产品，即界面对新手友好，产品易于学习。

(3)设计上力求简约，为设计做减法。

(4)产品便于掌控，操作舒适自由，各模块跳转方便。

(5)提供必要、有用的帮助信息，不让用户感到“束手无策”。

(6)做到让用户“多选择、少输入”，不要让用户的任务复杂化。

(7)将产品主功能和模块做到“一看便知”。

三、让用户减少思考的时间

Don't Make Me Think 这本书的作者是美国人克鲁格。作者根据多年的从业经验，剖析了用户的心理，在用户使用模式、导航设计、主页布局、可用性测试等方面提出了很多独特的见解和观点，会让初学者觉得受益匪浅。

用户获取信息的方式多样，并且对信息的理解程度也各有不同，所以运用用户平时使用和理解的表达方式去传递信息，可以让用户减少思考的时间，更易为用户所接受。这里所讲的让用户减少思考主要从以下几方面展开。

(一)交互方式符合用户的操作习惯

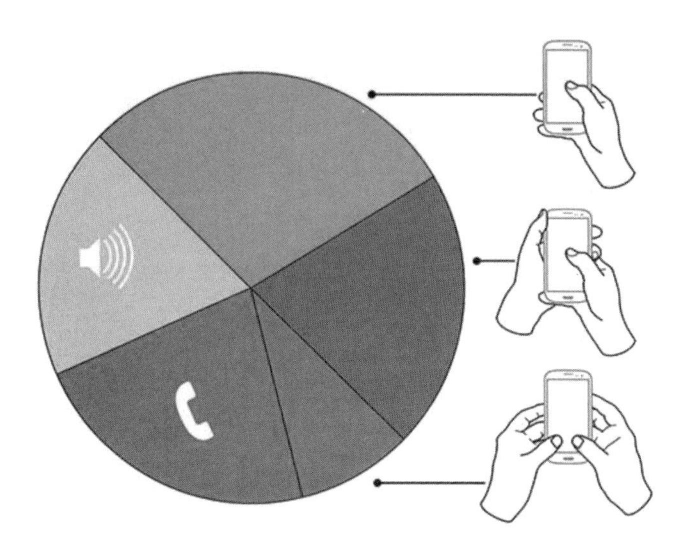

图 1-8　用户与移动设备的交互方式

2013 年，著名用户体验专家 Steven Hoober 在美国各地的巴士休息站、机场等公共场所对 1 333 名用户的手机使用习惯进行了观察和分析统计。结果发现：

(1)单手握持用户占 49%。

(2)“抱握”的用户(双手握持手机的同时，只用一只手触摸屏幕或键盘，其中 72%的人用大拇指来操控，使用其他手指的人仅占 28%)占 36%。

(3)双手握持用户占 15%。

以上数据足以说明，在手机的使用场景中，单手操作或者用拇指操作是较为自然的使用方式，特别是对移动场景来说，单手操作最为常见和合理。随着大屏手机的普及，对手机应用而言，针对大屏手机的操作体验优化应用势必会提升用户对于应用本身的满意度。因此，对大屏单手交互方式的优化显得尤为重要。

例如在按钮点击区域，合适的按钮尺寸会让大部分用户在操作时感觉非常舒适。一般情况下，标准屏幕中的按钮，大小在 44px 到 57px 之间，视网膜屏中的按钮，大小在 88px 到 114px 之间。

目前我们总结的用户常用的操作习惯大致有：

(1)通过食指点击，执行“选择”的最基本的操作。

(2)用食指拖动移动对象，目标对象随着手指移动，直到指尖离开屏幕表面。

(3)用大拇指和食指放大屏幕或全屏。

（4）食指长按为复制、粘贴或删除。

（5）食指连续两次轻按，将图片或内容放大至原始尺寸并居中，再次操作则恢复到预设尺寸。

（6）拇指和食指配合，双指“张开”，将图片或内容等比放大；反之，“捏合”则为将图片或内容等比缩小。

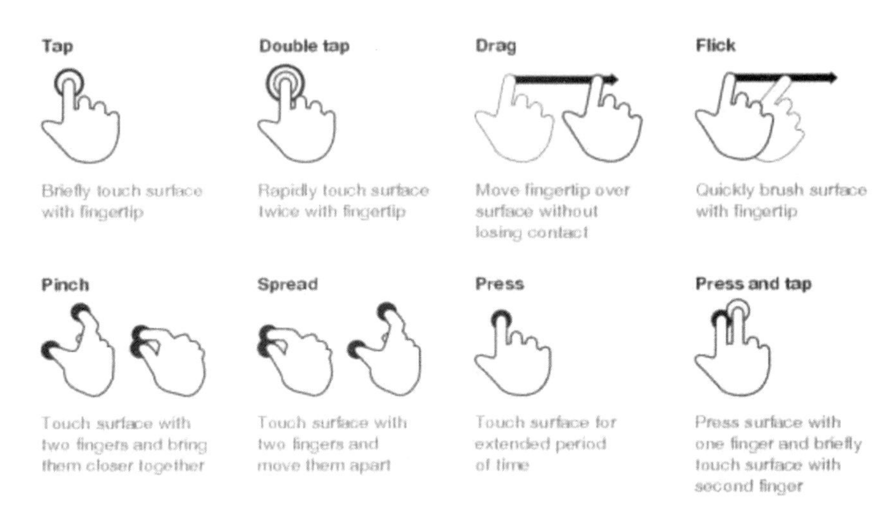

图 1-9　用户常用手势展示[①]

（二）在页面布局上尊重用户的视觉和使用习惯

在界面中，信息的布局会直接影响用户获取信息的效率。所以，界面的布局一般会因功能不同而不同，并且会让用户有一种“区块感”，图标应排列得有序整齐，不要过紧或者过松，以方便用户快速浏览信息。“区块感”布局如图 1-10 所示。

（三）保持产品页面层级在深度和广度上的平衡

通常页面之间的层级关系在 Y 方向上越深，用户获取信息的难度就越大，需要花费的时间就越多，用户的失望感就越强；同样，页面之间的层级关系在 X 方向上越深，用户就会在无数并列的交互面前不知所措。所以说，页面层级的深度和广度最好有一个合适的均衡关系，以便减少用户的焦虑感和使用产品时的不良视觉反应。例如，当用户面临太多的菜单选项，且他们选了一个选项，却没有看到什么内容时，就会产生不良的观感，从而影响产品的用户体验效果。

① 图片来自智能操控手势集。

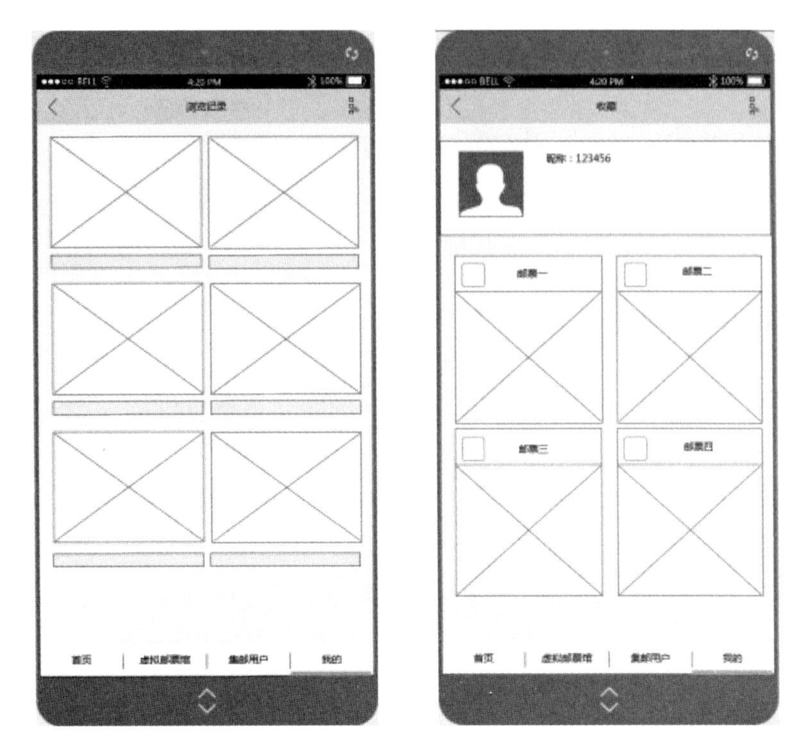

图 1-10　作品《情邮独钟》原型图(区块感展示)

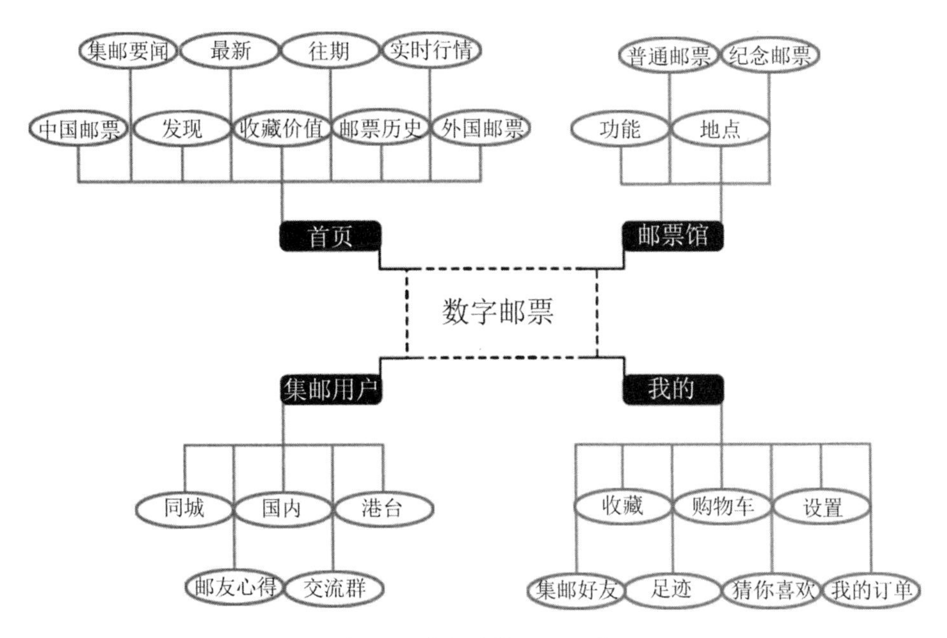

图 1-11　作品《情邮独钟》页面层级关系图

(四)让用户变得无须思考——减少点击的次数

让用户减少点击次数,即使每次点击都无须思考,也能做到准确无误。一条实用、关键的准则值得我们深思:1次需要思考的点击=3次无须思考且准确无误的点击。总之,点击次数越少越好。

四、让用户有设计和优化产品的参与感

用户思维是互联网思维的核心,用户参与产品的设计与优化,有利于集思广益,并使用户获得参与产品设计的荣誉感。任何产品都有大量的粉丝,粉丝来源于用户,但是用户远没有粉丝那么忠诚,所以要让粉丝参与产品的用户体验和品牌传播,让粉丝对产品的建设性意见和建议进行投票,因为粉丝决定了产品的最终形态,他们自然也会为这些产品买单。

小米成功后,粉丝经济、互联网思维似乎成了小米公司的代名词,而小米社区是一个典型的产品型社群:吸引用户参与到产品讨论与创造中来,使用户有亲手制造产品的参与感;不断与其互动,增加粉丝活跃度。“为发烧而生”,小米社区让每个米粉有了归属感。同时小米也经常在微博上与粉丝互动,制造话题,其创始人雷军目前的粉丝数大约是1 230万,小米手机的粉丝数大约是1 019万。

五、节省用户的使用开支

对用户来说,使用移动设备的主要开支包括流量费用、会员费用、App下载费用、高级功能使用费用等,其中用户愿意支付的费用主要是每个月的固定流量费。其他类型的费用越少越好,这样用户才可能持续地使用移动产品。所以,节省用户的使用开支非常重要,这也是App设计者要考虑的重要问题之一。

为了节省用户的使用开支,很多移动产品会使用多种策略来满足用户的需求,以便留住用户。主要策略包括:给用户免费下载、试用产品的机会;设计一些帮助用户节省流量的方案;设计一些附加积分或赠送活动吸引用户,例如淘宝网、京东等的满赠功能;多给用户提供一些成为VIP才有的特权或免费服务;让用户在感觉使用方便的情况下能免费地和没有安装该App的人互动,节省短信费和流量费。

例如阿里巴巴集团于2015年5月26日正式发布的“钉钉”,专注于提升中国企业的办公与协同效率,这里我们只关注它在节省用户使用开支上的策略。除了视频电话会议和商务电话,“DING”功能更是让用户“欣喜若狂”,钉钉发出的DING消息将会以免费电话、免费短信或者应用内消息的方式通知联系人,无论接收方有没有安装钉钉,是否开启了网络流量,均可收到DING消息,实现了无障碍的信息必达。当接收方收到DING消息的提醒电话

时，号码显示为发送方的电话号码，接收方接听发送方的语音信息。如果是文字信息，系统会将文字播报给接收方，接收方可直接进行语音回复，发送方也可及时收到回复。我们能明显地感受到，钉钉在节省用户开支方面设计得还是非常周到的。

图 1-12　"钉钉"的节省用户开支模式

第二节　移动应用的生命周期

一、研究移动应用生命周期的重要性

作为一个移动应用，它的生命周期必须是循环的，否则就会很快被淘汰或被相似产品替代。艾瑞咨询发布的《2015 年中国手机 App 市场研究报告》指出，移动应用的生命周期平均只有 10 个月，85%的用户会在 1 个月内将其下载的应用程序删掉。曾经强势出场的脸萌、围住神经猫、疯狂猜图等手机 App 目前已不再更新，而 QQ、微信、美图等 App 大户则长盛不衰。同时该研究报告还显示，即时通讯与社交应用成为最受欢迎的移动应用，占比达到 64.1%。手机 QQ、微信、新浪微博在熟人社交方面位列三强，陌陌、豆瓣则在陌生人社交和垂直社交领域各领风骚，所以研究移动应用的生命周期非常重要。移动应用的生命周期如图 1-13 所示，主要是在设计者、App Store 和用户之间循环。

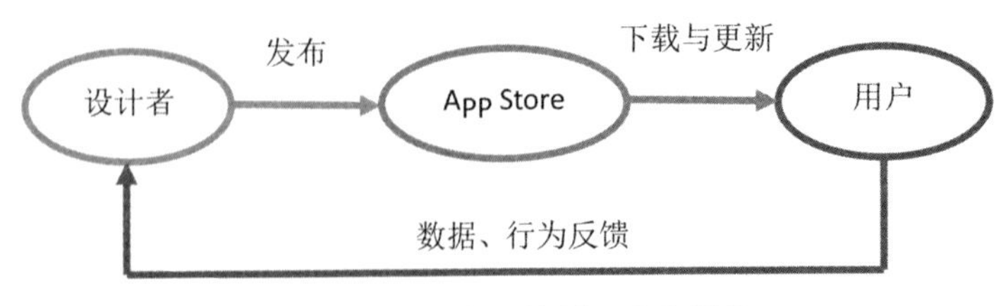

图 1-13　移动应用的循环生命周期

二、如何做一个长销的 App

要想在手机 App 市场里做一个长销的 App，抓住“用户”是非常重要的。首先，如何满足目标和潜在用户的需求，就是一个值得研究的问题；其次，要在同类 App 中出类拔萃，要有自己的特点，最好是别人无法超越的，让目标用户觉得产品就是为他们量身定做的，从而成为该产品的忠实粉丝。综上，我们可以从以下几方面入手来延长产品的生命周期：

(1)具备互联网大数据挖掘思维：理解用户数据的价值，充分挖掘数据、预测市场趋势，真正了解用户的需求，更好地为用户服务。

(2)具备互联网跨界思维：懂得从始至终关注用户需求和用户体验，敢于自我颠覆，主动跨界，自然就能“挟用户以令诸侯”。

(3)具备互联网拓展思维：不少行业类 App 已开始尝试在主流功能之外拓展附加功能，另辟蹊径，开发附属产品，或走技术路线，迎合用户对新技术、新玩法的需求。例如 2015 年 10 月，阿里支付宝的更新版本增加了“生活圈”功能，用户可以将照片和视频分享给支付宝好友。“支付＋社交”，成为阿里拓展 App 社交功能和丰富用户体验的又一次试水。

第三节　移动设计的创新——互联网思维

互联网不仅仅是一种技术，不仅仅是一种产业，更是一种思想，是一种价值观。互联网将是创造明天的外在动力。创造明天最重要的是改变思想，通过改变思想创造明天。

——阿里巴巴董事局主席马云

互联网其实不是技术，互联网其实是一种观念，互联网是一种方法论，我把它总结成七个字，“专注、极致、口碑、快”。

——小米公司董事长雷军

一、领袖和跟风者的区别就在于创新

乔布斯的名言“领袖和跟风者的区别就在于创新”，看似是简单的一句话，却值得我们进行深刻的思考。在移动互联网时代，各式各样的 App 蜂拥而至，与此同时，各种新的交互体验也令我们应接不暇，但没有几个 App 能存活下来，并让用户爱不释手。如果没有创新，移动设计产品很快就会被淹没，不会为用户所记住或使用。移动产品的设计师如果不具备创新意识，不去探索和体验新的交互模式，则将沦为成功交互模式的模仿者和追随者。因此，要创新，就要分析用户、同类产品和市场发展趋势，这样才能做到百战百胜。

二、先导型用户的分析

用户思维是互联网思维的核心，其他思维都是围绕用户思维在不同层面展开的。用户思维，是指在设计的各个环节中都要“以用户为中心”去考虑问题。移动应用设计的主体是所设计的产品针对的潜在用户，要想创新并获得交互设计和体验的灵感，就必须将用户作为首要创新突破口。那么，什么样的用户才是我们选择的突破口呢？根据前面讲的对用户的分类，我们可以把初级用户作为创新研究的突破口，但这类用户往往不太清楚自己的需求，对他们进行大量的调研和访谈将不会得到有创新价值的结论。但是有这样一类用户，他们是某类产品的发烧友，喜欢体验新鲜事物，我们把这类用户称为先导型用户，他们能够提出明确的需求，有些需求可能代表着未来的普遍需求，值得参考。通过对这些需求进行研究，我们可以挖掘出潜在的有用信息供设计者参考。

先导型用户的特点如图 1-14 所示。

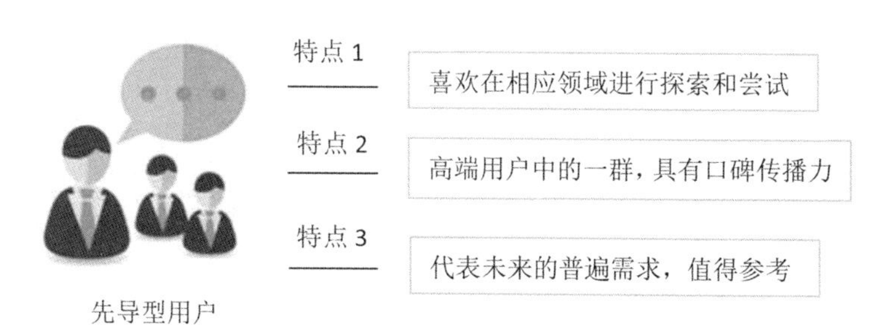

图 1-14　先导型用户的特点

“设计邦”针对先导型用户的研究方法值得我们借鉴。他们认为，研究先导型用户的常用方法和通常的研究方法相同，包括观察法、访谈法、草图法和头脑风暴法。如果我们让先导型用户画出他心目中的产品形态草图，这些草图有的能和我们的创意想法不谋而合，成为创新佐证，同样他们可能也会提出我们没有想到的创新点。因此，先导型用户的想法值得借鉴和推敲。

三、相似用户的分析

我们在进行用户研究或用户反馈分析时，经常停留在对真实用户的反馈分析上，如果我们把一些精力花在对相似用户的反馈分析上，则更有利于进行创新研究。相似用户指的是类似产品的用户。如果我们能了解到相似用户反馈的需求，并且分析、提炼这些需求，使我们的产品满足这些需求，那么相似用户就会有一种需求上的满足感，他们会因为这些创新成为我们的真实用户。最典型的案例是微信和QQ，它们虽然都是腾讯旗下成功的社交产品，很多功能也相似，用户群体也交叉，但微信的出现无疑对QQ用户是有影响的，我们自己也能体会到。微信出现以后，我们使用QQ的频率大大减少了，微信的创新让QQ用户悄无声息地发生了迁移。但这并不是腾讯的初衷。人们用QQ的时间太长了，也没有太多的新鲜感了。腾讯认为，与其在QQ上下功夫创新，还不如创造一个新的平台，同时也不完全放弃QQ。为了防止第三方通讯应用侵占用户，才有了微信的诞生。所以说创新的力量是伟大的，产品竞争促进了产品创新。

四、多维度竞品分析

雅虎用户体验架构师约翰·希普尔提出："竞争性分析不可或缺，它能为你确定你的世界，并让你的生活轻松很多。"每个产品在功能性和视觉性上存在的微小差异，常常会影响用户对产品的看法。了解竞争对象对用户体验设计来说是非常重要的。

竞争性分析是对两个或两个以上的产品或对象进行研究及多方面比对，寻找它们之间的不同点和相同点，从而为自己的产品设计提供宝贵的一手资料和数据。将对手产品的缺点加以分析，并在自己的产品中进行改善，可以增强产品的竞争优势。

竞品分析在产品创新开发过程中非常重要，直接决定了产品能否成功。竞品分析看似简单，但做好却不容易，它是一个持续性的工作，要充分做到了解对方的产品，尤其要了解对方产品不同版本的演变形态，从而总结出我们做创新差异化设计的突破口和创新点，尽量少走弯路，这样才能做到"知己知彼，百战百胜"。竞品分析的五大核心要素如图1-15所示。

市场数据：了解相似产品的市场情况，包括用户数量、市场份额等相关数据，最好能用图表的方式进行全方位对比展示。

目标用户：分析该产品的目标用户群体，并对目标群体进行画像，分析每个用户群体并掌握用户数据，了解用户收入情况、信用状况、社会关系和购买行为数据等。

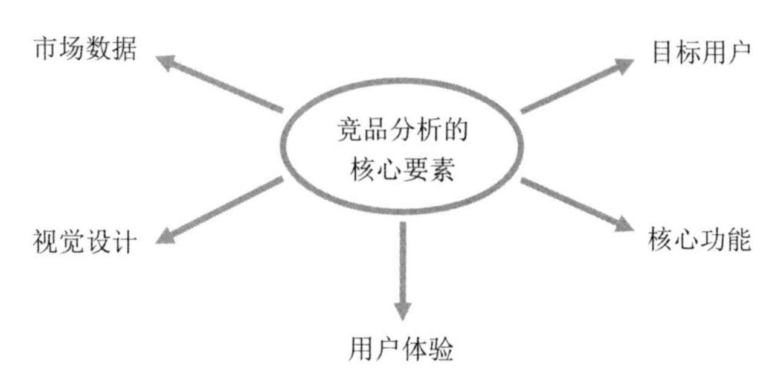

图 1-15　竞品分析的核心要素

视觉设计：分析视觉设计的优缺点以及创新点。

核心功能：分析该产品吸引用户的核心功能。

用户体验：分析该产品的用户体验效果，它是否符合用户的使用习惯，是否考虑了用户的感受。

定期输出竞品分析报告是非常必要的，竞品情报收集与竞品分析工作要持续做下去。要坚持每天收集行业情报，每月定期输出一份竞品分析和行业情报报告，然后交给项目经理并让其组织团队进行头脑风暴。

差异化功能和特色功能，应该是竞品分析中的重点。我们可以从三个方面来分析，即己品的差异点、竞品的核心功能点和它们共同的基础功能，图 1-16 很清晰地表示出了二者之间的异同。

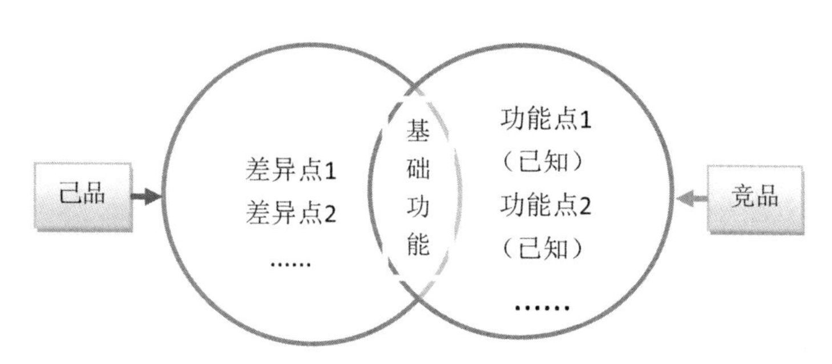

图 1-16　差异化功能/特色功能

从图 1-16 中可以看出，在己品和竞品中抽取出共同的基本功能，然后充分了解竞品，对竞品的核心功能点涉及的问题进行分析，找出己品的功能差异点。这时我们就有了占领市场的基础，就有可能让设计出来的产品成功地在市场上立足。

五、移动端"最App"榜单的黑马——陌陌

2014年11月,《北京晨报》和易观智库联合公布了2014年度移动终端"最App"评选结果,陌陌凭借3年超过1.8亿用户的发展速度入选"最快黑马App"榜单,凭借独特的差异化发展成为国内移动社交领域的一匹黑马。

陌陌于2011年8月上线,一年后用户数量已经突破1 000万,两年后突破5 000万,2014年2月陌陌宣告用户数量突破1亿,月活跃用户达4 000万,用户以10%的增长速度稳定上升(每月增长700万至900万注册用户),陌陌也因此成为社交领域发展势头最迅猛的"黑马"。

在业界看来,虽然用户数量是成为"超级App"的决定性因素,但通过创新满足用户刚需、不断探索可持续的商业模式,也是此次评选的重要标准。陌陌作为一款纯移动社交产品,围绕地理位置、兴趣两个核心点,包括基于LBS的发现附近的人、群组、留言、附近活动等功能,同时通过群组和陌陌吧发掘基于兴趣的社交需求。在商业化探索上,陌陌有增值服务(会员和表情贴图)、广告和游戏等多个商业模式,2014年更通过《刀塔传奇》《陌陌英雄》以及《陌陌弹珠》等多个游戏的上线,加快游戏布局。2014年8月陌陌上线了"到店通",为线下商家提供线上精准投放的广告平台。凭借新的原生广告形式、基于地理位置的精准投放、手机端投放方式以及按照预估覆盖用户数进行计费的模式,"到店通"被业界视为陌陌在O2O商业化方面的创新尝试。

另外,2014年7月陌陌发布的5.0版本中创造性地引入了"星级功能",通过为用户社交行为的文明程度评星级,来打造健康文明的社交生态圈,提升用户的移动社交体验。截至2014年9月底,陌陌总注册用户数超过1.8亿,月活跃用户数6 020万,群组总数超过450万。目前陌陌的营收主要来自增值服务(表情与会员)、游戏、广告(含"到店通")等商业化模式,陌陌的商业运营模式如图1-17所示。

六、如何推广自己的App

一个新的App想进入市场并让用户一直使用,就要在移动互联网上进行先期的推广,通过各种渠道进行宣传,以提高产品知名度并且吸引更多的潜在用户,增加产品的粉丝量。以下推广方式参考了移动互联李建华老师关于推广App的一些个人思路,仅供读者参考、学习。

图1-18所示的App推广策略只是标出了一些常用的推广方式,适合没有资源的个人和中小团队进行推广,读者可以举一反三。另外,一些微信粉丝比较多的应用自媒体,经常会推荐一些App,也能为App增加一些下载量,这些都是推广的渠道。同样,如果资金允许,

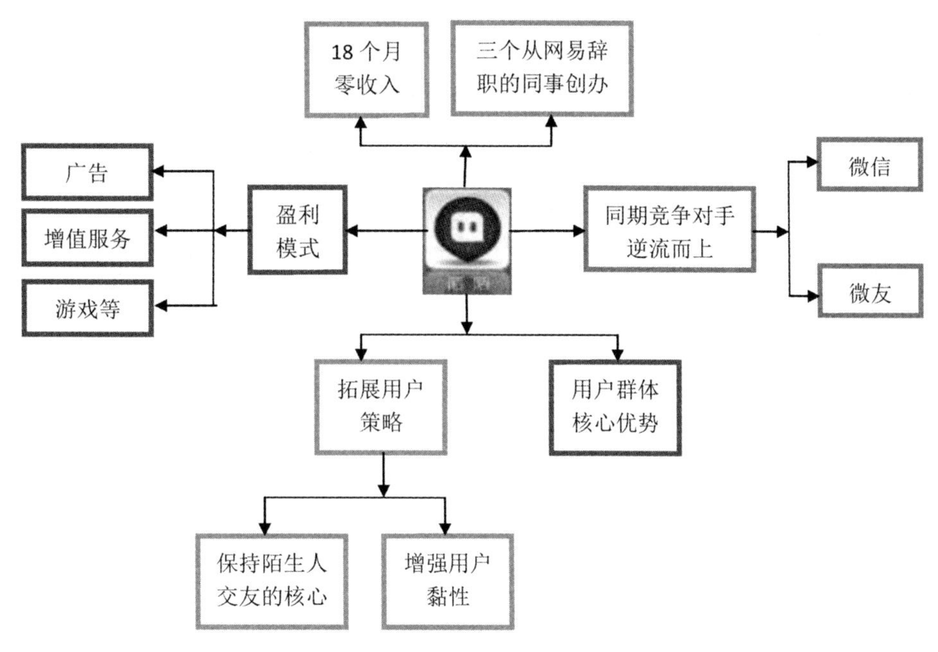

图 1-17 陌陌 App 的商业运营模式

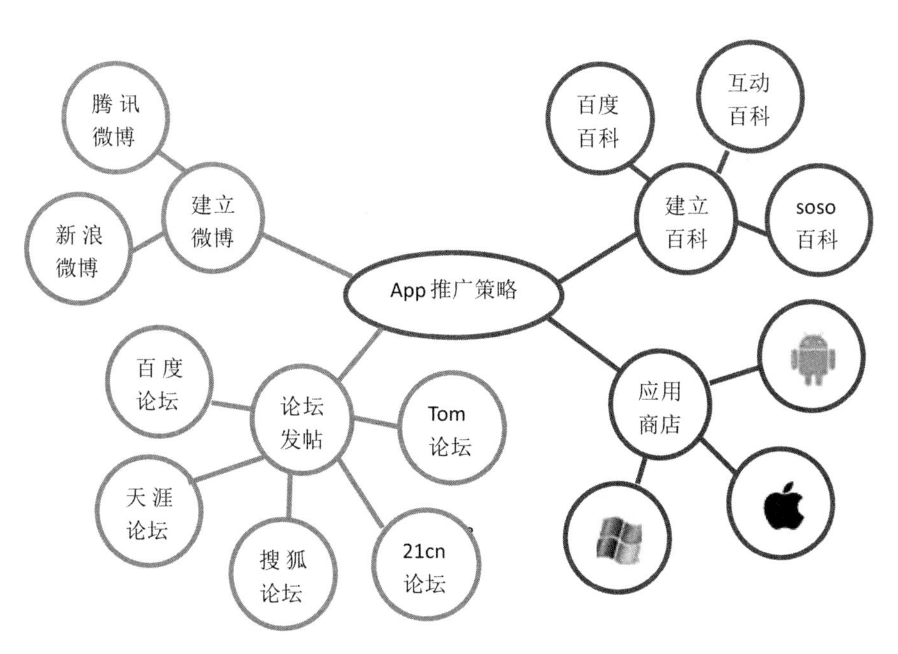

图 1-18 App 推广策略

也可以进行一些实地的应用推广，奖品要吸引人，通过用户的参与提高 App 的下载量、提高曝光度。

同样，也要抓住现有的App用户，因为他们的成功体验可以带来更多的潜在用户。随着用户量的增加，粉丝群体越来越大，在微信或QQ群的配合下，用户会活跃起来，为你的App提出建议，你也可以逐步升级你的App，实现App应用的良性循环。

第四节 移动设备的三大主流平台和应用

所谓移动平台，就是移动设备上的操作系统，它是安装各个应用程序的载体。最初主要是建立在移动通信功能的基础上，因此又被称为移动通信平台，它一般由移动终端、移动通信网络和数据中心组成。移动终端主要指智能手机、平板电脑、便携式计算机等。

目前，市场上的移动平台种类很多，但主流的主要有3个，即苹果公司的iOS平台、Google公司的Android平台和微软公司的Windows Phone平台，我们将其统称为三大平台，如图1-19所示。

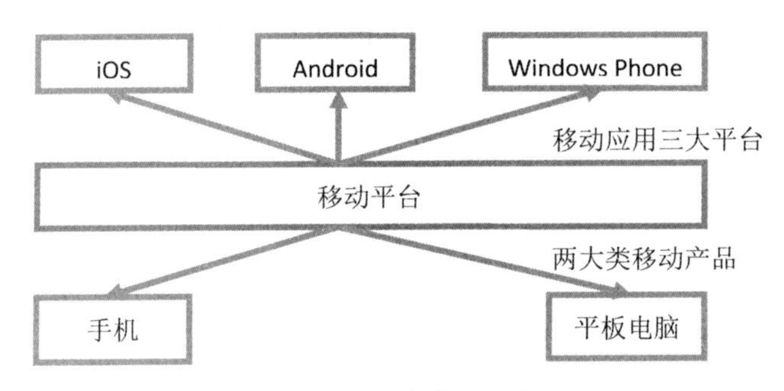

图1-19 移动应用平台

一、iOS平台

(一)iOS的含义

i用于iPhone、iPod、iPad。

OS是Operate System的首字母缩写。

(二)发展历程

iOS大致经历了两个发展阶段。

第一阶段：2007年1月9日，乔布斯在Macworld大会上公布了该系统，它被用于iPhone，当时将其命名为iPhone OS。

第二阶段：2010 年 6 月 7 日，苹果公司在 WWDC 大会上将其改名为 iOS，后来陆续用到了 iPod touch、iPad 和 iPad mini 等苹果移动产品上。

（三）iOS 严谨的系统交互方案

对于 iOS 严谨的系统交互方案，图 1-20 可以更加清晰地表现其特点。

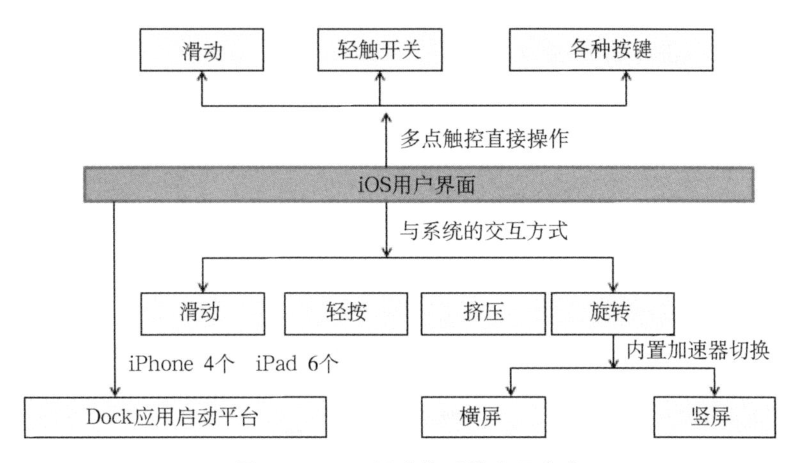

图 1-20　iOS 严谨的系统交互方案

二、Android 平台

（一）Android

Android 一词的本意是指“机器人”，它的 logo 是一个全身绿色的机器人，绿色是 Android 的标准色。

（二）发展历程

2011 年 1 月，谷歌称每日新增的 Android 设备数量达到了 30 万部。

2011 年 7 月，这个数字增长到 55 万部，而 Android 设备的用户总数达到了 1.35 亿，Android 系统已经成为智能手机领域占有量最高的系统。

2011 年 8 月 2 日，Android 手机已占据全球智能机市场 48％的份额，并在亚太地区占据统治地位，终结了 Symbian（塞班系统）的霸主地位，跃居全球第一。

三、Windows Phone

Windows Phone（简称 WP）是微软发布的一款手机操作系统。它将微软旗下的 Xbox

Live 游戏、Xbox Music 音乐与独特的视频体验集成至手机中。

微软公司于 2010 年 10 月 11 日晚上 9:30 正式发布了智能手机操作系统 Windows Phone,并将其使用的接口称为"Modern"接口。

2011 年 2 月,诺基亚与微软达成全球战略同盟,并深度合作、共同研发。2011 年 9 月 27 日,微软发布 Windows Phone 7.5。

2012 年 6 月 21 日,微软正式发布 Windows Phone 8,同时也针对市场上的 Windows Phone 7.5 发布了 Windows Phone 7.8。

四、三大平台市场份额对比

NetMarketShare 数据网站公布了 2015 年 9 月的全球智能手机系统份额数据,如图1-21所示。

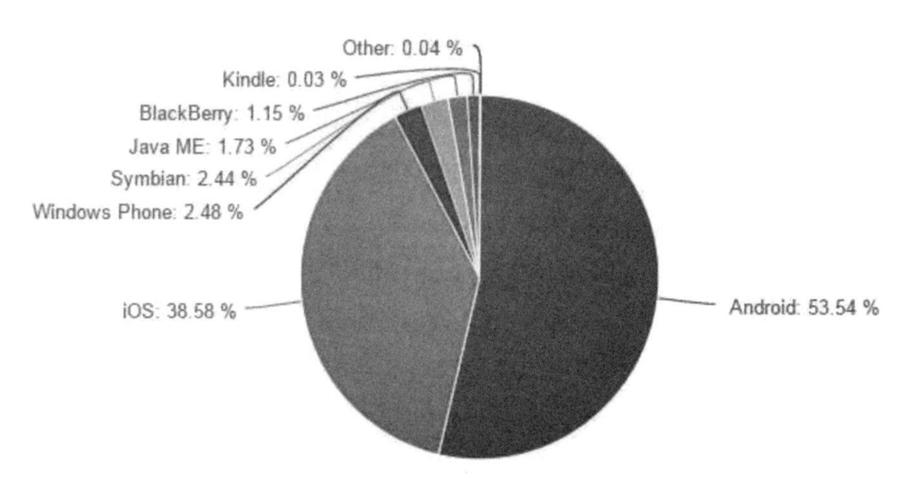

图 1-21　2015 年 9 月全球智能手机系统份额数据①

NetMarketShare 网站的数据显示,2015 年 9 月 Android 操作系统的市场份额为 53.54%,较 8 月的 52.14%又增长了 1 个百分点;而在 2015 年初,Android 系统的份额仅为 47.45%。对 iOS 系统来说,9 月是自 4 月以来表现最差的一个月,市场份额由 8 月的 40.82%降到 38.58%。

Windows Phone 系统的份额继续下滑,从 8 月的 2.60%降为 2.48%。

① 信息来自于凤凰科技,仅供读者学习、参考。

五、移动设备市场份额

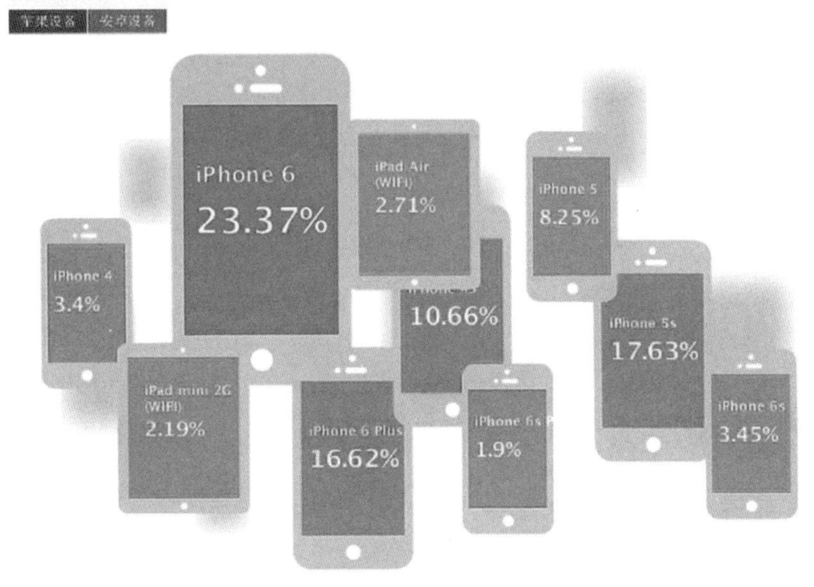

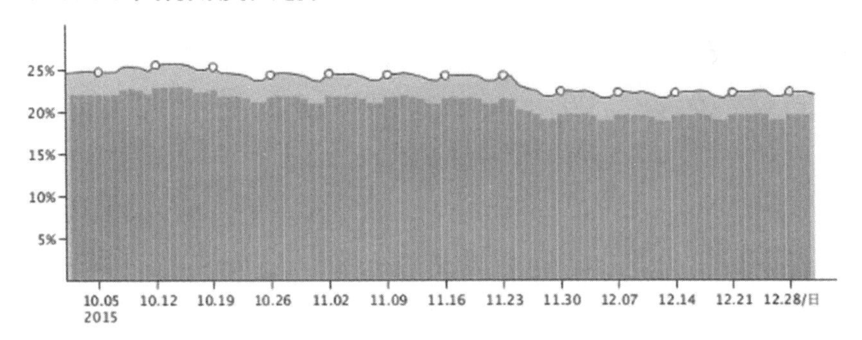

图 1-22　苹果移动设备市场份额数据比对图①

2016 年 6 月 21 日，由中国社会科学院新闻与传播研究所和社会科学文献出版社共同主办的《新媒体蓝皮书：中国新媒体发展报告 No.7(2016)》发布会在京举行。《中国新媒体发展报告(2016)》指出，中国新媒体在世界新媒体格局中有强势表现。截至 2015 年底，微信与 WeChat 合并，月活跃用户数达 6.97 亿。微信凭借庞大的用户数量和会话数量，成为全球社

① 数据报告来源为百度移动统计，该统计所覆盖的是数万款 App 数据，而非移动设备出货量。此图仅供读者学习、参考。需要查看详细数据的读者，可登录 http://tongji.baidu.com/data/mobile/device 网站。

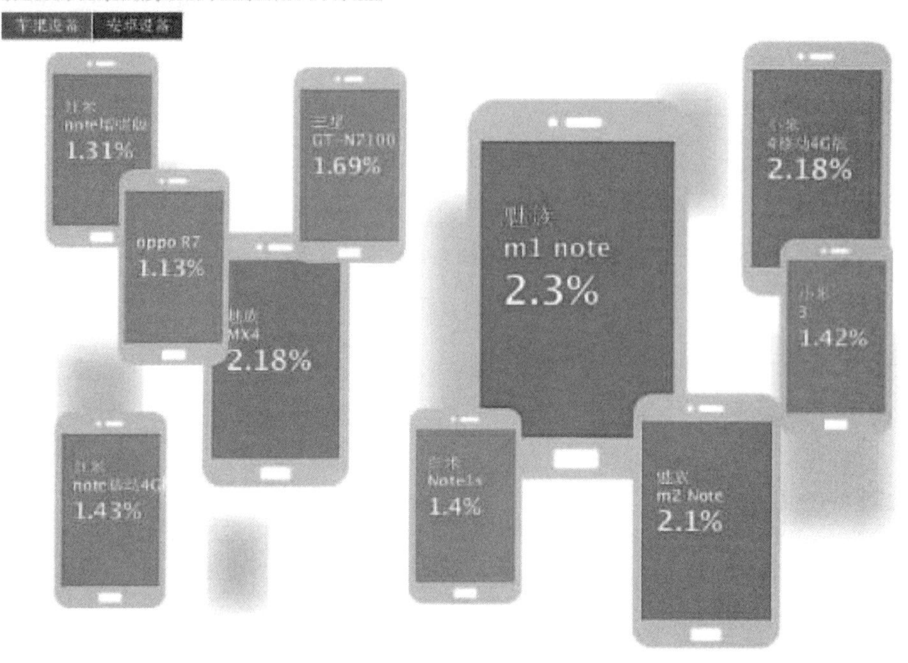

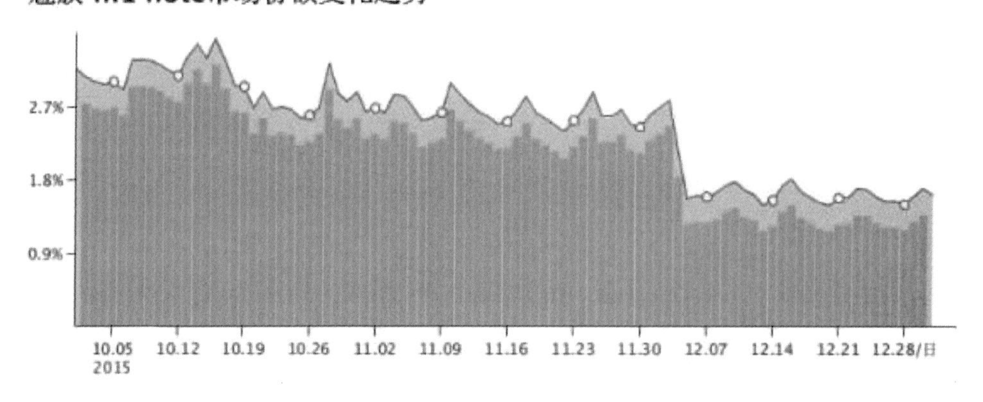

图 1-23　安卓移动设备市场份额数据比对图①

交应用软件的领先者。腾讯依托 8 亿用户、10 亿终端的用户大数据对 2016 年中国智能手机市场份额进行了深度挖掘，发布了题为《谁动了我的用户？国产手机行业报告——用户抢夺篇》的用户研究报告。从报告给出的数据可以看出，华为、OPPO、vivo、小米四大国产手机份

① 数据报告来源为百度移动统计，该统计所覆盖的是数万款 App 数据，而非移动设备出货量。此图仅供读者学习、参考。需要查看详细数据的读者，可登录 http://tongji.baidu.com/data/mobile/device 网站。

额增长到 57%，而排名第四的苹果则仅剩下 9.6%的份额，OPPO 以 16.8%的市场份额强势夺冠，华为、vivo 紧随其后，小米则以 8.9%的份额排在第五位。这些数据和事实表明，在全球互联网发展浪潮中，中国新媒体行业显示出了强大的竞争力与影响力。①

第五节　移动设备中的人机交互设计

一、移动设备中人机交互设计的概念

交互设计涉及多个学科，包括计算机科学、人机工程学、心理学、社会学、人类学和美学。交互设计(interaction design)作为一门关注交互体验的新学科在 20 世纪 80 年代就产生了，由作为 IDEO 的三位创始人之一的比尔·莫格里奇在 1984 年的一次设计会议上提出，同时他也是率先将交互设计发展为独立学科的人之一。人机交互是一种让产品易用、有效且让人愉悦的技术，它致力于了解目标用户和他们的期望，了解用户在同产品交互时的行为，了解人本身的心理和行为特点，同时，还包括了解各种有效的交互方式，并对它们进行增强和扩充。通俗地讲，人机交互就是用户通过某种方式发出指令，且系统对此做出了相应的反应。

交互设计的应用领域很广，大致可以归结为六大类，如图 1-24 所示。

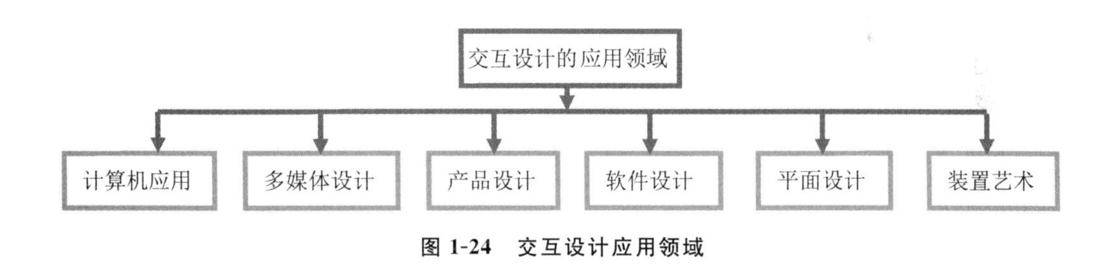

图 1-24　交互设计应用领域

在所有交互方式中，通过视觉手段获得交互感觉和体验的交互方式是获得信息最顺利、使用过程最简洁的。

二、移动设备中人机交互设计的内容

人机交互设计的内容涉及用户对需求的输入、系统信息处理输出、人机交互界面设计三部分。

用户对需求的输入：用户通过人机交互界面表达某种需求，或获取某些信息。

① 中国社会科学院新闻与传播研究所.中国新媒体发展报告(2016)[M]. 北京：社会科学文献出版社，2016.

系统信息处理输出：人机交互界面通过一定的后台处理方式将用户的需求进行转化，以命令的方式传输给核心处理部件，核心处理部件根据命令进行数据处理，将用户所需要的信息快速且准确地在人机交互界面上显示出来。

人机交互界面设计：作为输入和输出过程的主体，人机交互界面是用户与计算机之间交流的桥梁，所有的交互都通过界面来实现。

三、移动设备中人机交互设计的历史发展与现状

1959 年，B.Shackel 发表了第一篇关于人机界面的文章——《关于计算机控制台设计的人机工程学》。

1960 年，LikliderJCK 首次提出“人机紧密共栖的概念”，被视为人机界面的启蒙观点。

1969 年，召开了第一次人机系统国际大会。

1969 年，第一份专业杂志《国际人机研究（UMMS）》创刊。

1970 年到 1973 年，四本与计算机相关的人机工程学专著出版。

1970 年成立了两个相关的研究中心：英国拉夫堡大学（Loughboough University）的 HUSAT 研究中心和美国 Xerox 的 PaloAlto 研究中心。

从 20 世纪 80 年代开始，人机交互设计从人机工程学中独立出来，更加强调认知心理学以及行为学和社会学等学科的理论指导；在实践方面，从人机界面拓展开来，强调计算机对人的反馈和交互作用，“人机界面”逐渐被“人机交互”所取代。

1984 年 IDEO 创始人比尔 · 莫格里奇明确提出了“interaction design”这一用语和概念。

20 世纪 90 年代中期以后，人机交互的研究重点放到了智能化交互、多模态（多通道）-多媒体交互、虚拟交互以及人机协同交互等方面，也就是“以人为中心”的人机交互技术方面。

21 世纪以来，关于互联网的交互设计成为交互设计中一个重要的设计领域，随着物联网、云计算、云存储、SNS、服务设计、移动互联网等新技术和新概念的出现，交互设计一直处在发展和变革中。

第六节　移动 UI 设计发展新趋势

一、新媒体行业十大未来展望

在预测未来几年移动 UI 设计发展新趋势之前，我们先关注一下 2016 年 6 月 21 日发布的《中国新媒体发展报告（2016）》中关于新媒体行业的十大未来展望，这有助于我们把握新

媒体行业的发展动态和关注点。2015年,新媒体进一步深入社会经济和人民生活,成为影响中国未来发展的重要因素,“互联网+”成为媒体深化融合的新引擎。《中国新媒体发展报告(2016)》公布了新媒体行业的十大未来展望。

(一)“互联网+”效应持续显现,将成为产业发展的经济驱动力

“互联网+”政策促进了产业升级与经济转型,新媒体全产业化发展成为新的经济形态。新媒体跨行业发展带动更多传统产业转型,互联网金融、互联网医疗、互联网教育等多行业实现高速发展。同时,互联网和大数据应用对供给侧结构性改革具有促进作用。

(二)移动互联领域成为新媒体发展主战场,移动化发展热度不减

据工信部发布的2015年全年及第4季度电信服务有关情况通告显示,截至2015年底,全国移动宽带用户数达7.85亿个,其中4G用户全年新增2.89亿个,总数达到3.86亿个。随着4G移动通信技术的进一步推广和基础网络设备的不断完善,移动互联网发展浪潮将持续推进。同时,5G技术的研发也将致力于为移动互联网用户带来更佳的使用体验。技术牵引用户转移,进一步为移动互联网发展提供动力。

(三)媒体融合发展成为行业自觉

媒体融合上升为国家战略发展规划,以传统主流媒体为首,在各方力量的推动下,媒体融合成为媒体行业发展的趋势,步入深度融合发展阶段。媒体要将新闻生产业务与媒体经营分离开来,改革新闻生产方式,优化人才和组织结构,构建现代传播体系。

(四)新的媒体生态圈和媒体生态系统逐步成形

2016年,基于跨屏互动的发展趋势,新媒体发展更加强调场景化、个性化和垂直化,为用户提供专属信息服务。媒体生态圈的建立以用户为核心,通过媒体与其他产业抱团与合作,满足用户多种需求,让各方参与者从中获益。

(五)视频直播、微视频、移动视频进入盈利阶段,移动广告成为新的发力点

2015年,互联网视频业呈现强劲发展势头,通过资本运作引进投资,掌握发展资源。2016年,随着移动宽带的发展和基础网络环境的进一步优化,移动视频、视频直播产业的市场前景将更为广阔,具有巨大的商业价值。适逢赛事年,里约奥运会、欧洲杯、美洲杯等大型体育赛事的开展也推动了视频直播的发展。移动应用和平台快速发展,移动广告业也将伴生发展,市场规模将进一步扩大。

(六)智能技术跨行业渗透,逐步进入相对理性的发展时期

智能技术将继续改变媒体生态,写稿机器人、传感器、虚拟现实硬件等智能设备将在信息生产中被更广泛地应用。同时,智能技术将被运用到诸如安防、家居、餐饮等传统行业中,应用范围扩大,并将实现跨行业技术应用与发展。在经历了爆发期之后,智能产业的发展将更趋理性化。

(七)网络文化产业发展进一步推进,提质增效是重点

2016 年,在网络文化产业的发展扩增量的同时,提升网络文化作品的质量成为行业发展导向。国家为网络文化产业发展提供了政策支持和资金保障。财政部下发 2015 年度文化产业发展专项资金 50 亿元,共支持项目 850 个,项目数较 2014 年增长 6.25%。利用专项资金,网络文化产业可以通过创新管理模式、更新文化产品信息的生产理念与流程、与互联网融合发展等措施助推文化产业成为国民经济的支柱产业。

(八)微政务精细化发展,网络舆论影响政府决策和中国政治进程

政务新媒体发展不断深入,在现有存量的基础上,进行精细化管理,提供精准服务是其下一步的发展方向。通过提升政务新媒体运营水准和管理水平,切实发挥平台的信息发布功能和沟通"连接"作用。

(九)自媒体"变现"热潮出现

自媒体发展呈现两极化趋势。2016 年,具有较强传播力、影响力与品牌价值的一批自媒体凭借其用户积累,将有可能通过广告、电商、增值服务等多元模式实现商业价值。

(十)新媒体资本市场合作与竞争并存

在 2016 年两会上,李克强总理在《政府工作报告》中提出:"支持分享经济发展,提高资源利用效率,让更多人参与进来、富裕起来。"[①]分享经济和共享经济将在新媒体领域大力发展,新媒体平台合作成为发展趋势。同时,新媒体向全产业渗透发展,也必将带来激烈竞争。

---

① 中国社会科学院新闻与传播研究所.中国新媒体发展报告(2016)[M]. 北京:社会科学文献出版社,2016:33-35.

二、未来几年移动 UI 设计发展新趋势

(一)2016 年移动 UI 趋势

(1)各平台标准设计将更加趋于一致,很多控件只存在设计风格上的差异,对用户的使用不存在显著影响。

(2)平台设计规范和平台特性将越来越受到重视,兼容性也将更强,例如 iOS 上的 App,在理想情况下应该适配 iPhone 5/6/6+ 的分辨率及 iPad/iPad Pro 的 25%、50%、75%、100% 宽的分辨率。

(3)设计的可用性将更加重要,甚至会战胜简洁的设计原则,因为对用户来讲就是怎么简单怎么用,实用性占第一位。

(4)设计更加轻量化,将注意力放在屏幕中有意义的内容上,让用户的操作更加简单。

(5)减少屏幕上字体的数量,在移动端和 PC 端网站中使用单一字体,有助于增强品牌的统一性、优化全平台的体验。此外,用户也更喜欢单一字体所带来的简洁性。

(6)利用留白和卡片式设计区分不同的内容模块,提高产品的易用性,使界面更加清晰。

(7)更加重视微交互。微交互指的是特定、单一的交互任务,它专注于产品的一个功能点,凸显产品瞬间的细节美。在用户完成交易、添加收藏或者弹出消息时都可以设置小的交互动作,将人们的注意力吸引到合适的位置,让产品与众不同。重视微交互的目的是让用户的参与感更强、用户体验效果更好。

(8)使用更简洁的配色方案,自 2013 年苹果系统使用扁平化设计以来,扁平化设计因其简洁的配色方案成为一种流行趋势,而且势头不减。正确使用颜色可以营造情境,将用户的注意力引导到合适的位置,强调关键功能,提高体验感。此外,还能增强用户对于品牌的辨识度。

(9)利用原型不断改进产品功能和设计,适时更新产品。产品原型可以为功能的开发、设计提供宝贵的指导意见。在产品设计的早期进行矫正,可以避免在产品基本成型时才修改,浪费时间和精力。这更加体现出原型设计的重要性和必要性。

(二)未来几年移动 UI 发展趋势

全球互联网用户数已超过 30 亿,印度互联网用户数达 2.27 亿,超过美国,仅次于中国,成为全球第二大互联网市场。互联网全球渗透率达到 42%。2016 年中国互联网用户数达到 6.68 亿,BAT 三家公司占据了中国网民 71%的移动互联网使用时长。

未来移动 UI 的设计发展趋势主要是"内容导向式设计",即在一定程度上削弱视觉展

示，强化内容本身所带来的价值。未来苹果的设计会很自然地运用到减法，用一些相对轻便的设计元素和方法，来突显用户想要获知的内容。轻便的视觉展示是一个巧妙的设计方法，用颜色对用户进行指引，将设计的色彩元素自然地融入到内容中去，这种方法会优于生硬、轮廓化的按钮。而且苹果后续的一些设计会弱化品牌 logo，不再单纯突出品牌的作用，而是注重以内容展示为核心的设计形式。另外，苹果也希望能增加用户使用的空间感，在一定程度上弱化线条的颜色，不让用户强烈感知到线条的存在。总之，未来设计的关键是"轻薄的空间感设计"。

在 UI Park 2016 年 5 月举办的沙龙活动中，业内人士专门就 UI 设计行业发展的趋势进行了讨论，同时我们收集了各互联网企业从不同的角度对行业发展趋势所作的分析，将 UI 设计行业的发展趋势总结为以下 14 点：

(1)各平台(iOS/Android/HTML5/Web)的标准设计语言接近一致，部分原生控件只存在风格上的差异，对用户无显著影响。

(2)Material Design 不会迅速流行，更不可能逆袭(在 iOS 上使用由 Material Design 设计的 App)，iOS 的实用主义设计会影响 Material Design。

(3)桌面上常见的交互形式也将更多地影响移动端，为了支持 iPad Pro 这样的工作设备，iOS/Android 要为兼容桌面场景做出优化。

(4)设计规范、平台特性将越来越受重视。大厂商更加务实，更遵守平台的设计规范，只在需求无法满足的情况下开发新的交互效果，因为基于实现、适配、用户学习成本等方面的考虑，自创的交互效果未必理想。

(5)动效使用更加普遍，但更多是用在微交互中。过于华丽的动画经常出现，但它容易引起用户的厌恶，而且会导致用户等待的时间延长。合乎逻辑的动画、微交互形式将在 2016 年沉淀下来并成为新的平台规范。

(6)可用性高的设计会战胜简洁的设计，智能手机的用户已经扩展到非常边缘的人群，而且数量级非常庞大，他们对于一般的界面交互、隐喻没有任何概念。把信息尽量直白、无损地传递出去，会在一定程度上使可用性和设计的简洁性产生冲突。

(7)平面设计、游戏设计的灵感会影响 App 交互及其内容的设计。Flat 2.0 感视的设计，虽然整体上是平的，但阴影、渐变等细节会更丰富。精美的插画、摄影作品更普遍，会直接影响 App 本身的品质感。可选择的字体更多，排版更像杂志。

(8)智能通知将会成为新的 App 主界面，事实证明，Apple Watch 等智能手表最核心的价值是通知，尤其是在每个人都有很多 App、注意力难以集中、不主动启动应用的情况下，通知成了用户与 App 交互的最直接方式。

(9)通知会以更智能的形式出现，不会是现在的小广告推送形式，也不会是类似 Widget

常驻的形式，而是更接近手表屏幕大小的、可交互的、功能相对完整的界面，用户甚至可以永远不打开一个 App，就能够使用它提供的全部功能。

(10)新的手机 App，不一定会有对应的全功能网页。对新的应用而言，功能最齐全、最强大的一定是手机版。因为手机所能获取的信息最丰富，可以通过发通知等各种办法与用户更贴近。

(11)网页将接替原生应用，成为主要的桌面应用开发平台。随着浏览器能力的增强、开发工具的成熟，Web 开发者的数量增长很快，会有大量 Gmail / Google Docs 级别的应用没有对应的原生版。大量效果优秀、设计鲜明、交互神奇的桌面设计将来自浏览器端，网页端用户行为侧重于重度使用、创作力强的核心用户。

(12)原型工具之战可能会出现胜利者，经过 2015 年的混战，到 2016 年可能会有一个平台成为新的标准，Sketch 就是最好的例子。

(13)VR 的设计工具即将出现，2016 年随着 Oculus Rift 的正式发布，VR 进入了商用化的元年。虽然之前 VR 更多地被用于游戏中，但 Facebook 收购 Oculus VR 肯定不止是为了讨好游戏玩家。VR 带来的身临其境感显然会带来新的信息展现和交互方式，这些都不是目前的平面设计软件所能满足的。

(14)平板类设备(如 iPad Pro)仍然无法在 App 设计过程中起到多大作用。苹果自己都没有可用于 iPad 的 Xcode，Sketch 也没有在 iPad 上推出软件的打算，至于在 Mac 平台上已经十分流行的各种原型软件，在 iPad 上也没有出现。

在这样的市场下，UI 设计行业会进一步广义化，这就要求 UI 设计师一定要成为融合软件图形设计师、交互设计师和用户研究工程师等身份的综合能力掌握者。

三、行业对人才的需求

目前大型企业如百度、360、腾讯、阿里巴巴、去哪儿、联想等对人才的要求是非常高的，同样，薪资水平也很高。行业总体特点表现为很多技术雷同，唯有 UI 设计可以拉开层次，用户体验驱动着市场的表现。

行业现状主要表现在以下三个方面：

(1)需求旺盛，但是合格人才数量不足。

(2)薪资水平相对较高，月薪 8 000－20 000 元，腾讯、新浪等为吸纳人才而提供的待遇是非常可观的。

(3)随着互联网＋的发展，职业发展空间很大。

对应届毕业生的要求有以下三方面：

(1)重视行动力胜过对学校和学历的要求。

(2)重视职业能力,同时更注重发展潜力。

(3)热爱这个行业并对专业有初步了解即可。

第七节 移动设计就业要求

一、移动设计师需要具备的综合能力

对一个合格的移动设计师来说,需要具备四个方面的能力和任职资格要求,如图1-25所示。

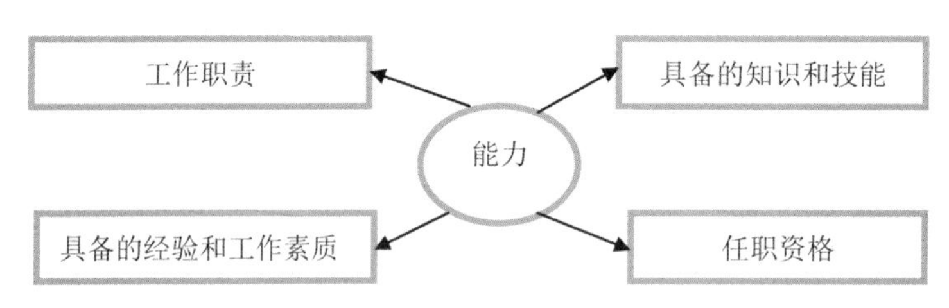

图1-25 移动设计师能力模型

二、用户体验设计师就业要求

(一)用户体验设计师的工作职责

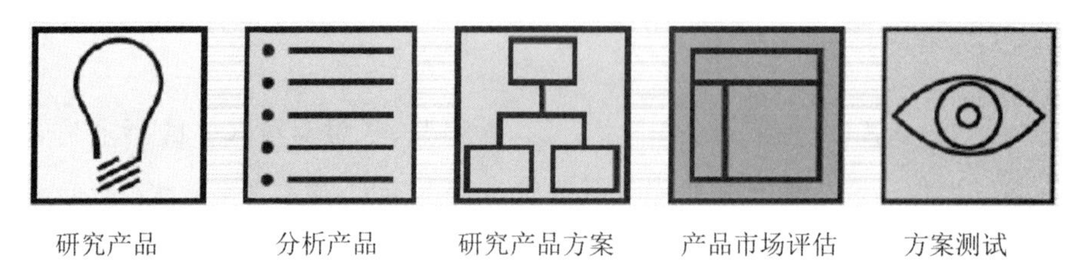

图1-26 用户体验设计师的职责

研究产品:主要研究产品的用户需求,确定目标用户群。

分析产品:主要分析产品的可行性。

研究产品方案:准确定位产品,制订研究计划。

产品市场评估:分析运营数据和用户反馈,调整产品运营策略,正确进行市场评估。

方案测试:选择合适的目标用户进行方案可行性测试。

（二）具备的知识和技能

首先我们应该明白的一点是，用户体验设计并不是一门专门的技术，而是一个全新的领域，或者可以说是一种新的设计思维，是一个多行业交叉的领域，很多从业者往往是因为兴趣而非所学专业进入这个全新领域的。它涉及心理学、统计学、人机交互、相关硬件平台技术，并且要求从业者具备一定的设计和审美能力。目前国内外并没有大学开设“用户体验设计”这样一个专业，但国外一些大学相对比较早地建立了相关院系，比如卡内基-梅隆大学的人机交互学院。国内的清华美术学院的信息艺术设计系也较早地开设了相关专业。

目前一些知名公司例如谷歌、腾讯、苹果以及雅虎等，在全世界范围内拥有固定的客户群体，树立了一个个口碑极好的用户体验的标杆，培养了大量的用户体验设计人才。

三、UI 设计师就业要求

（一）UI 设计师的工作职责

UI 设计师是指从事软件人机交互、操作逻辑、界面美观的整体设计工作的人。

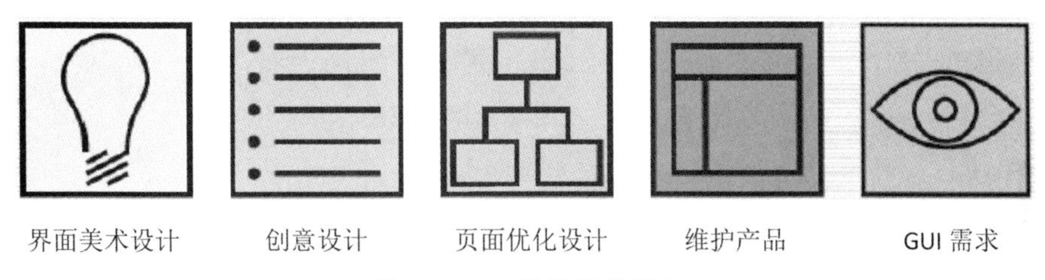

图 1-27　UI 设计师的职责

界面美术设计：负责软件界面的美术设计、创意工作和制作。

创意设计：根据各种相关软件的用户群，提出构思新颖、有高度吸引力的创意设计方案。

页面优化设计：对页面进行优化，使操作更趋人性化。

维护产品：维护现有的应用产品。

GUI 需求：收集和分析用户对于 GUI 的需求。

（二）具备的知识和技能

（1）沟通和文档撰写能力：UI 设计师是软件开发人员和用户之间的桥梁和纽带，所以 UI 设计师必须具备撰写优秀的指导性原则和规范的能力，充分体现自己对于开发人员和用户的双重价值。

(2)过硬的技术:对于目前市场关注的主流设计模式、技术路线以及开源框架要有足够的了解。

(3)图形设计和原型开发能力:要求具有丰富的设计经验、良好的审美和创新意识,能精确地把设计转为用户看得懂的“界面语言”。

(4)人因学理论和认知心理学:这是一个 UI 设计师应一直坚持、努力探索的领域,要了解人、人的行为、人的心理变化因素。

综上,UI 设计师的工作与研究工具、研究人与界面的关系和研究人相关,因此,提高 UI 设计师能力的关键是为他们提供一个良好的学习和交流环境。

四、交互设计师就业要求

(一)交互设计师的工作职责

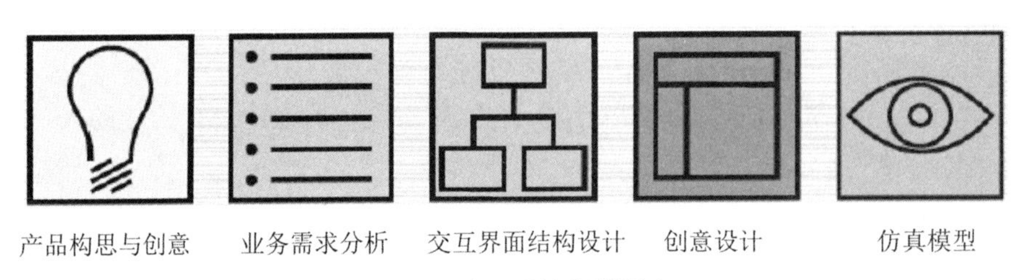

图 1-28　交互设计师的职责

产品构思与创意:参与产品规划构思和创意过程。

业务需求分析:分析业务需求,分解和归纳出产品人机交互界面需求。

交互界面结构设计:设计软件的人机交互界面结构、用户操作流程等。

创意设计:参与公司前瞻性产品的创意设计。

仿真模型:运用原型制作软件,设计并测试相关高仿真原型供决策者和用户进行讨论,并确定最后的具体开发方案。

(二)具备的知识和技能

(1)有相关工作经历和作品者优先。

(2)对各种常用软件有强烈兴趣,富有创造力和激情,并有动手实践的良好习惯。

(3)逻辑思维能力强,能熟练掌握业务需求分析、产品需求分解的技巧。

(4)有大局观,可以在复杂的约束条件下找到平衡或创新的方法。

(5)主动性强,具有优秀的理解、沟通、协调与文字表达能力;个性乐观开朗,善于和各种背景的人合作。

(6)对交互设计过程有深入了解,能熟练运用站点结构图、流程图等交互设计方法。

(7)具有相关岗位所必需的技术和技能,如视觉设计、XHTML/CSS等。

(8)熟悉动画制作、高保真原型制作者优先。

(9)有良好的英文阅读能力,通过英文六级者优先。

(10)工业设计、计算机、软件工程、心理学等相关专业本科及以上学历。

思考题

1. 举例说明移动设计的特点。

2. 近年来移动设计的创新表现在哪里?举例说明。

3. 谈谈对人机交互设计的理解。

4. 谈谈对移动用户的理解。

5. 分析2—3款移动产品的特点和创新之处。

第二章　用户体验与UI交互设计概述

本章要点

1. 用户体验概念
2. 用户体验设计的三大流程
3. UI交互设计
4. 原型设计工具

第一节　用户体验

一、什么是用户体验

用户体验(User Experience,简称UX或者UE)是一种用户在使用产品过程中建立起来的纯主观全新感受。IXDC2015大会对用户体验重新进行了定义,指出用户需要的不再是单一的体验,而是趋于沉浸式即有高度参与感的生态体验,产品除了满足用户对基本功能的需求外,应更多地考虑为用户提供服务与体验。为此,企业不能只推出新颖的产品,还要实现更吸引用户的体验创新模式和商业模式的完美结合,构建用户体验生态圈。

好的用户体验应该从细节开始,并贯穿于每一个细节;能够让用户有所感知,并且这种感知要超出用户期望,给用户带来惊喜,这种惊喜应贯穿品牌与消费者沟通的整个链条,让消费者一直保持愉悦或兴奋。

二、用户体验源自哪里

判断一个产品或系统的优劣,在很大程度上依赖于使用产品或系统的用户对它的使用评价。因此,在系统开发的最初阶段尤其要关注和重视产品或系统人机交互部分的用户需求，对用户进行分类，并对不同类的用户需求进行划分，寻求最合理的满足需求的方案，尽可能地对潜在用户或直接用户进行广泛的调查分析，同时也要注重人机交互涉及的软硬件环境，以增强交互的可行性和易行性。

用户体验到底源自哪里？了解用户体验的发展史后，这个问题便会迎刃而解。用户体验这一术语最早出现在20世纪90年代初，美国认知心理学家、计算机工程师、工业设计家唐纳德·A.诺曼首次在自己的设计工作中引入了这一概念。当时他在IBM的职位是“用户体验架构师”，即“user experience architect”，这应该算是第一个用户体验的岗位。他在自己编写的《设计心理学》一书中讽刺了那些在产品设计或制作过程中没有考虑或毫不在乎用户需要的设计者，及其设计出的所谓的“设计品”或产品，同时唐纳德·A.诺曼在书中明确提出“以用户为中心的设计是避免犯错误的一个根本途径”，从而指出了用户体验在成功设计中的地位。用户体验的发展史如图2-1所示。

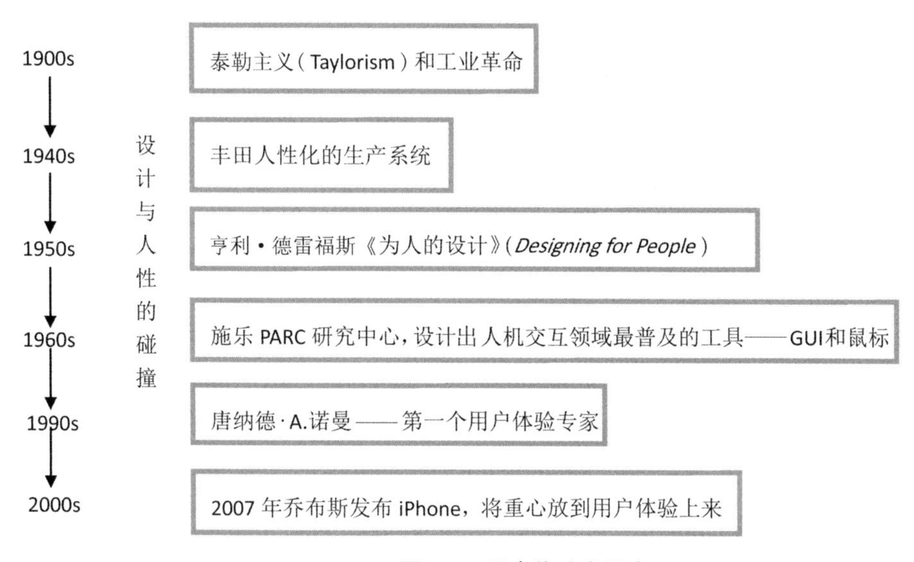

图2-1　用户体验发展史

三、用户体验的需求层次

就产品与用户的交互层面而言，用户通过体验产品，获得有用的信息，从而花费更多的时间和精力去研究和使用产品。从用户体验的过程来讲，我们更希望用户对产品的体验感受是一个长期的、循环的过程，而不是直线的、一次性的。

罗仕鉴和朱上上在他们的《用户体验与产品创新设计》一书中，在马斯洛关于人的五个需求层次的基础上，提出了用户体验的五个需求层次，如图2-2所示。

感觉需求：产品是否能充分调动用户的视觉、听觉、触觉等，是否能给用户留下深刻的感

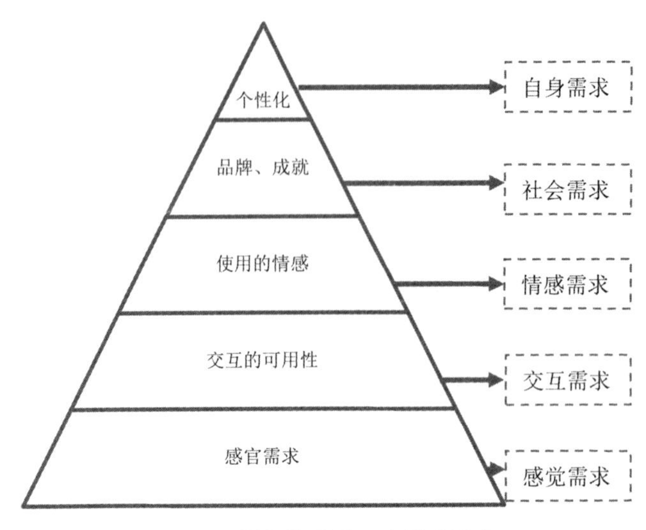

图 2-2　用户体验的五个需求层次

官印象。

交互需求:用户在与产品交互的过程中,是否能快速获取有用的信息,也就是说,是否能让用户在少思考的情况下完成他们的任务。

情感需求:在使用产品的过程中,要让用户感受到关爱,即产品要充分关注用户的使用习惯,让用户有安全感,从而满足用户情感上的需求。

社会需求:产品的品牌效应以及用户使用产品后的满足感。

自身需求:产品是否考虑让用户进行个性化视觉、功能等设置,以满足用户多样化、个性化的需求。

四、用户体验的生命周期模型

好的用户体验能够吸引用户持续使用和关注该产品,让用户形成使用该产品的习惯,从而成为忠诚的粉丝用户,并迅速影响自己的朋友圈。从用户体验的过程来讲,我们希望体验是一个循环的、长期的过程,而不是一次性或者进入死循环的过程。好的用户体验可以让用户有成就感和拥有感,虽然难免会碰到一些小问题,但这一产品有它的核心功能优势,所以用户一般会忽略掉使用中出现的问题,从而一如既往地支持该产品,微信就是很好的例子,它满足了不同人对功能的苛刻需求。

用户体验的生命周期模型如图 2-3 所示,这个过程会随着产品的不断创新和更新循环下去,从而让产品的发展之路越走越宽,让产品越来越成功。

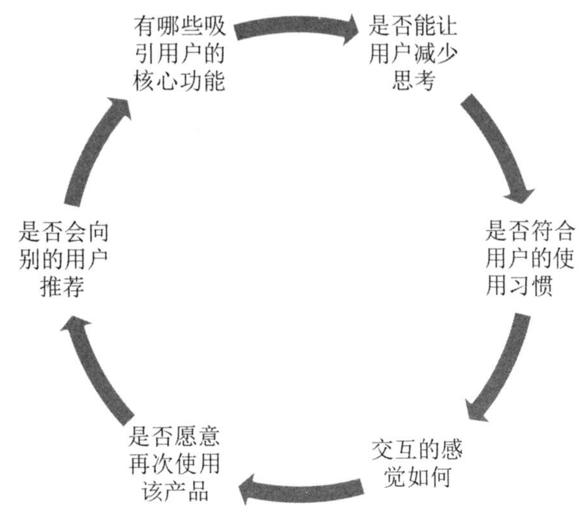

图 2-3　用户体验生命周期循环模型

五、提供积极的用户体验，避免消极的用户体验

图 2-4 很好地阐释了提供积极用户体验和避免消极用户体验的常用方法。

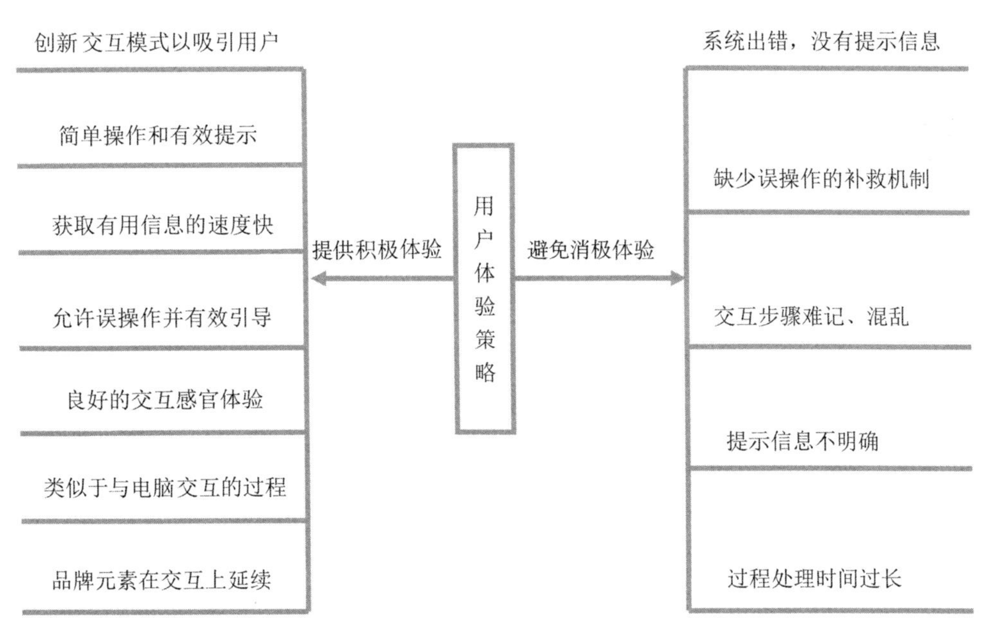

图 2-4　用户体验设计策略

以上用户体验设计策略带给用户的体验效果如下：

(一)提供积极的用户体验

(1)创新交互模式以吸引用户——新奇感受,即有趣。

(2)简单操作和有效提示——信任感。

(3)获取有用信息的速度快——操纵感和成就感。

(4)允许误操作并有效引导——安全感。

(5)良好的交互感官体验——视觉和听觉上的满足感。

(6)类似于与电脑交互的过程(有电脑使用经验的用户)——熟悉感和成就感。

(7)品牌元素在交互上延续——熟悉感和优越感。

(二)避免消极的用户体验

(1)系统出错,没有提示信息——压力、紧张和茫然,甚至放弃。

(2)缺少误操作的补救机制——挫败感和压力,甚至放弃。

(3)交互步骤难记、混乱——挫败感。

(4)提示信息不明确或者太过专业化——茫然,不知所措。

(5)过程处理时间过长——焦虑、不耐烦,甚至对产品失去信心。

第二节　用户体验设计三大流程

用户体验设计三大流程如图2-5所示。

一、创意和原型草图阶段

低保真阶段以设计原型草图为目的,主要是对设计进行前期铺垫,对概念、功能和交互方式进行规划和设想;主要工作是进行市场调查、应用定位和用户分析,并对分析结果进行再次讨论和初步设计,从而形成原型草图。原型草图可以手绘,也可以在电脑上实现(推荐使用的软件将在本章第四节重点介绍),原型草图的形成过程如图2-6所示。

在这里,建议读者在原型草图阶段使用手绘原型。比起在软件上进行原型设计,手绘草图的效率无疑更高,并且在不同岗位之间的沟通过程中,手绘风格更能展现人性化的思路,有助于人与人之间的沟通。草图有以下三大优势:其一,草图是思维的表达方式,用来解决问题;其二,使用草图是一种可视化的、更加清晰有效的沟通方式;其三,草图的表现力也会直接影响产品设计流程中的信息沟通。该阶段的内容将在第三章详细介绍。

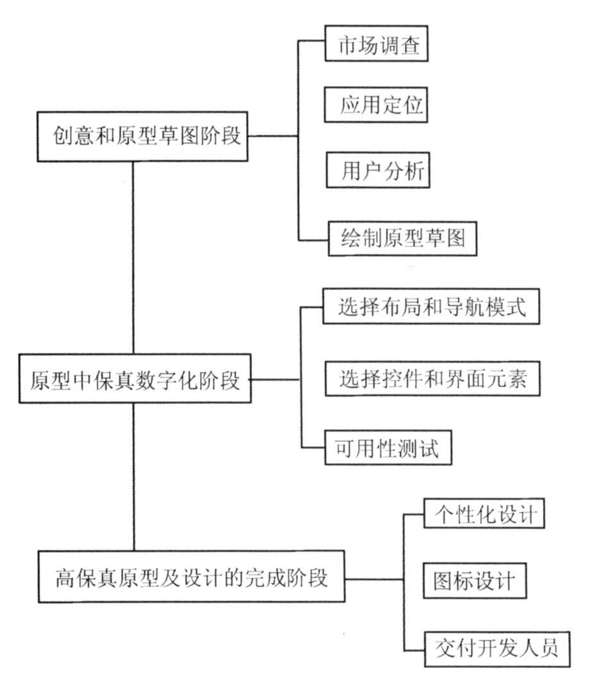

图 2-5　用户体验设计三大流程

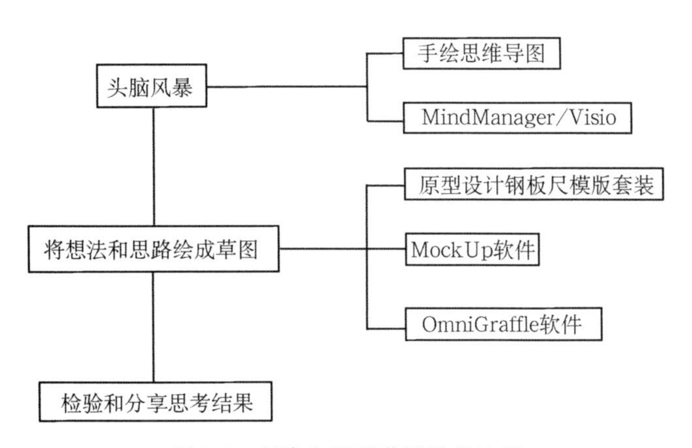

图 2-6　创意和原型草图阶段流程

二、原型中保真数字化阶段

在该阶段中，设计者要将原型草图在电脑上数字化，并进行交互设计。此时要利用相应软件进行可用性测试，以更规范的形式将 App 雏形呈现出来，让 App 的功能和交互更真实，但不需要过多的细节修饰，以便于在电脑上不断改进和补充。

在原型中保真数字化阶段有三个任务：

其一，选择布局和导航方式：合理的布局和导航方式会直接影响到页面跳转的清晰程度、流畅性和合理性，导航方式的设置要让用户有熟悉感，符合用户的使用习惯。

其二，设置控件和界面元素：不能简单地堆积和拼凑控件和界面元素，要对界面上的细节元素进行细致的设计、排版和调整，还要对留白等进行处理。

其三，进行可用性测试：这是用户体验中非常重要的步骤，既可以在手机端，也可以在电脑端进行测试，或者通过网络分享的方式让更多的团队外的人进行测试性操作，这样做有助于发现问题并及时更正问题。

三、高保真原型及设计的完成阶段

中保真设计结束后，我们虽然得到了一个比较完整的移动产品设计结果，但它并不美观，视觉效果不吸引人，因此就要进入高保真原型阶段，做进一步的视觉设计。

视觉设计包括简洁的图标设计、界面的个性化设计、标签栏等的设计和运用，以及对产品的整体色调的设定。设计师的个人审美水平和设计水准直接决定了视觉设计的成功与否。

第三节　UI 交互设计

一、UI 设计基本术语和常识

(一)UI (User Interface)

UI 即用户界面设计，是指对软件的人机交互、操作逻辑、界面的整体设计，它包含交互设计和视觉设计两个方面。它很大程度上就是在探讨如何让产品的界面更具实用性，如何让用户有更好的体验，如何用颜色或图形明确产品功能与内容的主次，以减轻用户的操作负担。因此，要想做好 UI 设计，视觉设计知识和交互设计知识都是必需的。

(二)UE 或 UX(User Experience)

UE/UX 即用户体验，它并不是指产品本身是如何工作的，而是指产品是如何和外界联系并发挥作用的，也就是人们如何“接触”或者“使用”它。Web 中的用户体验是指用户在访问平台的过程中的全部体验，它包括平台是否有用，用户使用时是否会产生疑惑或者平台的 bug 程度，功能是否易用、简约，界面设计和交互设计是否友好等。

(三)UCD(User Center Design)

用户体验的核心是 UCD，即“以用户为中心的设计”。

（四）IxD(Interaction Design)

IxD即交互设计，关注创建新的用户体验的问题，目的在于改进人们的工作、通信及交互方式，使人们能够更加有效地进行日常工作和学习。换句话说，就是解决如何使用的问题。

（五）UI设计的基本常识

在手机UI设计和网站UI设计中常用的图片存储格式有以下几种。

PNG：手机和最新的CSS3网站用得较多，一般在fireworks软件中存储为32位的png格式，photoshop软件中存储为24位的png格式。

GIF：传统网站用得最多，优点是图片小、载入快，缺点是图片质量一般。

JPEG：普通图片格式，网站和照片用得最多。

BMP：位图格式，质量较高，C/S(客户/服务器)架构用得较多。

二、UI交互设计的三大模型

Robert Reimann在他的《About Face 3 交互设计精髓》中定义了交互设计的三大模型，分别为实现模型、表现模型和心理模型，如图2-7所示。

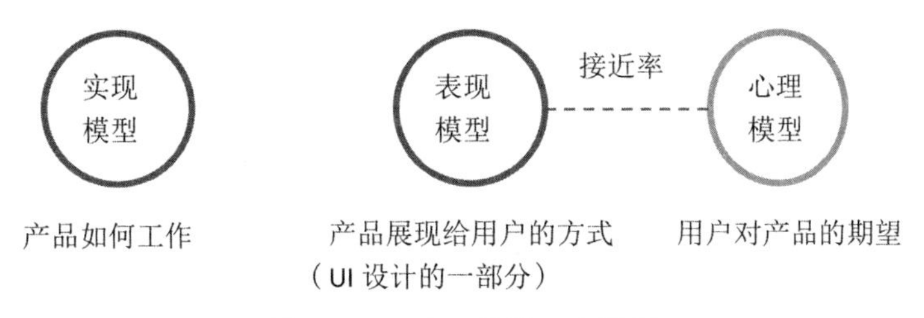

图2-7　UI交互设计三大模型

实现模型：是产品的内部结构和工作原理，它存在于设计人员的头脑中，反映软件如何工作。

表现模型：是指产品的最终外观，以及产品呈现给用户后，用户通过观看或使用后形成的关于产品如何工作和使用的想法。

心理模型：产生于用户头脑中的关于一个产品应该具有的概念和行为的知识。这种知识可能源自对产品的概念和行为的一种期望。

人们的心理模型往往比较简单，因此，如果表现模型比实现模型更简单，那么产品更容易被用户理解和接受。综上，UI设计应该基于用户的心理模型，而不能基于实现模型，也就是说，设计的目标之一就是使表现模型和心理模型尽可能地接近。

三、交互设计与 UI 设计的关系

先有交互设计还是先有 UI 设计？要理解交互设计与 UI 设计的关系，首先要明确回答这一问题。通过前面对用户体验三大流程的学习和分析，我们知道交互设计在先，UI 设计在后。UI 设计以交互设计为基础，交互行为会影响到 UI 设计，好的 UI 设计会充分考虑交互设计的方式，以更好地为用户服务，设计出用户需要的产品。交互设计与 UI 设计的关系如下：

(1)从概念上说，交互设计更加注重产品和使用者行为上的交互以及交互的过程，而界面是一个名词，在做界面设计时，我们关心的是界面本身、界面布局、组件、导航和风格，并要求设计出来的界面能有力支撑有效的交互。

(2)从功能上说，当我们定义一个产品的交互行为后，对 UI 设计的要求也就更加清楚了。界面上的组件是为交互行为服务的，我们是以交互行为作为依据进行 UI 设计的，不能为了界面的美观和艺术化而破坏设计好的交互行为，因为交互设计是设计的最终目标。

(3)从广义上说，UI 设计包含交互设计，UI 设计为交互设计服务，当然 UI 设计也包括平面设计等视觉设计。

四、手机 UI 交互设计的完整过程

要想彻底了解手机 UI 设计的完整过程，我们需要了解 UI 交互设计的流程，了解流程中的每一个任务和细节。

首先，收集用户体验的相关信息，了解用户，确定目标用户群体，确定搜集信息的方法和途径。

其次，根据用户的需求对用户进行合理的分类，并为每一类用户进行定义，分析每一类用户的特点等。

再次，设定交互设计原则，分别从硬件交互设计、信息交互设计、软件交互设计和体验交互设计四个方面进行。

硬件交互设计：根据人机工程学原理设计按键大小等硬件交互要素，提供多种输入方式，并设计新奇的交互模式，例如苹果设备的触电导航键(旋转和点击)。

信息交互设计：主要体现在布局、字体、色彩、图标等方面。

软件交互设计：主要体现在导航方式的设计上，让用户随时知道自己在哪里、如何返回，并且可以立即退出。

体验交互设计：让用户很方便地控制交互过程，同时让用户有安全感，例如苹果设备的

指纹识别模式。当然现在很多产品也都支持指纹识别模式了，尤其是在购物App中。

最后，进行UI交互设计测试和完善。

以上的每一步都是至关重要的，直接关乎产品的成败。

了解UI交互设计的流程以后，我们可以用图2-8来描述移动端App的总体交互逻辑。

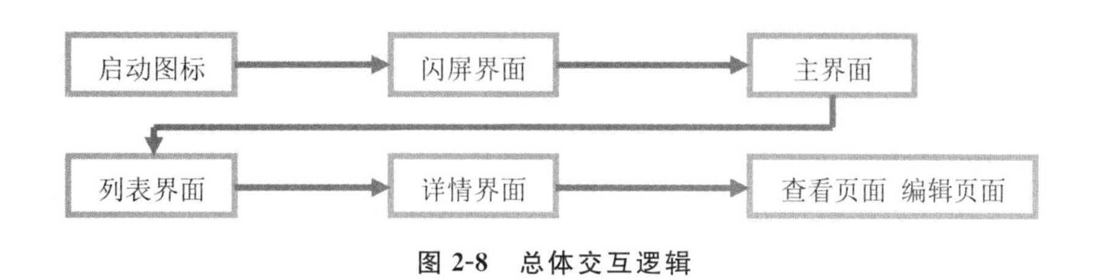

图2-8　总体交互逻辑

第四节　原型设计工具推荐

产品原型设计是指整个产品在正式投入设计和制作前的框架设计，使用原型可以进行交互和视觉测试，直观地呈现产品的最终形态，避免很多问题，是交互设计师、产品设计师和产品经理进行沟通的最好方式。通俗地讲，产品原型设计是指在正式制作真实软件产品前，通过原型为大家进行产品的模型展示。我们可以通过非常简单、快速的方式得到这个模型。

一、移动平台快速原型草图设计工具——乎之原型

(一)产品面向的用户人群

乎之原型是一款非常不错的移动端App demo设计工具，可以创建原型和分享原型。其主要使用者包括原型设计的初学者、产品需求分析师、设计师、程序员和测试员等。

(二)产品的主要功能

(1)支持各种手势交互操作，包括点击、滑动、双击左键和捏合等。

(2)支持各种动画效果，包括移入、翻转、缩放、渐隐等。

(3)快速实现页面链接。

图2-9　乎之原型logo

(三)产品的优势

(1)在手机端可以快速对设计好的原型草图进行交互展示,只需经过导入(导入设计好的界面效果图)、编辑(快速编辑热点动画事件)、演示(模拟最真实的用户体验)三大步。

(2)可以轻松地进行原型分享,邀请好友查看或评论原型。可以使用手机号码、邮箱等各种方式邀请好友,支持原型实时同步、分享范围控制,等等。

(3)不仅支持iPhone和iPad设备,也支持Android设备。

二、移动平台快速纸上原型设计工具——POP(Prototyping on Paper)

(一)产品面向的用户人群

POP——Prototyping on Paper是由台湾Woomoo团队开发的,它使手绘原型动起来成为可能。只要用手机拍下手绘草稿,在POP里设计好链接区域,马上就能将其变成可互动的Prototype。其主要使用者同样包括原型设计的初学者、产品需求分析师、设计师、程序员和测试员等。

图2-10　POP原型设计App的logo

(二)产品的使用方法

(1)用纸笔绘制出原型中最常规的几个页面、按钮即可。

(2)使用POP这款App对一张张图片拍照,并将其存到POP App内部。

(3)开始编辑,哪个图片的哪个区域(按钮)链接到什么页面,需手动操作。

通过以上三步即可完成手绘原型交互展示。

(三)产品的优势

(1)方便快捷的热点链接,让交互变得更简单、更快速。

(2)不仅支持iPhone和iPad设备,也支持Android设备。

三、原型设计工具——Mockplus

(一)产品面向的用户人群

Mockplus的适用人群是比较广的,只要是有产品(范围很广,包括网站、特定功能、策划案、广告模型、创意等)模型展示需要的人都可以使用。其中,主要使用者包括产品经理、项目经理、用户体验设计师、平面设计师、互联网创业者、运营经理、广告公司等。

图 2-11 Mockplus 软件 logo

(二)产品的主要功能

(1)全平台的原型项目支持:包括移动项目(Android / iOS)、桌面项目(PC / Mac)、Web项目,也可以选择白板项目类型,以便自由创作。

(2)不同风格的随意选择:提供线框和素描两种风格,可在设计中随意切换。

(3)可视化的交互设计:只需要拖一拖鼠标,即可完成交互设计,无须编程和了解交互的具体过程,交互设计从未如此简单。

(4)支持多种交互事件、命令:内置多种常用的交互方式,如弹出/关闭、内容切换、显示/隐藏、移动、调整尺寸、缩放、旋转、中断等。

(5)手机快速扫描演示App项目:通过扫描二维码,可随时在Mockplus移动端中查看设计的原型。不需要将原型传到云端,不需要任何连接线。

(6)支持云同步存储:通过云同步,可以达到数据云存储的目的,无须使用U盘等移动存储工具,即可异地编辑项目。

(三)产品的优势

(1)交互快:在Mockplus中原型交互设计已完全可视化,所见即所得。拖拽鼠标,做个链接,即可实现交互。同时,Mockplus封装了弹出面板、内容面板、滚动区、抽屉、轮播等一系列组件,对于常用交互,使用这些组件就可快速实现。

(2)设计快:Mockplus封装了近200个组件,提供400个以上的图标素材。做图时,只需要把这些组件放入工作区进行组合,一张原型图就可以迅速呈现。设计者可以把思路用在设计上,不用为制作一个组件劳心费力。

(3)演示快:扫描二维码,原型即可在手机中演示。不需要将其上传到云端,不需要任何连接线。同时,原型还可以离线在手机中演示。当然,Mockplus也支持把原型发布到云,并通过手机端演示。

(4)上手快：无需编程；关注设计，而非工具。不需要任何学习就可以轻松上手，不必为学习一个软件而成为工具的奴隶，更不必在学习、买书、培训上花费时间和金钱。

四、交互设计与产品经理必备利器——AxureRP

(一)产品面向的用户人群

AxureRP目前被很多大公司采用，成为创造成功产品必备的原型工具，国内的淘宝网、雅虎、腾讯、当当网等公司的产品经理也在使用。其主要使用者包括商业分析师、信息架构师、可用性专家、产品经理、IT咨询师、用户体验设计师、交互设计师等。

图 2-12　AxureRP 软件 logo

(二)产品的主要功能

Axure RP是美国Axure Software Solution公司的旗舰产品，是一个专业的快速原型设计工具，让负责定义需求和规格、设计功能和界面的专家能够快速创建应用软件或Web网站的线框图、流程图、原型和规格说明文档。作为专业的原型设计工具，它能快速、高效地创建原型，同时支持多人协作设计和版本控制管理。

(三)产品的优势

(1)作为基于Windows的原型设计软件，既可以设计手机端原型，也可以设计Web端原型。

(2)可以轻松绘制流程图，并可以快速设计原型页面组织的树状图。

(3)有强大的内部函数库和逻辑关系表达式，只需一点编程基础，便可轻松制作自己想要的任何交互演示效果。

(4)可以自动输出Word规格的说明文档。

(5)可轻松实现跨平台演示，可以在苹果公司的系统上轻松演示(只需在安装myAxure应用后按提示操作即可)，也可以方便地在Android系统上演示。

思考题

1. 简述用户体验的概念。

2. 在移动设计中为什么要有原型设计？

3. 如何理解用户体验设计中的三大设计流程？每一步的作用是什么？

4. 如何理解交互设计与UI设计的关系？

5. 原型设计工具有哪些？特点是什么？

第三章 移动产品的创意和原型草图设计

本章要点

1. 移动产品的创意
2. 移动产品的定位
3. 移动产品的需求“痛点”分析
4. 头脑风暴与思维导图
5. 用户体验原型草图

第一节 移动产品的创意

以色列科学家 Noam Tractinsky 对这样一个问题感到困惑:人们为什么更喜欢美观的物品而不是丑陋的物品?为什么美观的物品更好用呢?后来 Tractinsky 做了很多的实验,得出了一个结论:物品的实用性和美观性是相关的。所以,移动产品的设计更趋于实用美观。同时,要想设计出有创意的移动产品,就要做出情感化的产品设计,但是情感会影响人的创造性思维,从而影响解决问题的思路和结果,人的情感和创造性思维之间的关系如图 3-1 所示。

情绪帮助人们进行决策,正面情绪和负面情绪同样重要,情感化的设计有利于帮助我们拓宽思路,开拓创造性思维,从而让人变得更具创造力、想象力,设计出符合用户需求的创意产品。

一、应市场而生的移动应用

移动应用(Mobile Application,缩写是 MA),也就是我们常说的 App,专指在智能手机、平板电脑、智能电视等移动设备上运行的第三方应用软件,是移动互联网的核心载体。现在

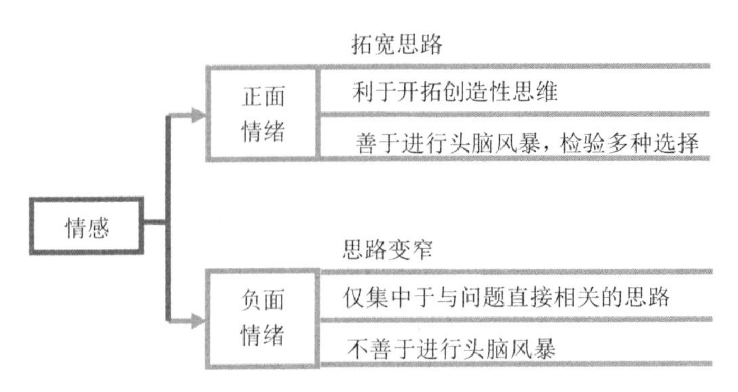

图3-1 人的情感和创造性思维之间的关系

每天都有成千上万的应用登陆各大应用市场，App Store的应用数量已经超过100万，整个移动互联网已经进入一个全新的发展阶段。

(一)移动互联网与移动应用的关系

移动互联网是一个产业层面的概念，它是互联网与移动通信各自独立发展后互相融合的新兴市场；移动应用是移动互联网的承载形式之一，以智能移动设备的软件形式呈现。

移动应用在2008年诞生于苹果的App Store(应用商店)。App Store在2008年7月上线之初，只有500多个App；同年10月，谷歌上线的Android Market中的App仅有40多个。截至2015年1月，在以iOS系统为主的App Store中，应用数量已达到121万；在以Android系统为主的Google Play中，应用数量超过App Store，达到143万；适用于Windows Phone的应用数量最少，只有30万，但其应用数量增速较快。艾瑞咨询的2015年中国手机App市场研究报告指出，截至2015年第2季度，中国手机网民规模达到6.57亿人，智能手机用户规模为6.01亿人，庞大的用户基础推动了中国手机App的快速发展。App承载了各种便捷的移动服务，逐渐成为人们日常生活的一部分。

无论是对于智能机还是App来说，前几年持续高增长的“人口红利”、人傻钱多的时代已经结束。客观地说，前些年的高增长，更多地是填补市场空白，而接下来再想增长，需要的是技术创新、产品运营、市场运作的密切协作。

(二)移动应用的市场驱动

应用是一种从互联网上下载到移动设备的小型软件。它们一般都很便宜，可在线购买，而且其中很多都是免费的，操作方便。因为开发者常常将应用的精华提纯简化，提供更加精简却能发挥到极致的功能，所以市场前景非常广阔。如果我们要下载一个电脑端的软件，往往会在网上搜索，花费大量的时间不说，还经常找不到好的下载资源；但是在移动端，这种下载模式得到了前所未有的创新。苹果公司开创了软件购买的新模式。2008 年苹果推出了它的应用商店，为用户提供一站式的购买服务。用户无须在互联网上寻觅应用软件，同一用户只需要购买一次便可在不同的苹果移动设备上下载该应用。后来其他应用商店也采取了苹果所提出的"一站式"购买理念，安卓市场也有了自己的应用商店，而且手机厂商如美国威瑞森、微软视窗以及诺基亚、三星等都有自己的应用商店。

有市场就会有盈利，有盈利就会推动 App 市场的发展。在盈利模式方面，目前中国的手机应用开发主要有广告模式、免费＋增值服务收费模式、下载付费模式、一次性软件开发费用以及后期技术支持收入五种盈利模式。其中，广告以及免费＋增值服务是主要的两大盈利模式。移动应用的市场盈利模式如图 3-2 所示。

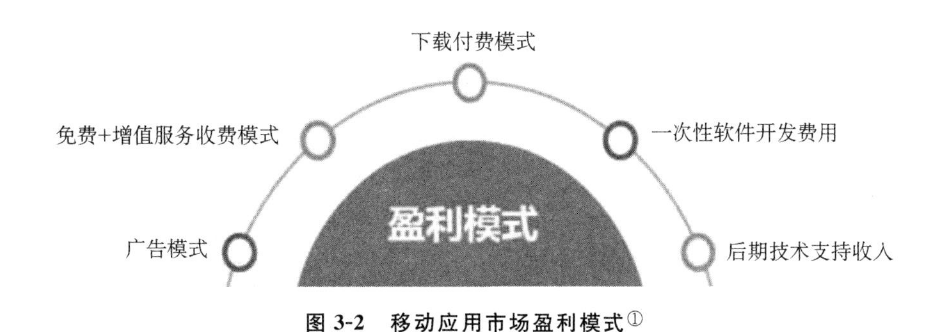

图 3-2　移动应用市场盈利模式①

(三)移动应用发展的四个阶段

我国移动应用的发展大约从 2010 年开始，随后经历了一轮爆发式增长。投中研究院认为，中国的移动互联网服务大约在 2009 年初步形成；从移动互联网行业 VC/PE 的融资和并购的情况来看，2011 年左右开始进入黄金发展期。投中研究院分析认为，一方面，这是由于智能手机、平板电脑等智能终端快速普及，移动通信网络基础条件改善，用户开始养成移动互联网习惯和思维，移动互联网行业的很多细分领域在这一年经历了从无到有的过程；另一方面，早期资本加速涌入，以 BAT 为首的网络巨头开始布局，典型的案例如腾讯在 2011 年创立了腾讯产业共赢基金，并在同年发布开放平台战略，全面进军移动互联网。

移动应用的发展历程如图 3-3 所示。

移动应用的发展大致可分为四个阶段，如图 3-4 所示。

第一阶段，许多 PC 互联网出身的企业把其 PC 端业务平行地移植到了移动端，如人人

---

① 图片来自网络。

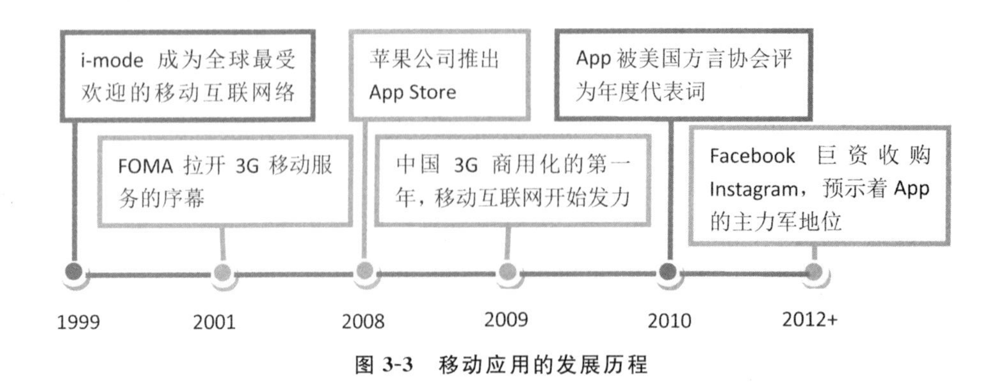

图 3-3 移动应用的发展历程

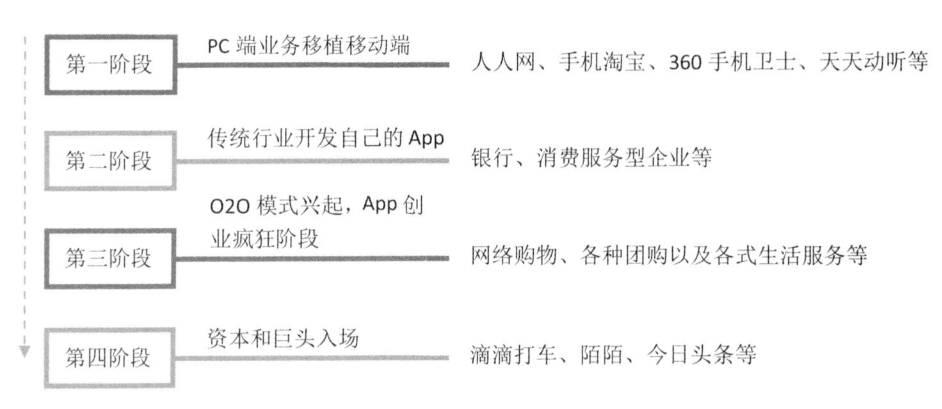

图 3-4 移动应用的发展阶段

网、手机淘宝、360 手机卫士、天天动听等；第二阶段，随着智能手机用户的增长，多数传统行业也都开发了自己的 App 以顺应潮流，比如银行、各种消费服务型企业等；第三阶段，较低的进入门槛使 App 创业进入疯狂阶段，同时 O2O 模式的兴起使 App 的移动属性被发挥到极致，这样的例子在网络购物、团购以及其他本地生活服务等领域颇为多见；第四阶段，资本和巨头加速入场，App 推广成本提高，O2O 模式烧钱现象严重，商业模式需要资本的支持，移动应用的发展进入大浪淘沙时代，比如滴滴打车、陌陌、今日头条等。

二、如何让你的设计“别具匠心”

“别具匠心”一词出自唐代王士源的《孟浩然集续》“文不按古，匠心独妙”，指在技巧和艺术方面具有与众不同的巧妙构思，用八个字概括就是“想法独特、与众不同”。但是怎样才能让我们的设计“别具匠心”呢？App 是一种连接品牌与消费者的工具，是品牌与用户之间形成消费关系的重要渠道，也是实现 O2O 的纯天然纽带，所以独特的设计理念就显得非常重要。只有这样，设计才有可能深入用户的生活和内心，最大限度地引发用户共鸣，用户才有可能为我们的设计买单，成为我们应用的忠实粉丝。

众所周知，App 的创意源于生活而又高于生活，并且可以服务于生活。所以，要做到“别具匠心”，首先要做到以下两点：其一，要满足用户的日常生活需求，让用户从细微之处感受到更多的生活乐趣和便捷性；其二，要改变用户的传统生活方式，让人们在越来越多的碎片时间中得到更多的实惠，让生活更加移动化和智能化。如果用户能明显感受到这款 App 的体贴入微，那么这款产品自然也就具备了独当一面的竞争实力，能在市场上立于不败之地。滴滴出行就是一款很有代表性的产品，它服务于人们的日常生活，让出行变得更加舒心和高效。

最后，落到“别具匠心”，我们还是不得不说说时下最受欢迎、拥有不同类型用户粉丝群的“微信”，它的成功绝不是一个偶然，而是一种必然的结果。具体是指：

(1)手机网络流量或 Wi-Fi 网络传输的方式取代了短信传输、彩信传输等，为用户节省了很大的开销，同时对于 24 小时在线的用户来说也不会产生太大的流量支出。

(2)简洁的界面设计满足了各个年龄段用户的需求，可视化强，操作简单、易学。

(3)“按住说话”微语音功能，不仅满足了不会打字用户和有视力障碍用户的需求，同时可以让用户在出行的过程中体验像打电话一样的实时对讲，方便沟通，节省了电话费。

(4)最“别具匠心”的功能当属“附近的人”和“摇一摇”，用户可以通过这些功能了解和认识附近同样使用微信的用户，增加了交流和交友的随机性和多元化。

同样是移动交流方式，成功的案例还有 Google＋、Facebook 和 Twitter，这些应用都有自己“别具匠心”之处，让用户获得了不同的个性体验。因此，我们应该把更多的精力放在设计更加科学的界面布局、挖掘更多的个性体验和创造更具发展潜力的体验模式上，真正让自己的产品“别具匠心”，设计出与众不同的移动应用。Google＋、Facebook 和微信的互动界面对比如图 3-5 所示。

除了上面说的几种移动交流方式，我们还不得不说 2015 年横扫市场的阿里集团的“钉钉”应用。它是一种工作方式，是专为中小企业和团队打造的沟通、协调的多端平台，且用户可以免费使用。它的“别具匠心”体现在它瞄准了企业用户这个大市场，为企业量身打造统一的免费办公通讯平台，让交流更简单，让工作更轻松高效，解决了高级用户在使用别的移动交流方式中的几大“痛点”。

(1)通过群发送重要消息时不知道接收人是否收到，不得不再次发短信或打电话确认，而钉钉会显示接收人是否已读。

(2)有的接收人不经常使用或未安装单位发消息的 App，发信人不得不再次发短信或打电话提醒，钉钉的 DING 功能可以直接将内容以电话录音或短信的方式发送到对方手机上。

(3)经常无法保证高端用户的沟通安全，有可能存在泄露秘密的状况，钉钉的“澡堂模式”会在确认已读的情况下删除已有信息。

钉钉 App 的安全技术如图 3-6 所示。

钉钉的出现,让我们真正走进了移动办公时代。

图 3-5　三个 App 的对比

图 3-6　钉钉的安全技术

三、“小而美”移动应用案例创意分析

（一）需求细分催生“小而美”App

在目前的行业背景下，行业对 App 的要求是“大而全”还是“小而美”？回答肯定是“小而美”。那么如何理解“小而美”呢？“小而美”这个思路正在不断地被移动互联网企业所提及，但这种模式却并非适用于所有行业，因为一个真正“小而美”的应用必须产生高利润，复购时间短，讲品质且讲服务。在具体产品上，“小”表现为细分市场，“美”表现为注重用户体验，并试图在细节上打动用户。在不片面追求规模化的前提下，真正实现利润最大化，这才是最美。标准化、大而全的产品终将被淘汰，取而代之的将是更具个性化、更加精准的产品、营销定位，它们更专注于对“美”的追求。因为小，所以精，所以极具个性化。定位，不仅仅是市场定位，也是自身能力的定位。但是我们不应该认为“小而美”就是将功能做到简单好用，而应该是将其中一个亮点功能做到极致。

那么“小而美”移动应用的市场潜力如何呢？

2016 年 1 月，腾讯副总裁林松涛在接受《经济参考报》采访时表示，在 2016 年的移动互联网应用平台中，“小而美”的产品会越来越多，将会诞生一些独角兽级别（十亿市值级别）的创业公司。“移动互联网时代最大的特点，就是用户的需求越来越具体、越来越细化。比如说滴滴打车，能在打车这件事上产生价值数十亿乃至上百亿美元的估值公司，这在 PC 时代是不可想象的。以前淘宝网一家独大，电商领域的其他企业几乎没有什么机会。但在移动时代，它们拥有了更多的机会。”林松涛说，在移动互联网时代，出现了越来越多的垂直细分领域，相应的一些“小而美”的应用也在崛起，这是 2015 年移动应用平台上最大的变化。另外，2015 年移动互联网行业最大的特点是并购，很多巨头或者准巨头都在进行合并，合并之后有很多领域的格局会发生明显的变化。林松涛认为，在 2016 年产生一个非常大、非常平台级的产品的可能性不大，但这并不意味着创业没有机会，因为会有越来越多“小而美”的垂直领域。在大家以前忽视的或者认为不够重要的地方，可能会诞生独角兽级别的创业公司，这样的机会正越来越多。

（二）“小而美”移动应用案例

1. 移动应用之“滴滴出行”

2012 年，滴滴打车上线，2015 年正式更名为滴滴出行，并全面启用全新的品牌标志。滴滴出行是非常流行的打车软件，从最早的出租车发展为各种类型的车，我们的出行也更加方便了。该 App 改变了传统的路边拦车的概念，利用移动互联网的特点，将线上与线下融合，

从打车初始阶段到下车时线上支付车费，画出一个乘客与司机紧密相连的完美 O2O 闭环，节约了司机与乘客的沟通成本，降低了司机的空载率，节省了司乘双方的时间。

相关资料显示，2016 年 1 月 11 日，滴滴公布了 2015 年订单数，声称超过 Uber 成立 6 年累计的 10 亿订单数，“在过去一年里，滴滴出行全平台（出租车、专车、快车、顺风车、代驾、巴士、试驾、企业版）订单总量达到 14.3 亿，这一数字相当于美国 2015 年所有出租车订单量（约 8 亿，数据来源为 IBISWorld 及 Statistic Brain）的近两倍，更是超越了已成立 6 年的 Uber 刚刚在去年圣诞节实现的累计 10 亿订单数”。滴滴战略负责人朱景士曾在 2015 年 11 月的公开演讲中称，滴滴花了不到对手 1/4 的钱就保持了这个数量。“滴滴出行”移动应用如图 3-7 所示。

图 3-7 “滴滴出行”移动应用

2. 移动应用之“Backseat Driver”

丰田汽车推出了一款名叫“Backseat Driver”的 LBS 移动应用，它能给坐在后座的孩子们带来很多乐趣，让孩子们有很真实的开车体验，同时方便开车的家长们专心开车。该应用为用户提供了一辆造型很萌的虚拟汽车，而它的行驶路线与 GPS 识别出的真实行车路线相同。通过 Foursquare 的 API，用户可以通过收集沿途各种地标获得积分，并用积分换取虚拟汽车的个性化装饰物，该应用于 2012 年 4 月上线后，在半年里被下载了 10 万多次，非常受欢迎，其移动应用如图 3-8 所示。

图 3-8 “Backseat Driver”移动应用

3. 移动应用之“美颜相机”

美颜相机这款 App 不仅受到女士的追捧，同时也受到了很多男士的追捧。爱美之心，人皆有之，这也许就是这款 App 成功的根源所在。这是一款将手机变成自拍神器的 App，是由美图秀秀团队 2013 年发布的，上线 88 天，用户就突破 2 000 万，在台湾连续 6 天居总排行榜第一，是中国香港、澳门及马来西亚等多个地区和国家摄影榜的第一名。2015 年 11 月 17 日，美图公司在北京召开发布会，介绍了美图秀秀 App 的最新情况：截至 2015 年 10 月 31 日，已拥有超 3.7 亿用户，月活跃用户 9 000 万，每月产生照片 38.7 亿张，整体数据比 2014 年同期翻了一番。美颜相机强有力的数据增长证明“自拍”已经成为全民的生活娱乐习惯，其市场前景依然十分广阔。“美颜相机”移动应用如图 3-9 所示。

图 3-9 “美颜相机”移动应用

4. 移动应用之“脸萌”

对许多 90 后来说，“萌”这个词是再熟悉不过的了。脸萌 App 自 2013 年 12 月底正式上线后，在应用下载榜单上表现平平。据统计，5 月 30 日，脸萌在 iOS 和安卓市场的下载量分别为 9 万和 4.5 万，到 6 月 2 日就飙升至 34.8 万和 20 万。在不到一周时间里，脸萌的用户量从上线后一直维持的近百万猛增至 2 000 万。6 月初，用脸萌 App 制作的漫画形象风靡朋友圈、QQ 空间，随处可见萌萌的漫画人物。“脸萌”移动应用如图 3-10 所示。

图 3-10 “脸萌”移动应用

通过分析以上案例我们不难发现，这些 App 都比较贴近生活，真正地满足了我们的生活需求。有时候，与其在 O2O 市场中徘徊，不如尝试一些“小而美”的创意，让 O2O 深入每个人的生活细节。

第二节　移动产品的定位

一、如何确定产品市场定位

(一)产品市场定位的一般方法

首先，定位必须以准确的数据收集能力为基础，根据自身需求和设计所需，对线下各种客户信息、消费行为进行系统性收集。其次，分析数据，利用线上系统分析出某种形式的结果，并利用分析结果进行决策。最后，运用结果为客户服务。

“请用一句话准确地描述你的产品”，这个问题的回答可以这样组织：“主要面向……用户，提供……功能，具有……特色。”如果我们很难这样描述自己的产品，那么显然这个产品的定位比较模糊，方向也不明确，如果开发该产品就会面临很大的投资和开发风险。

图 3-11 是微信和陌陌的产品定位对比。

微信：社交通讯平台
用户：熟人圈
目标：平台化，移动互联网最大入口

陌陌：基于地理位置的交友工具
用户：陌生人，单身男女
目标：交友平台

图 3-11　微信和陌陌的产品定位对比

(二)产品市场定位的一般原则

怎样才能设计出让用户第一眼就心动的产品呢？我们在确定执行项目的时候，需要冷静分析我们对产品的设想和预期，理性地定位产品的市场目标和用户，了解我们所面对的粉丝群和潜在用户群，针对他们的需求，做有价值的、能触动人心的产品，这是产品有可能成功的第一步。

1. 不要将用户的眼光吸引到产品华丽的外表上

华丽的产品外表虽然可以带给用户一种视觉享受或视觉冲击，但是容易弱化产品的主体功能，让用户无所适从，结果可能是用户在浏览了几个页面之后便觉得没意思而删掉该产品。不仅如此，外表华丽的产品(这里主要指移动终端应用的界面，尤其是手机应用的界面)会为用户、开发者和投资者带来不小的时间和金钱开销。

对用户来说，过多的装饰会使屏幕变得拥挤，增加使用难度，同时安装该应用会占据更多的存储空间，影响下载和打开的速度，花费更多的流量。

对开发者来说，这样做会增加开发难度及开发工作量，延长开发周期。

对投资者来说，这样做会增加投资成本，花费更多的人力和物力，而且还可能带来投资失败的风险，得不偿失。

当然，我们不能陷入一个误区，外表不华丽不代表应用不美观、不时尚、没创意。我们必须搭建一个合理的、人性化的框架，明确产品应该突出什么、弱化什么，以提升用户体验。

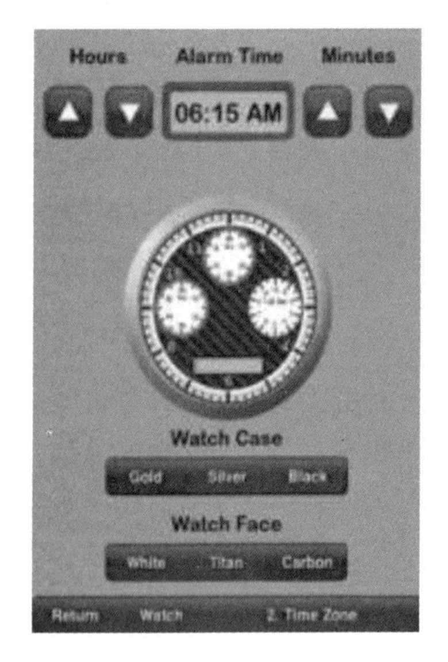

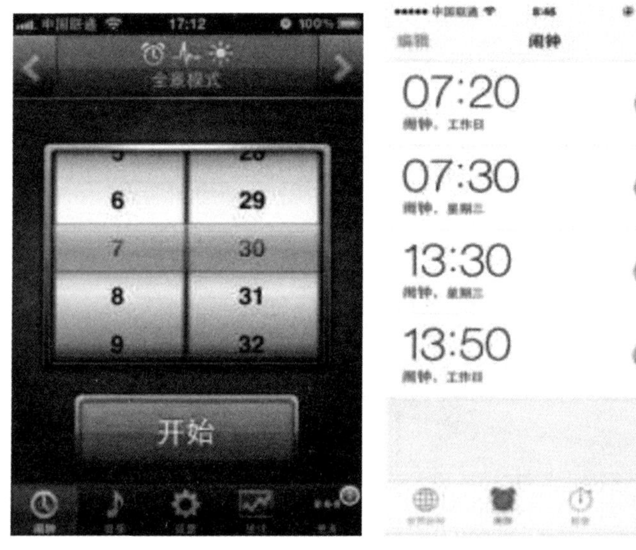

图 3-12　闹钟应用对比

图 3-12 是三个闹钟应用的案例展示。从视觉上来说，左边两个会让人有眼前一亮的感觉，但当我们真正使用的时候，会为繁琐的界面所困扰，尤其是第一个界面。用户需要的是更简洁的界面和操作，甚至是“一键式”的操作，估计大多数的用户会毫不犹豫地删掉左边两个，而继续使用 iPhone 手机自带的闹钟应用，因为一般设置闹钟的时候都是睡觉前，此时已经很困了，不会再花更多时间去设置闹钟。

2. 明确自己在产品市场中的角色

要认识到我们的应用只是成千上万个应用中的一个，与其他应用共享移动平台、资源和空间。例如现在很多 App 已经不会再下功夫去开发自己的支付平台了，而是借助支付宝、微信等平台进行在线支付，从而实现双赢。看似独立的 App，实际上在与多个应用共同工作。又如，每一个应用都想让用户成为自己的忠实粉丝，会让用户登录或注册会员，但是从用户的心理来说，如果每个应用都要求他注册，他肯定会非常反感，因为他根本记不住那么多用户名和密码，于是现在几乎所有的应用都有使用第三方登录(QQ、微信、微博、Facebook 等)的功能，如图 3-13 所示。因此，在开发和设计应用产品时，保持开放的理念，才能让产品更丰富、更有活力。

图 3-13　和谐共赢的移动应用

3. 有明确的市场目标

对于一个即将开发的新应用来说，必须有准确的市场定位，而且必须明确以下几个问题：

(1)吸引用户选择我们的应用产品的亮点在哪里。

(2)市场上是否有相似的产品，我们的优势在哪里。

(3)我们的粉丝群有何特点，如何验证。

(4)市场前景如何，能否可持续发展。

(5)应用的核心功能能否满足用户的需求，能否吸引用户持续使用。

(6)是否有合理的市场推广方案。

比如说星巴克，它有非常明确的市场定位，其目标人群为注重享受、休闲、追求高品位、尊重人本位的富有小资情调的城市白领，所以它的 App 风格也都以精致为主。如果你是星巴克的超级粉丝，一定知道或体验过它之前推出的一款别具匠心的 App 闹铃。用户在设定的起床闹钟响起后，只需要按提醒点击起床按钮，就可以得到一颗星，如果能够在一小时内走进任何一家星巴克店里，就可以买到一杯美味可口的半价咖啡。别小看这款 App，对星巴克来说，它担当着品牌推广与产品营销的双重重任，与用户建立了沟通的渠道，用户从睁开眼的那一刻起，就与品牌发生了关联，这是一种非常厉害的 O2O 营销模式。星巴克闹钟移动应用如图 3-14 所示。

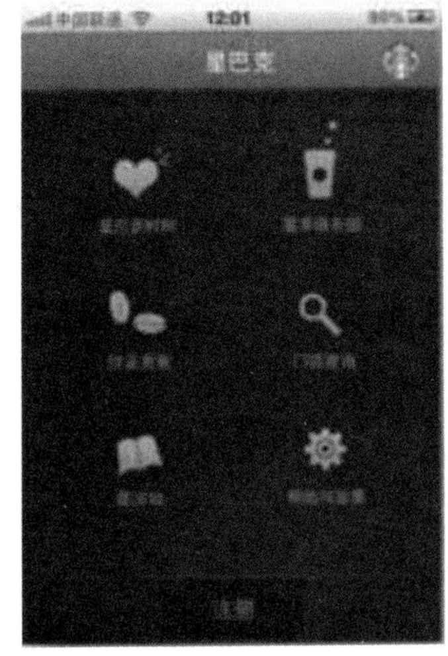

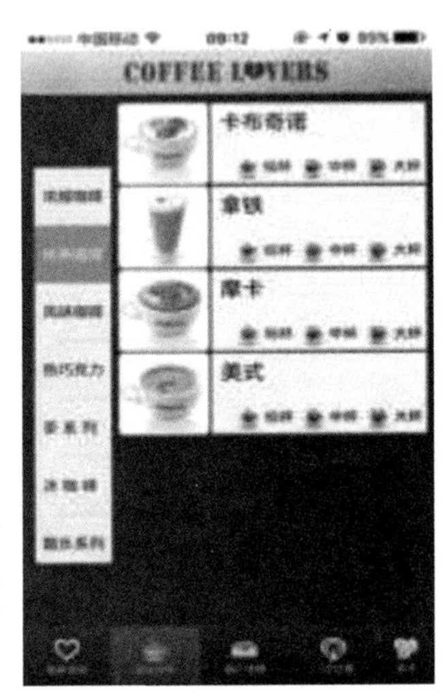

图 3-14　星巴克闹钟 App

综上，移动产品市场定位的目标就是准确建立品牌和用户沟通的桥梁，让用户成为应用的超级粉丝，并逐步扩大粉丝群的影响力。

二、如何展开用户研究

要谈用户研究，就要谈用户需求，这两者是密不可分的。也就是说，我们以“用户需求为驱动”，先明确用户需求是什么，而后找到对这个需求最为敏感的群体，再进行分析。

(一)用户研究方法

定性研究法(了解)：这是从小规模的样本中发现新事物的方法，它的主要目的是确定“选项”和挖掘深度。比如要了解用户使用某产品的场景时，我们需要解决的问题就是：用户都在哪些场景中使用该产品，用户为什么在这些场景下使用该产品，在每个场景中用户的需求是什么。定性研究主要通过访谈、可用性测试等形式进行，思考用户表述背后的原因，挖掘深层次的需求，这也是创新概念产生的源泉。如果有其他人和你一起进行访谈等工作，每次访谈结束后，一定要总结一遍访谈内容和结果，确定没有误解和遗漏。

定量研究法（验证）：用大量的样本来测试和证明某些事情的方法，如调查问卷和网站流量统计等。通过统计学发现全部用户的真实情况，帮助验证通过定性研究发现的假说。

如果进行市场调查之类的定量研究，深究收集来的成堆数据是无法获得解决问题的根本方法的，只有定性的研究方法才能发掘深层的信息。

简单地说，“定性”与“定量”的区别就是小样本和大样本的区别，但这种区别带来的结果却是大不相同的，与定量研究相比，定性研究似乎更有用。

我们可以借用《About face 3 交互设计精髓》中的例子来简单说明定性研究的优越性。例子是这样的：“客户要求我们对一款入门级别的视频编辑软件进行用户研究，该软件面向使用 Windows 的消费者。身为视频创建与编辑软件的成熟开发商，我们使用传统的市场研究技术后发现：为同时拥有数码摄像机和计算机但尚未把二者连接起来的人群开发一款产品具有巨大的商机。”面对该问题，采用定性研究法，结果如下：

受访人数：12 人。

受访方式：现场访谈。

访谈结果：第 1 个发现是为人父母的用户拍摄的视频最多，并且最期望将编辑好的视频与他人分享，这个发现也在我们的预料之中。然而第 2 个发现令人吃惊，在受访的 12 名用户中，只有一人成功地将摄像机与电脑连接起来，而且是在一位 IT 人士的帮助下。

结果分析：视频编辑软件要想获得成功，前提之一就是人们能够正确地把视频素材传输到计算机上进行编辑，但在当时，让视频采集卡在英特尔个人计算机上正常运作是极其困难的，而且专业人士也少，连接操作极其困难。所以，软件也就不可能得到广泛使用，但这并不代表这款产品以后没有市场，这受到计算机硬件技术发展的制约，只是迟早的问题。经过 4 天的用户研究，研究组帮助要开发产品的客户作出了重大决策，即延迟开发这一产品。他们很可能因此节省了大量投资。

这个例子让我们深刻地认识到了定性分析的优越性，分析结果对产品的决策会起到关键性的作用。

（二）如何寻求粉丝用户

分级是对用户做进一步的识别和定义，那么我们如何根据需求找到用户，并对这些用户进行更清楚的描述呢？作为独立个体，我们也是用户，我们对产品的需求无非是更省钱、更快速地获取有用信息、得到更愉快的体验，这些就是用户的典型需求。目前具有代表性的“小而美”的优秀 App 在这几方面都做得非常到位，非常好地满足了用户的需求从而取得了成功。比如滴滴出行实际上就是满足了用户更快捷地打到车的需求，大众点评满足了用户更快地找到更多好吃、好玩的地方的需求。

对“粉丝”这个概念我们都不陌生，那么我们可以把“粉丝用户”概括为对产品最有需求，并且使用产品频率最高的用户。找到粉丝用户，就可以验证需求是否真实可靠，这也对新产品上线后的使用、传播和反馈有着很重要的影响。

寻找粉丝用户的过程，实际上就是描述用户的过程。可以从三个维度去描述粉丝用户，如图3-15所示。

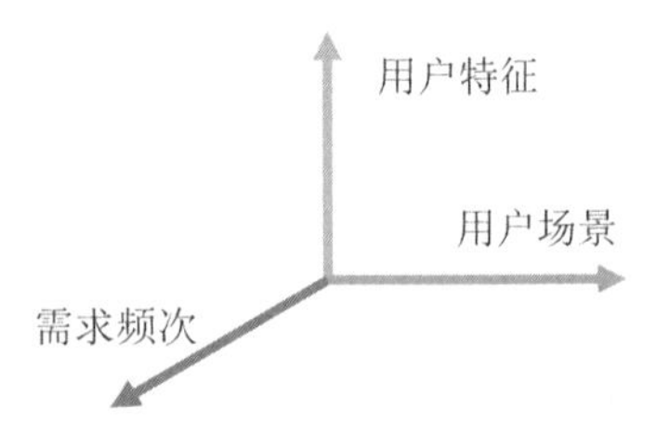

图3-15　三个维度的用户描述

用户特征：包括年龄、性别、爱好、习惯、消费能力和对移动产品的痴迷程度等。

用户场景：设想用户产生需求的时间、地点和使用场景。

需求频次：即用户的使用频率。

从这三个维度描述用户，我们可以对用户进行分类，并将其分为普通用户、目标用户和粉丝用户，而粉丝用户的需求就是我们最后确定的产品的核心需求。实际上，粉丝用户和目标用户是不同的，粉丝用户除了和目标用户有共同的频繁使用产品的特点外，还具有一定的传播产品的能力。

(三)“痛点”分析

“痛点”是现在做产品的人必须深究的一个词。“痛点”一词的字面意思为感觉比较痛的某个地方；从产品设计上说，用户为了更好地生活，碰到的问题都是“痛点”，这个“痛点”有多深刻，就看这个问题有多严重了。那么，对移动用户来说，什么是“痛点”呢？例如，一天到晚地接到各种推销广告电话，恨不得卸载手机的通话功能，直到遇上“搜狗号码通”；缴纳水电费、网费、汇款或存款居然要在银行排队几个小时，这不仅浪费时间，还会让人产生不必要的焦虑，直到遇上“支付宝钱包”；碰到头疼脑热的小病，去医院就得排队，但在家又不敢乱用药，直到遇到“家庭用药”；一个人出差到一个人生地不熟的地方，不知道吃什么好，吃点特色美食又找不到正宗的门店，四周的饭店林立又不敢乱入，直到遇到“大众点评”；上班或下班回家，看到拥挤的公交车时很无奈，于是选择打车，但是高峰期又几乎打不上车，直到遇上“滴滴出行”。以上这几个情景，对用户来说，就是所谓的“痛点”。

综上，我们可以得出“痛点”的概念，即原始需求中被大多数人反复提及的一个有待解决的问题、有待实现的愿望。从这个概念中，可以抽取出两个关键点：

(1)“痛点”存在于原始需求中。

(2)“痛点”是原始需求中需要产品人员特别关注的一种需求。

“痛点”代表的往往是一些真问题，其背后一般隐藏着特别有价值的功能需求点。通过提供功能或相应的数据，在帮用户解决这些“痛点”问题的时候，能让产品的用户体验大大提升。正因如此，我们在用户研究中，特别关注对“痛点”的挖掘。

所以，用户在生活当中所担心的、纠结的、感到不便的、有关身心健康的问题，就是“痛点”，它是用户遇到的一些不好解决的问题，但这些问题又必须解决。我们所要做的就是发现这些“痛点”，再告诉用户“我的产品可以止痛”，如果用户觉得不是很痛，那就创造一个“痛点”。

那么，分析“痛点”对移动应用产品设计到底有哪些作用呢？具体如图 3-16 所示。

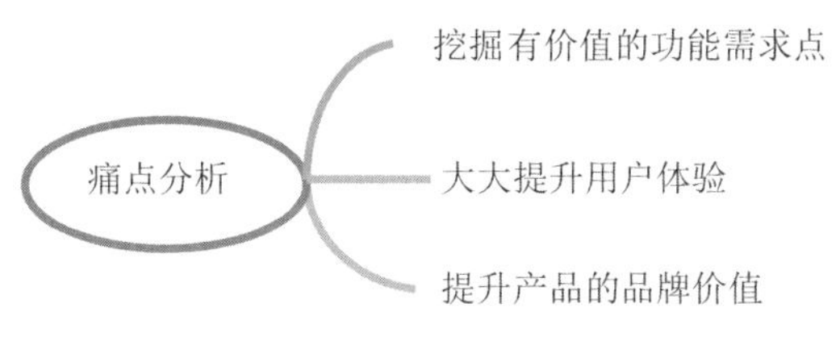

图 3-16　“痛点”分析的作用

1. 挖掘有价值的功能需求点

并不是所有的“痛点”都是用户的刚性需求。例如，对于图 3-17 中的插座，用户的困惑是为什么电源插座的三孔和二孔要离得那么近。这时会有一些用户抱怨，但他们仍会默默忍受，然后习惯。所以这个“痛点”就没有严重到能影响用户的使用。

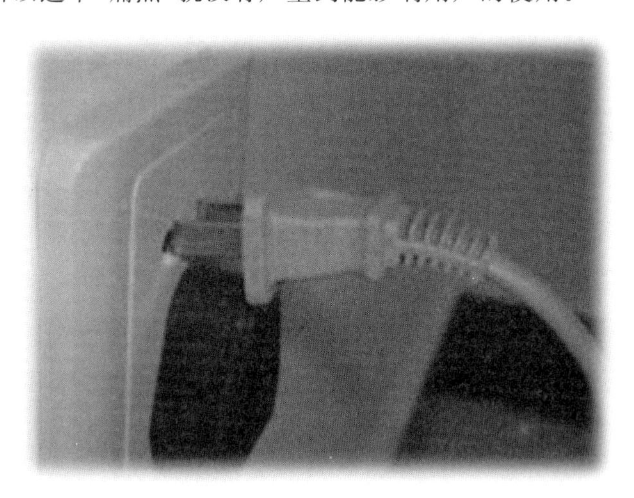

图 3-17　使用插座时的“痛点”

再如使用 Skype 通话的双方可以都通过网络进行联系，也可以一方通过网络拨号直接拨打对方的手机号码，这满足了没有 Skype 的用户的需求，大幅节约了用户的电话费。这样就解决了用户在通讯方面的“痛点”，且这一“痛点”是用户的刚性需求，是 Skype 吸引用户的核心功能点。

2. 大大提升用户体验

“痛点”往往代表的是一些用户真正遇到的问题，其背后通常隐藏着特别有价值的功能需求点，通过提供功能或相应的数据，在帮助用户解决问题的同时，可以让产品的用户体验大大提升。例如我们上面举的电源插座的例子，虽然这个“痛点”没有凸显出来，但是如果将用户需求中的这一“痛点”解决了，将会大大提升用户体验。

3. 提升产品的品牌价值

抓住了用户的“痛点”，就抓住了用户，拥有了产品的潜在用户群，也就提高了产品的品牌价值。例如近几年比较流行的“王老吉”。我们吃火锅容易上火，尤其是吃麻辣火锅，天气干燥也怕上火，上火是我们心中的痛，那么如何解决用户的这个“痛点”呢？这时王老吉出现了，解决了我们的“痛点”，即“怕上火，喝王老吉”。它之所以能如此成功，是因为其解决了它的潜在用户群体的“痛点”，从而在竞争白热化的饮料产品市场中脱颖而出，成为用户心中解决上火问题的第一甚至唯一的选择，让品牌价值深入人心。

挖掘“痛点”时需要注意哪些问题呢？

要抓住问题的点而不是面。在进行用户调研时，当用户向你抱怨或倾诉的时候，他们往往比较激动，可能会啰啰唆唆地抱怨很多（因为痛，所以有负面情绪；因为有负面情绪，所以表达啰唆、混乱）。因此，我们只要抓住他们所说的重点就可以了，其他的都可以暂时忽略，抓住了问题点，就抓住了“痛点”。

“痛点”的代表性如何呢？

在进行用户调研时，有些人的喊声过大，有可能夸大“痛点”，所以说他的痛未必具有代表性，或许只是他个人刚好在某事上遇到的问题，如果个人或者外部力量介入，往往就能解决。举一个浅显的关于生活中基本的保暖问题的例子：原始人衣不遮体，就算那时候出现了羽绒服，也解决不了他们的“痛点”，因为他们的“痛点”是如何安全高效地获取食物。

综上，我们在进行用户研究时，要特别关注对用户“痛点”的挖掘。解决了这些“痛点”，我们的产品才有可能成功，而且我们可以自信地告诉用户：“如果你有这个问题，就选择我们的产品，我们能帮你解决这个问题。”

第三节　移动产品的需求分析

产品就是解决用户的“痛点”的，“痛点”在很大程度上也是需求。从以上对用户的分析中我们不难总结出用户需求分析的逻辑，它的流程应该是这样的：

Step1：发现用户真正的需求。

Step2：验证粉丝用户的需求是否存在。

Step3：对用户需求的目的、行为和产生的原因进行分析。

Step4：过滤掉不合理的和小众、偏门的需求。

Step5：对筛选后的需求进行优先级排序。

Step6：对用户进行分级，明确用户的需求层次。

这个流程先对用户进行分类，然后再进行用户分析，对我们进行用户需求分析非常重要，能够帮助我们打破传统的思维方式，给我们更多的启发。

一、需求分析的现状和误区

（一）需求分析的现状

谈到移动应用需求分析的现状，要分析的第一个关键问题是移动应用项目失败的根源在哪里。在CHAOS报告总结的“软件项目十大败因”中，有五项是与需求直接相关的，具体如图3-18所示。

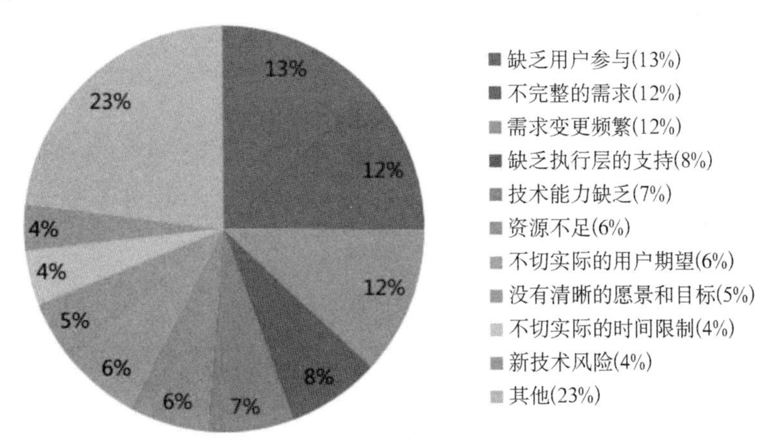

图3-18 CHAOS报告总结的软件项目失败的十大根源

其中与用户需求相关的因素有：缺乏用户参与、不完整的需求、需求变更频繁、不切实际的用户期望，如图3-19所示。

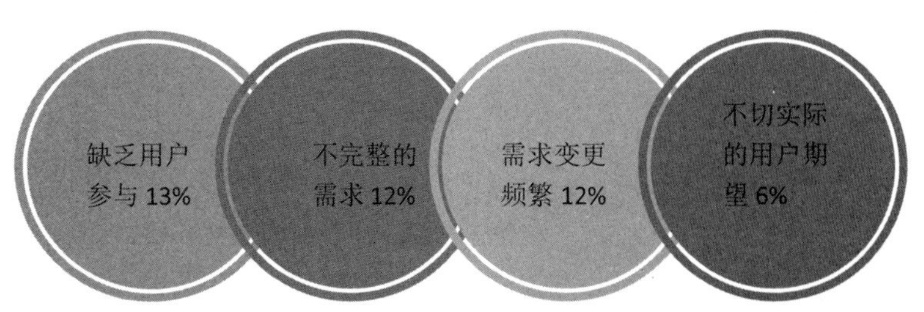

图3-19 与用户需求相关的因素

1. 缺乏用户参与

在很多项目中,用户都不能有效地参与其中。其实,用户的主动参与意识是与所得利益挂钩的。针对这种情况,我们要充分研究不同用户代表的关注点和利益点。现在很多应用产品都以送积分、送礼包等形式吸引用户积极参与。还有一种情况是,当用户鼓起勇气参与活动时,他们往往会被需求分析人员所用的深奥技术用语吓走,因为用户不愿意介入自己不熟悉的领域,硬着头皮参与只会露怯并丢面子。

2. 不完整的需求

如果问"谁更有可能对需求的完整性进行评价",我们一定会说用户代表比开发人员更适合对需求的完整性进行评价。可是一般的说明书并不是用户起草的,而是由需求分析人员起草的,里面必定会有很多技术术语。对用户来说,评价需求的完整性有一定困难,这样的话显然会将对技术术语不熟悉的用户代表排除在有效读者之外。因此,要想让用户代表更好地参与到完整性评价中,就必须采用"业务向导"的组织结构,而不是让用户将一大堆专业的技术术语翻译到自己的业务场景中去。在实际操作中,可以利用树形层次结构将宏观信息与微观信息进行有效剥离,让用户明白自己的直接需求。

3. 需求变更频繁

首先我们需要明白一个概念,"需求变更"和"提出问题"从根本上说是不一样的。我们如果只是简单地将所有的需求变更看作是一个问题,那么就无法有效地找出问题的根源,也无法有针对性地改进需求过程、提高设计弹性。用户需求变更太频繁是致命的,因为并非所有的用户需求变更都是合理的,而且这些变更相对而言比较分散,不能集中体现出真正的变更需求。

4. 不切实际的用户期望

经常会有用户很天真地提出大量的需求,其中有些是技术根本无法实现的,有些则是在紧张的预算与时间内无法实现的。简单来说,就是用户根本不知道满足自己提出的需求需要多大的开发成本。要解决这个问题,业务人员就得帮助用户理解软件的成本和开发的意义,要说明为什么做不到。这样才能真正解决问题,让用户对产品充满正向的期待。

了解移动应用项目失败的根源以后,就不难理解需求分析的现状了。

需求分析的现状就是各个角色之间的沟通失败率高。各个角色之间的沟通如图3-20所示。

(1)客户:将需求无限放大,也没有考虑实际情况。

(2)项目经理:对需求进行了控制。

(3)分析人员:根据经验进行了技术加工。

(4)程序员:断章取义。

图 3-20 各个角色之间的沟通

(5)产品销售:将产品功能无限放大。

(6)最终实际效果:与客户期望值相差很大。

角色之间的无效沟通,导致了产品的失败。所以,一个成功产品的背后必定有一个强大高效的沟通团队,他们之间的沟通必定是真实、有效和切合实际的。

(二)需求分析的误区

误区一:我的产品只要足够好,就绝对有人用。

所有的产品都是要解决实际问题的,没有问题,就没有需求,也就不会有产品。比如你看到大街上有很多人超重,于是抓紧时间开了一个非常棒的健身房,并且聘请了最好的健身教练,制订了你自己认为最合理的价格,然后请超重的人去健身,结果他们说:“我们是胖,但是我们自己不觉得这是个问题。”又比如你做了一个可以替代微信的新平台,界面精美、交互流畅,让用户觉得新奇,且安全性翻番、流量消耗少,但是用户不会贸然使用你的产品,因为他们在使用微信时没有遇到什么不能接受的问题,并且已经用习惯了,如果贸然转到你的平台上,也许还会遇到更多问题。

误区二：目前市场很火，用户非常多，我的产品肯定行。

市场火，只能证明这可能是一个比较好的发展方向，但是我们要具体面对市场上的哪些用户？要解决这些用户遇到的什么问题？这些问题反映出来的需求是什么？什么样的功能可以满足这些需求？什么样的产品能提供这样的功能？这些都是环环相扣的，一个环节出了问题，体现在产品上，就是有人用和没人用的区别，并且可能直接导致产品投资的失败。

误区三：满足用户的需求越多越好。

很多人习惯性地认为服务要一条龙，或者说觉得功能越多越能吸引用户去使用。殊不知，从设计者角度看到的大而全，在用户眼中很可能是完全不同的。产品满足的需求多了，反而证明没有哪个需求是很重要的或者说是刚性的。

一个好的产品，总是去掉很多功能，让其能满足的需求减少，但是这并不影响产品的核心功能和价值。例如，微信去掉朋友圈功能照样可以用，用户依然会很开心。

误区四：只要用户有需求，我们就要满足。

如果想满足用户的很难满足的需求，除了要考虑该需求是否合理外，还要综合考虑团队的开发设计能力和现状、投入和产出是否成比例、是否值得。例如，我们花了很高的成本满足了用户的几乎所有需求，但是所有功能的使用频次都很高吗？用户会为我们的付出买单吗？我们要花很长的时间去分析哪些是“伪需求”，哪些是真正的“强需求”。

二、需求分析的方法

需求分析的方法大致有以下六种：用户访谈法、问卷调查法、文档研究法、原型法、观察法和头脑风暴。我们可以把获取用户的需求形象理解为“撒网打鱼”而不是“休闲钓鱼”。

（一）用户访谈法

用户访谈法是一种最基本的需求分析方法，有利于了解用户对产品的需求和感受，我们可以通过询问用户，收集用户对产品更深层次的需求。这种方法直接有效，形式灵活（有文字、有声音、有图像数据），但是会花费很长的时间，且信息相对比较片面。使用用户访谈法时，要做好以下几点：针对不同类型的用户提出不同类型的问题，切勿面面俱到；进行合理的访谈时间安排；做好访谈记录工作；注意沟通技巧，获取更多有用的用户需求信息；一定要做好访谈计划，让访谈的效率和效果达到最大。

成功运用用户访谈法的关键是：尽量提前将访谈内容告知被访对象，让被访对象有所准备，从而达到事半功倍的效果。

(二) 问卷调查法

问卷调查法是一种针对大样本用户、跨地域用户的常用调研方法。通过这种方法可以收集更多的数据信息,但数据的有效性需要进一步研究。在设计调查问卷时要注意问题的篇幅(一般为1—3页),一定要简洁明了,从易到难,有一定的逻辑相关性,且尽量减少主观题,否则用户可能会胡乱填写。同时还要注意问题类型的选择,避免出现封闭式的问题。相比而言,问卷调查法能够有效地克服用户访谈法中存在的片面性。

问卷调查法最大的优点是,它能突破时空限制,在广阔范围内,对众多调查对象同时进行调查,节省人力、时间和经费。但是其最大的一个缺点是,它只能获得书面的社会信息,而不能了解到生动、具体的社会情况,回复率和有效率低,对无回答者的研究比较困难。

(三) 文档研究法

文档研究法是在进行用户访谈、问卷调查后数据仍不足时使用的一种补充需求分析方法。其优点是能详细、直观地对文档进行了解和分析;缺点是文档量会很大,容易误导研究者。在使用文档研究法的时候,要增强主动性,即化被动收集为主动索取文档,根据流程分析的结果主动收集相关资料,为用户需求分析提供有力的文档支撑。

(四) 原型法

当用户对系统没有直观认识的时候,可以用原型法帮助用户进行直观理解。其优点是能对用户界面友好性做早期评审;缺点是花费的时间多,效率相对比较低。以用户使用场景为主的原型可以展示界面的动态性和交互性。也就是说,交互才是原型的本质,不要只关注界面的静态性。

(五)观察法

观察法是在开发者需要更深入地了解复杂流程、关键人物且很多问题用文字表述不清时使用的一种用户需求分析方法。其优点是可以对需求和业务流程建立直接的认识;缺点是消耗时间长,对信息和数据的把握不够准确。现场观察能够使开发团队熟悉业务场景,做到“身临其境”。

使用观察法进行需求分析时,可以将整个过程录制下来,然后重复观察,找出相关主体,最终解决问题。

（六）头脑风暴

头脑风暴是在一个新的项目启动初期，对关键问题域和功能模块进行探讨时使用的一种用户需求分析方法。其优点是有助于相关人员击破“需求盲点”；缺点是时间成本比较高，且不易控制。要想取得比较好的效果，就要做到会前有准备、会中有控制、会后有总结，后面的小节将会具体介绍头脑风暴，此处不做赘述。

三、需求分析的步骤

四步搞定需求分析，这四步如图3-21所示：

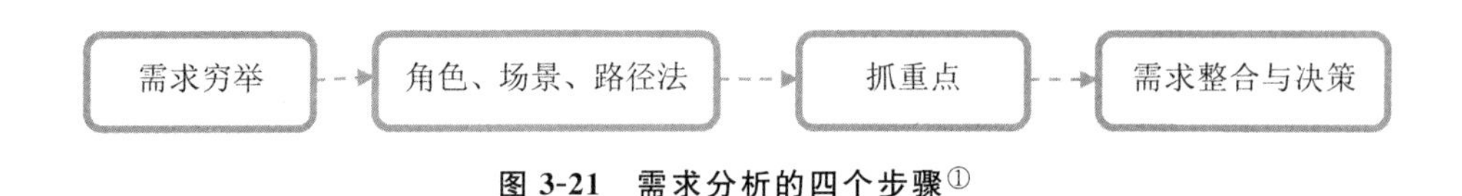

图3-21 需求分析的四个步骤①

1. 需求穷举

将用户可能有的需求全部列出来，即使是一些少数人的需求。

2. 角色、场景、路径法

角色：使用产品的人是谁。

场景：在什么情况下使用。

路径：使用产品做什么，完整的过程是怎样的。

带着这些问题，为用户的所有需求列出相应的角色、场景和路径，然后判断需求是否具有可行性。如果不可行，原因是什么，应该怎样改进。

3. 抓重点

抓重点就是在穷举的需求中寻找我们可以较好地满足的需求，有助于我们重点分析能为产品带来较大的增长的需求。值得一提的是，我们还必须进行竞品分析，找出对手做得不好的地方，或者对手产品中用户需求的“痛点”，以便我们重点抓的需求更容易满足用户，从而带来比较好的市场效益。

4. 需求整合与决策

重点抓出来后，我们会发现一个问题：面对这么多的需求，我们应该怎么做？一个产品不可能完美地满足所有的需求，也不可能为每一个需求做一个功能，否则产品就会非常庞大，也会让用户茫然。这时候就需要对重点需求进行整合，将其整合为一个通用的功能，让用户更

① 这四步参考@牧王丹发布于“人人都是产品经理”的原创理论和思想。

加一目了然。整合需求的一般方法是：首先过滤掉不合理、小众和偏门的需求，然后对需求进行排序，最后对用户进行分级，以明确用户层级和需求强烈程度，这时产品的核心需求就基本明确了。核心需求有了，核心功能就确定了，也就为产品的成功打下了坚实的基础。

值得一提的是，如果某一个产品需求看起来很小众，那么一般情况下就不用考虑去满足这一需求，但是如果这个小众需求是针对粉丝用户的话，就需要慎重考虑一下了，因为满足粉丝用户的需求才是产品的核心竞争力。例如脸萌 App，它的粉丝用户就是追求个性的 90 后，它虽然只是满足了一个小众的需求，却取得了很大的成功。

第四节 讨论与初步设计

一、头脑风暴与故事板

乔治·萧伯纳曾说："如果你有一个苹果，我有一个苹果，彼此交换，我们每个人仍只有一个苹果；如果你有一种思想，我有一种思想，彼此交换，我们每个人将得到两种思想。"由此可见，讨论交流和头脑风暴多么重要，它们带来的不仅仅是集体思维的迸发，也有可能是一个时代的变革。

(一)创造性思维的激发

头脑风暴法出自"头脑风暴"一词，是由美国创造学家 A.F.奥斯本于 1939 年首次提出、1953 年正式发表的一种激发思维的方法。该方法经过各国创造学研究者的实践和发展，至今已经形成了一个发明激发群，如奥斯本智力激励法、默写式智力激励法、卡片式智力激励法等。头脑风暴(Brain-storming) 原意是指精神错乱，奥斯本借用这个词来形容会议，认为会议的特点是让与会者发散思维，使各种设想在相互碰撞中刺激与会者脑海中的创造性"风暴"。所以，头脑风暴的关键不是"头脑"而是"风暴"。

现在，头脑风暴作为"快速寻求解决问题构想的集体思考方法"已经被全世界认可。头脑风暴法是指，让所有会议参加者在自由愉快的气氛中畅所欲言，自由提出想法，并以此相互启发、相互激励、引起联想、产生共鸣和连锁反应，从而产生更多的创意和灵感。

在群体决策中，由于群体成员在心理上的相互作用和影响，人们易受权威或大多数人的意见的影响，从而形成所谓的"群体思维"。群体思维削弱了群体的批判精神和创造力，降低了决策的质量。为了保证群体决策的创造性、提高决策质量，人们发展了一系列改善群体决策的方法，头脑风暴法是较为典型的一个。头脑风暴如何激发创新思维呢？我们可以根据 A.F.奥斯本及其他研究者的看法，将其归纳为四个方面，如图 3-22 所示。

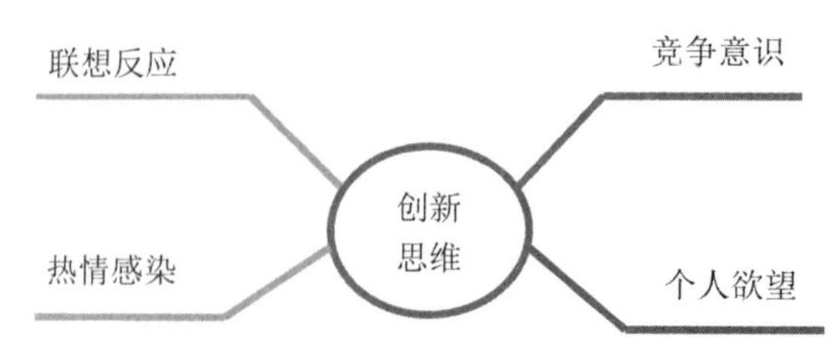

图 3-22 激发创造性思维的因素

1. 联想反应

联想可以让我们产生新观念。我们经常说的“务虚会议”就是对未来设想的讨论，人们会提出一些可行的新观念，这些新观念能引发大家或者参会人员的联想，从而产生连锁反应，形成新观念群，为更好地解决问题提供更多的可能性。

2. 热情感染

在不受任何限制的情况下，集体讨论问题能激发人的热情。人人自由发言、相互影响、相互感染，能激发人的热情，让人突破固有观念的束缚，最大限度地发挥创造力。有的人可能没思路或不善言谈，这种氛围会刺激大脑快速反应，让其迸发出灵感。

3. 竞争意识

在有竞争意识的情况下，人们会争先恐后地发言，不断地开动“思维机器”，力求提出独到见解和新奇观念。心理学的研究告诉我们，人类有争强好胜之心，在有竞争意识的情况下，人的心理活动效率可比平时增加50%甚至更多。

4. 个人欲望

在集体讨论、解决问题的过程中，个人的发言不受任何干扰和控制，是非常重要的。头脑风暴法有一条原则，即不得批评仓促的发言，甚至不许出现任何怀疑的表情、动作和神色。这就能使每个人畅所欲言，提出大量的新观念。

(二)头脑风暴的特点

头脑风暴也就是我们所说的发散思维，如图3-23所示，其特点如下：

优点：相关人员进行头脑风暴，有利于击破需求盲点。也就是说，如果我们有一些需求的盲点解决不了，那么就可以发挥团队的集体作用，来一场有准备的大讨论。

缺点：成本高，不易控制。主要体现在时间成本上。由于激发创造性思维的因素很多，讨论很有可能偏离预定轨道，所以一定要有一个会议的组织者。

使用时机：项目启动初期，以及问题关键域、功能块的专项探讨。

使用要点：会前有准备，会中有控制，会后有总结。有目标，才能激发创新性思维、获得有用的信息。

图 3-23　头脑风暴思维

(三)进行头脑风暴时应遵循的原则

遵循的四大原则如图 3-24 所示。

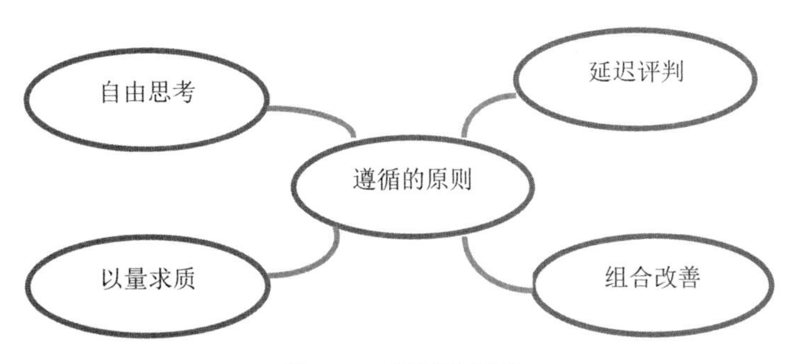

图 3-24　遵循的原则

1. 自由思考

要求参会者尽可能解放思想、畅所欲言,不必考虑自己的想法或说法是否荒唐可笑,不准私下交流,以免打断别人的思路。

2. 延迟评判

禁止参会者对他人的设想评头论足或者当场批判,禁止进行批评性的判断。至于对设想的评判,要留在会后进行。

3. 以量求质

鼓励参会者尽可能多提设想,以大量的设想来保证质量较高的设想的存在。设想多多益善,最好可以形成一个"设想池"。

4. 组合改善

鼓励参会者积极进行智力互补,利用别人的思想开拓自己的思维和想法。在增加自己的设想的同时，要注意思考如何把两个或多个设想组合成另一个更完善的设想。

(四)头脑风暴的会议流程

头脑风暴的会议场景如图3-25所示，具体流程如下：

(1) 确定明确的方向或议题，即会前有准备。

(2) 选择背景不同的5—15人，组成讨论团队。

(3) 要求参会者大声说出想法，不要批评他人的想法，鼓励在议题基础上的奇思妙想。

(4) 主持人不能限制思考的方向、想法的类型和数量。

(5) 由记录员记录下所有的想法。

(6) 找出重复和互为补充的设想，并在此基础上形成综合设想。

(7) 讨论、评估结果，筛选出最佳创意，如果难以取舍，可继续进行“质疑性风暴”，即提出设想，让大家辩论。

图3-25 头脑风暴会议

(五)故事板(storyboard)

1. 什么是故事板

简单地说，故事板就是视觉草图，用于描述用户在使用产品过程中的行为。故事板起源于动画行业，目前在产品设计过程中也被广泛地采用。使用故事板的目的是让产品设计师在特定产品使用情境下全面理解用户和产品之间的交互关系。故事板一般分为文字故事板和图片故事板，不用描述得很详细，可以采用简笔漫画形式，并配一些简单的文字描述。

2. 文字故事板

使用很简单的语言来描述人物和使用场景，尽量不要给出具体的用户行为和交互动作。如图 3-26 所示，该文字故事板包括个人信息和情境描述。当然文字故事板也可以手写。

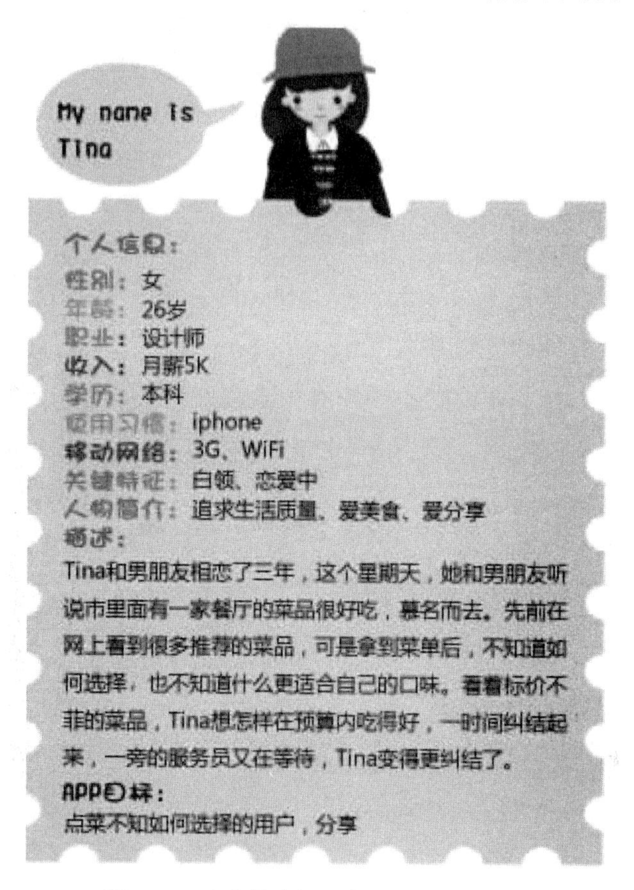

图 3-26　文字故事板示意(图片来自网络)

3. 图片故事板

对交互设计师而言，使用图片故事板可以快速让他人了解自己的想法。用户就像在看电影一样，可以快速融入情景当中。在图片故事板中，一连串的用户行为可以连接成一个完整的使用场景，如图 3-27 所示。另外，故事板不仅仅是设计师头脑中假想情境的具象化，还可以使一些模糊的用户需求更加具象且更有说服力，在设计沟通的过程中发挥很大的作用。

二、用思维导图捕捉头脑风暴

我们先提这样两个问题：思维导图是对传统头脑风暴的延续吗？头脑风暴能实现所有的目标吗？在大多数的会议上，我们会将个人想法讲出来并写在白板上，但是会议结束后可能就忘记了一半。传统的一维头脑风暴其实只能实现部分目标。要解决此问题，我们可借

图 3-27　图片故事板示意图

助思维导图，当然最好是思维导图软件，因为软件可以将我们的想法放进同一文件包，不断更新并保持最新，方便我们查阅。随着项目的展开，思维导图可以帮助我们不断改进方法，保留有价值的信息和时间。我们可以将思维导图软件理解为虚拟白板，它可以让我们在大框架下进行交流且保留细节。

（一）思维导图的概念

思维导图又叫心智图，是表达发散性思维的有效的图形思维工具，是一种具有革命性的思维工具，它简单却又极其有效。思维导图图文并重，把各级主题的关系用从属与相关的层级图表现出来，为主题关键词与图像、颜色等建立记忆链接。思维导图充分运用了左右脑的机能，利用记忆、阅读、思维的规律，协助人们在科学与艺术、逻辑与想象之间平衡发展，从而开发人类大脑的无限潜能。因此，它具有类似人类思维的强大功能。①

那么我们可以用思维导图做什么呢？如图 3-28 所示。

（二）如何用思维导图捕捉头脑风暴

思维导图就是一个比较灵活的虚拟白板，我们可以直观地列出想法并勾勒出最佳的方案。它可以将我们的零散想法关联起来，为解决问题寻求突破口，从而高效地取得头脑风暴的最佳效果。

---

① 来自百度百科的定义。

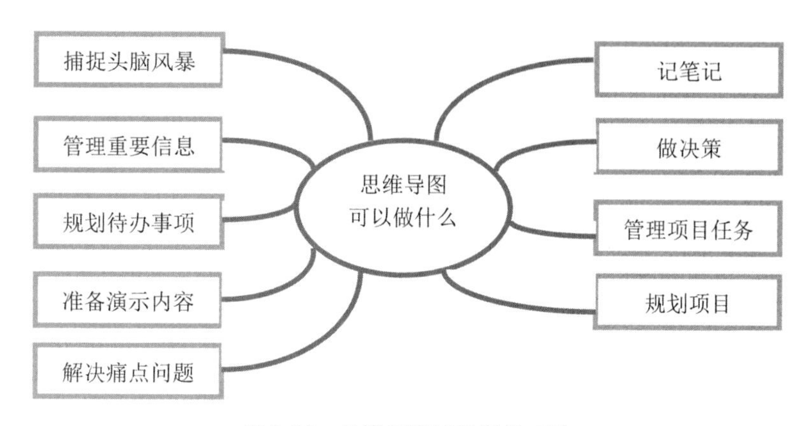

图 3-28　思维导图可以做的工作

我们可以参考 MindManager 官网中的用 MindManager 思维导图捕捉头脑风暴的步骤，具体如下。

Step1：捕捉信息

把 MindManager 可视化导图当成我们手上的活动白板，快速将每个人的想法收集并展示出来。在这一步中要聚焦流动的思维、记录想法，以便稍后组织管理，如图 3-29 所示。

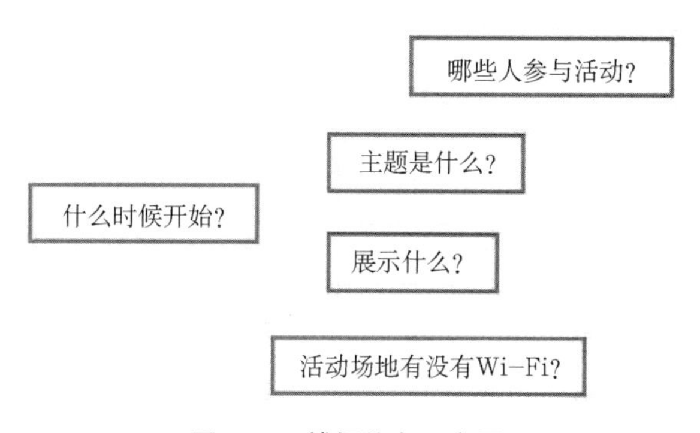

图 3-29　捕捉信息示意图

Step2：组织思想

将相关想法分组并关联起来，放在中心主题周围，如图 3-30 所示。

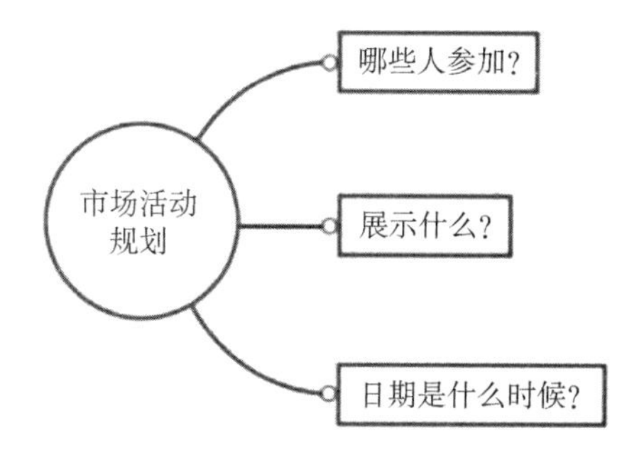

图 3-30　组织思想示意图

Step3:扩展思维

对于相对重要的想法,可以使用子主题或者分支为其添加细节,通过展开、折叠子主题控制细节等级的显示与隐藏,如图 3-31 所示。

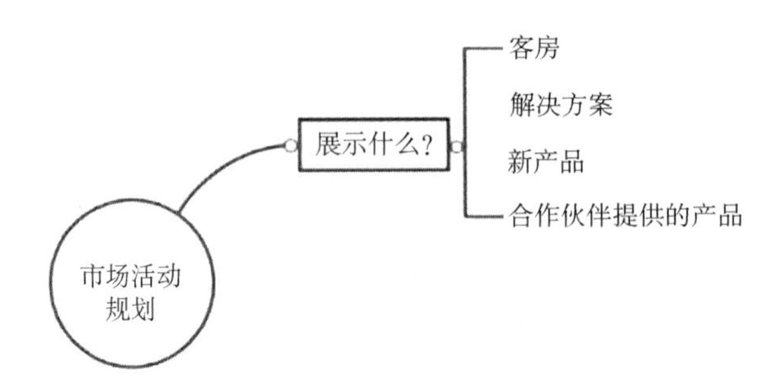

图 3-31 扩展思维示意图

Step4:选择追求点

选择追求点是最困难的部分,使用 MindManager 图标标记、展示优先级、重要性,可以帮助每个人将各个因素以可视化形式展示,如图 3-32 所示。

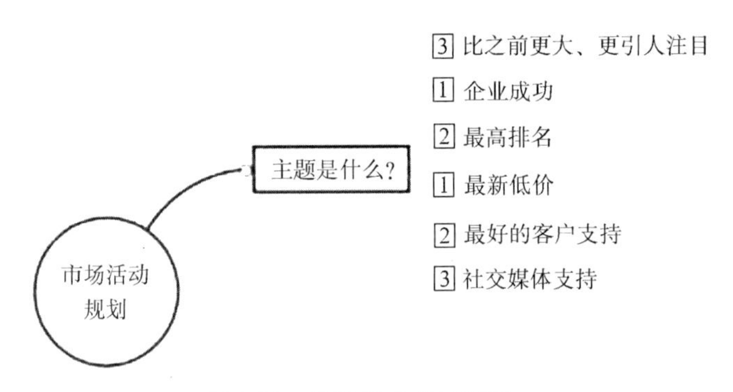

图 3-32 选择追求点示意图

Step5:添加信息

添加相关附件、备注及链接等,将所有相关信息在一张思维导图中展示出来,让每一个人都可以看到他们的想法及相关内容,如图 3-33 所示。

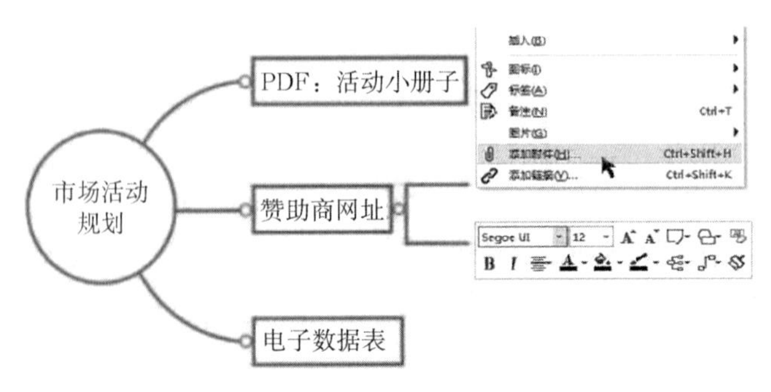

图 3-33 添加信息示意图

Step6:执行任务

展开下一步及任务分配情况,确保每个人都能参与进来。

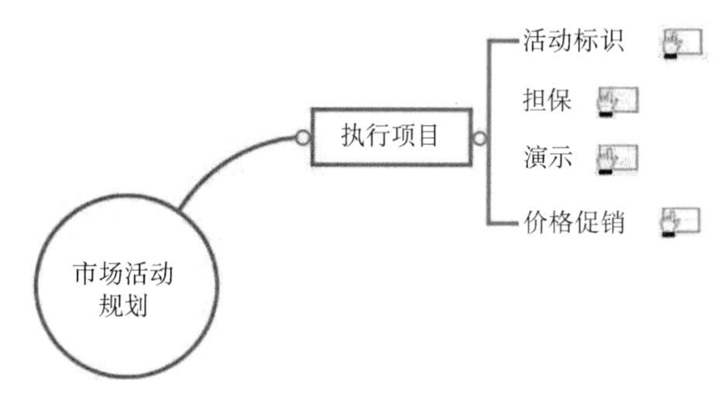

图 3-34　执行任务示意图

最后我们可以将此思维导图分享给团队成员及其他人员。如果使用思维导图进行头脑风暴,那么我们无须再进行记录,而且每个人都可以在方便的时候参考。

(三)绘制思维导图的常用软件

图 3-35 清晰地列出了思维导图制作软件的一些情况,主要有三种类型的软件,即免费软件、共享软件和在线工具。我们将对带"*"的软件进行重点介绍。

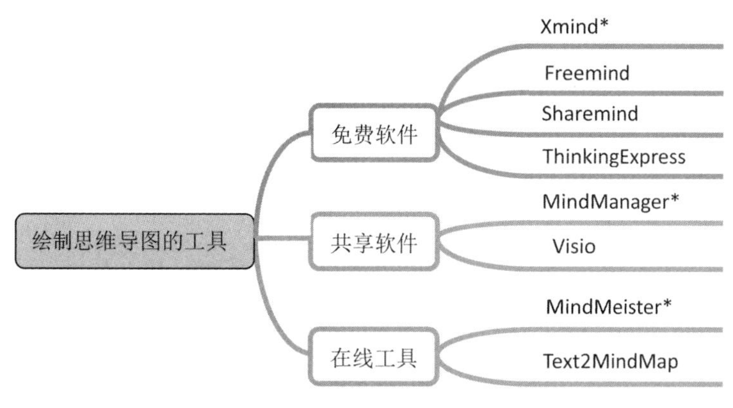

图 3-35　思维导图工具

1. Xmind

该软件为一个开源项目,用户可以免费下载并自由使用。它也有 Plus/Pro 版本,提供更专业的功能。除了地图结构, Xmind 同时也提供树、逻辑和鱼骨图,具有拼写检查、搜索、加密,甚至音频笔记功能,该软件绘制界面如图 3-36 所示。

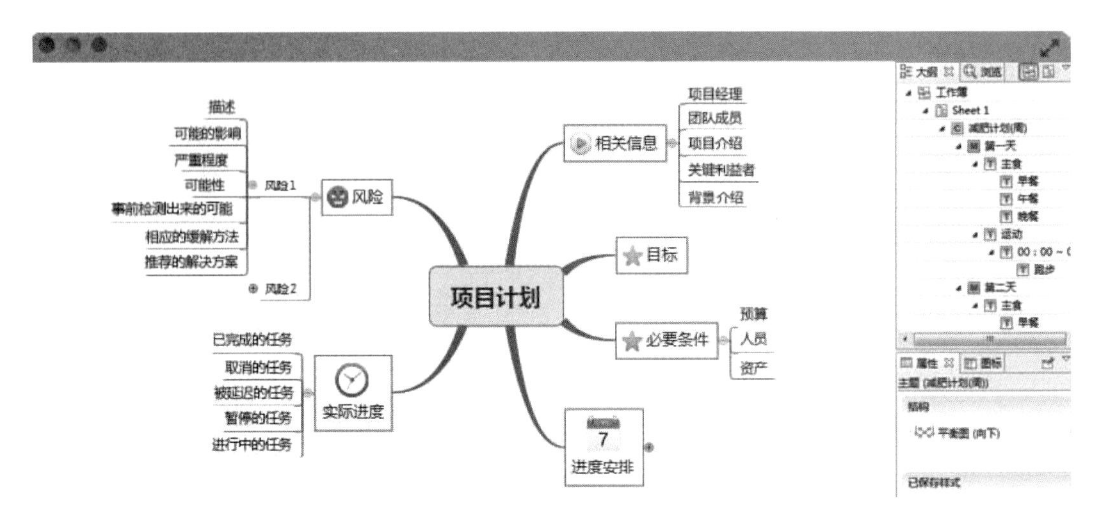

图 3-36　Xmind 思维导图软件

2. MindManager

MindManager 专业思维导图工具由美国 Mindjet 公司开发，是全球领先的、推动企业创新的平台，在全球拥有 400 多万大用户，包括 ABB、可口可乐、迪士尼、IBM 及沃尔玛等著名客户，该软件绘制界面如图 3-37 所示。

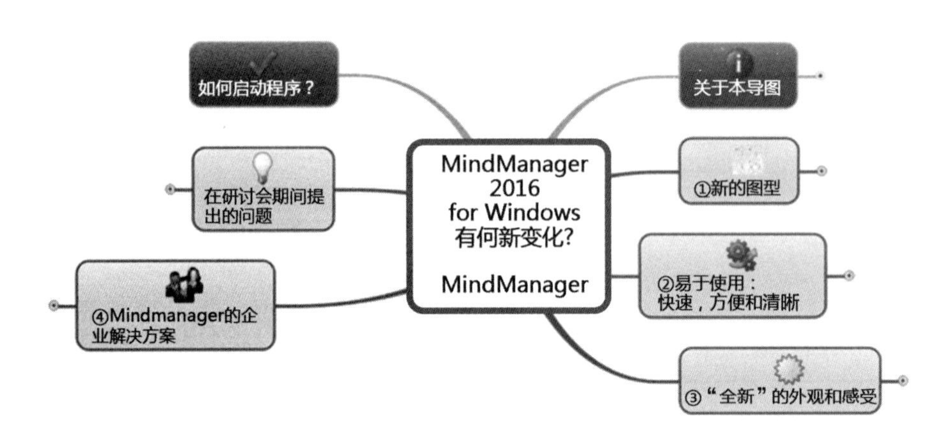

图 3-37　MindManager 思维导图软件

3. MindMeister

该软件是一个支持在线制作思维导图的工具，可以随时保存，然后在其他电脑上继续编辑；支持快捷键等，非常适合在线创作使用。除了在线创建思维导图之外，还可以与朋友实时合作，一个人创建的部分会自动发送给其他人。它还提供分享、密码保护、导出成 PDF 或各种图片等服务。除此之外，MindMeister 还有离线模式，可以嵌入 iGoogle，提供 IE 和 FireFox 浏览器扩展，更为开发人员提供 API，该软件绘制界面如图 3-38 所示。

图 3-38　MindMeister 思维导图软件

图 3-39 为使用 Xmind 软件绘制的思维导图。

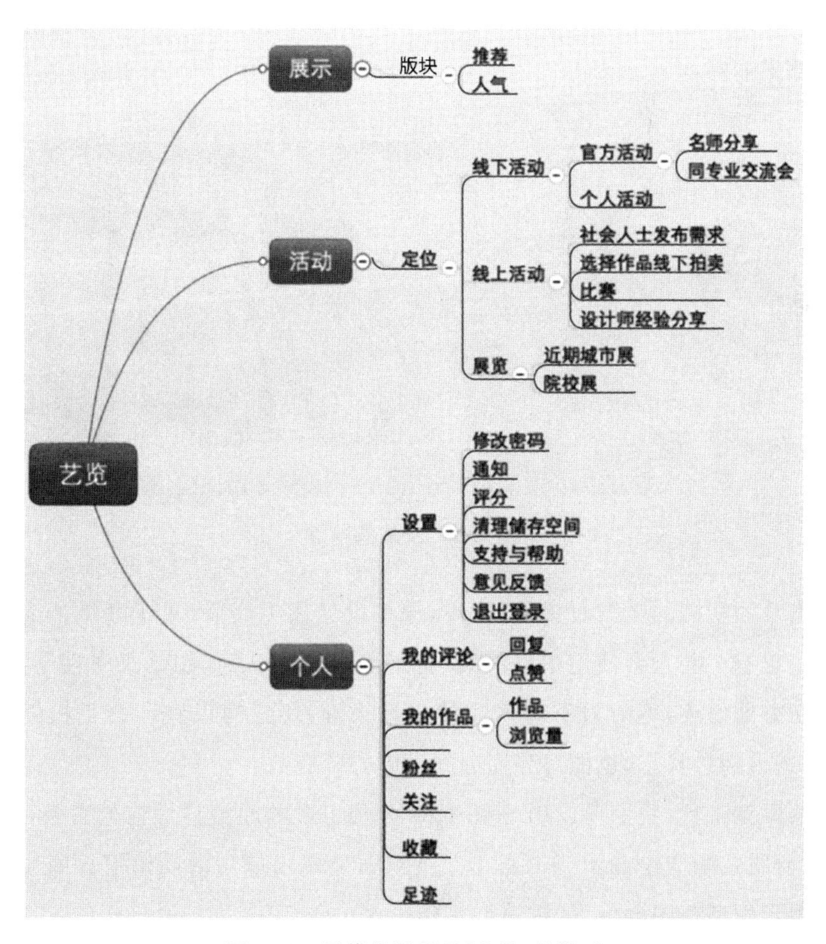

图 3-39　思维导图展示(作品《艺览》)

第五节　绘制用户体验原型草图

草图是思维的表达方式，可以用来解决问题，同时也是一种可视化的、清晰有效的沟通方式，它的表现力也会直接影响到产品设计流程中的信息沟通。它可以帮助设计师将脑海中的构想变成一个一个的 App 界面 UI 设计图形。凭借草图，设计师可以从宏观的角度时刻把控 App 设计的每一个细节。由于草图的非正式性，它多用于原型设计的前期论证阶段。建议先在纸上画原型草图（纸上推演），再用原型软件画原型（完善）。

一、手绘原型工具和低保真原型设计软件

（一）手绘原型工具

在不同岗位之间的沟通过程中，手绘风格更能展现人性化的思路，有助于人与人之间的沟通。手绘效果如图 3-40 所示。

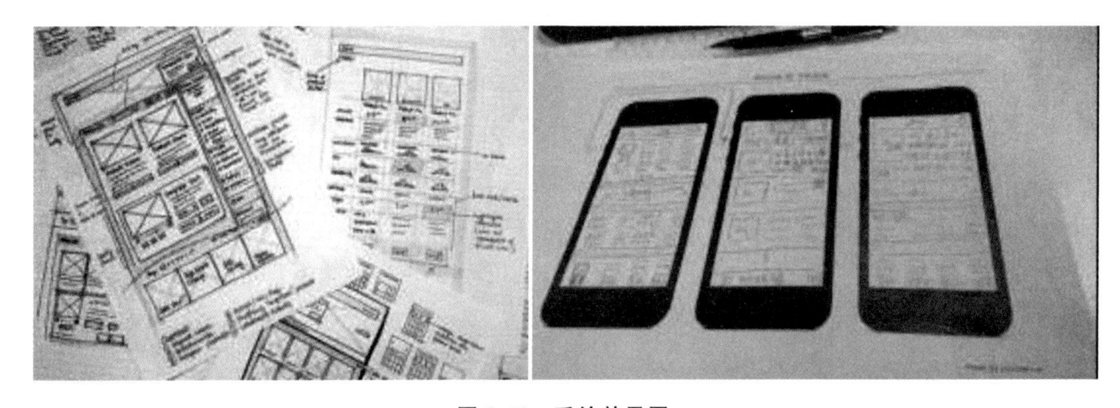

图 3-40　手绘效果图

手绘原型草图所需的工具有铅笔、橡皮、原型设计模板套装（尺子和纸），当然也可以用尺子和白纸。也有一些人会使用中性笔或马克笔，但笔者认为，相比于中性笔或马克笔，铅笔的好处在于方便修改，不过对移动产品的设计来说，还是建议在印有手机框架的纸上绘制，以便快速进入情景状态，也能对界面分配做到心中有数。

关于手绘原型工具，我们可以用 Suki Kits 公司生产的原型设计模板套装，其中包括 UI 模板（不锈钢材质）、配套绘画本（50 张/100 页双面呈现）、斑马活动铅笔。该套装可以帮助设计者快速展示原型草图创意，如图 3-41 所示。

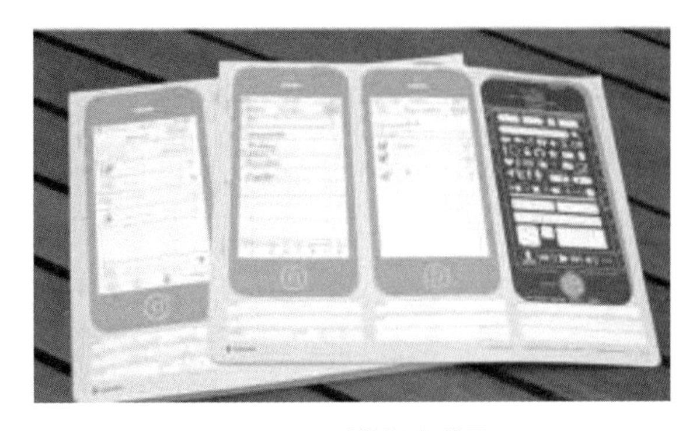

图 3-41　原型模板套装展示

模板中的不锈钢尺包括五种类型，分别为 Android、Web 网页、Windows Phone、iPad 和 iPhone，如图 3-42 所示。

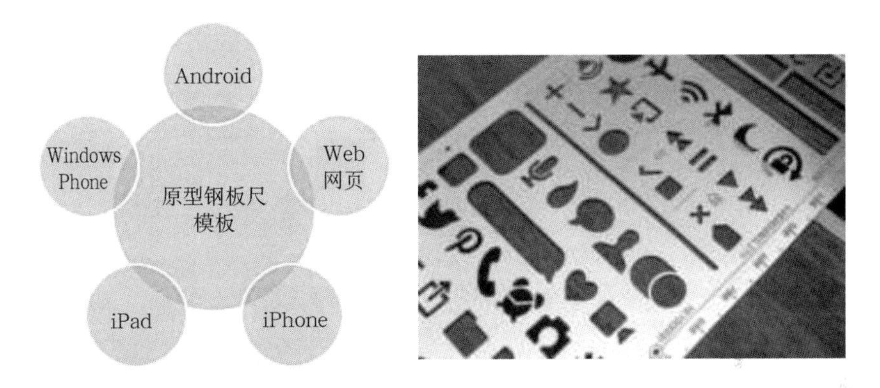

图 3-42　UI 模板

UI 模板的特点是：

(1) 完全符合规格。

(2) 以像素(px)为基本设计单位。

(3) 提供符合 UI 设计规范的按钮和图标。

(4) 使用耐用的不锈钢材质。

(5) 标示了向导栏/软键盘/工具栏等组件的限制位置。

(6) 属于环保可回收材料。

绘画本的特点是：

(1) 完全符合规格。

(2) 大小规范，便于绘制草图。

(3) 有显著的标题栏。

(4) 清晰标注了 tab bar、keyboard 和 nav bar 的位置。

(5) 有标准像素辅助点。

(6) 属于环保回收材料，纸面光滑、厚度适中。

(7) 使用进口胶水，撕页无痕迹。

(8) 圆角设计，方便携带。

(9) 50 张/100 页正反面呈现，最后一张牛皮纸拖底。

绘制原型纸如图 3-43 所示。

图 3-43　绘制原型纸

手绘原型草图视觉效果如图 3-44 所示。

图 3-44　手绘原型展示

(二)低保真原型设计软件

我们可以使用 Mockplus 或 Axure，它们是支持 iOS 和 Android 平台的在线工具，可以很方便地实现合作者之间的共享。因为 Axure 将在第六章中详细讲，这里只介绍

Mockplus，它的功能如下：

（1）全平台的原型项目支持。包括移动项目（Android/iOS）、桌面项目（PC/Mac）、Web项目，也可以选择白板项目类型，以便创作者自由创作。

（2）线框、手绘两种风格可选。提供线框、手绘两种风格，并可以在设计过程中随时切换。

（3）丰富的组件库。内置近200个已封装好的组件，既有适合移动项目设计的组件，也有适合网页项目设计的组件，可以帮助创作者极快地完成设计。

（4）多种批注组件。近10个常用的批注组件，包括箭头、便签条、大括号等，可以为设计原型图时做批注提供方便。

（5）丰富的图标库。提供400多种图标素材，并在不断补充、增加。

（6）可视化交互设计。只需要拖一拖鼠标，即可完成交互设计。交互设计从未如此简单。无须编程，不需要了解交互的具体过程。

（7）高度封装的交互组件。内置弹出面板、弹窗、弹出菜单、抽屉、内容面板、轮播、滚动区等封装好的组件。只需要把它们拖入工作区，就可快速使用。

（8）多种交互事件和命令支持。内置多种常用的交互方式，如弹出/关闭、内容切换、显示/隐藏、移动、调整尺寸、缩放、旋转、中断等。

（9）支持交互的串行和并行。支持多个交互目标的串行（分别执行）和并行（同时执行），支持交互目标的多个交互命令的串行和并行。

（10）简单好用的交互状态支持。在属性面板上轻点几次鼠标，设置好交互状态后，就可快速完成组件的常用交互行为，比如鼠标滑过后组件改变颜色。常用的属性都可支持交互状态。

（11）母版。使用母版，可以做到很好的组件复用，更改一处，多处即同步更改，极大地提高了设计效率。

（12）收藏功能。把可复用的组件、图片或者页面，收藏到自己的库中，以便下次使用，这样做可以减少重复设计，提高设计效率。

（13）快速演示。按下F5，立即执行演示，不需要将原型转为HTML的过程。

（14）导出图片。支持把原型导出为PNG或JPG格式的图片；可以灵活选择导出方式，包括导出当前页面、当前分组、当前页面的子页面或整个项目。

（15）方便导出演示包。支持导出适合Win系统的.exe演示包，也支持导出适合Mac系统的.App演示包，其他人无须安装Mockplus即可查看你的设计。

（16）App项目手机快速扫描演示。通过扫描二维码，可随时在Mockplus移动端查看原型。不需要远程传送，不需要任何连接线。

(17)支持在线发布。可把App项目发布到云,之后通过移动端在线查看原型设计。

(18)云同步。通过云同步,可以达到数据云存储的目的,无须使用U盘等移动存储工具,即可异地编辑项目。

(19)组件碎片的导入和导出。可以非常灵活地将一个或者多个组件作为碎片导出,并分享给其他人。其他人导入之后,可以将其合并到自己的项目中去。

(20)支持快速原型分享。可以将原型图片分享到Facebook、Twitter和Google+。

使用该软件设计、制作的原型草图如图3-45所示。

图3-45 作品《情邮独钟》电子原型草图

二、原型草图设计

原型草图设计一般分为纸原型草图和软件原型草图。这里我们再把这两个概念阐述一下。

所谓纸原型,就是画在文档纸或白板上的设计原型或示意图。一般用铅笔或马克笔绘制,便于修改,但是不便于保存和展示。

所谓软件原型,指的是基于现有的界面或系统,通过电脑进行一定的加工设计后的设计稿。这种原型示意更加明确,可以添加更多的注释,能够包含设计的交互和反馈,不必考虑是否美观。

（一）产品原型草图设计的参考步骤

在产品的整个开发设计流程中，需求分析部分结束后，就应该形成明确的产品需求了，而此时要做的，是把这些产品需求表达出来。从表达效果来看，原型因其直观的表达方式而备受欢迎。设计原型也是有一定要求的：一是要提高原型设计的合理性，避免出现头重脚轻、保真程度不一致的情况；二是要减少原型设计所占用的时间，不要在原型上投入过多的时间。因此，掌握一定的原型设计方法和技巧很重要。

图 3-46 清晰地表达了原型草图设计的主要内容。

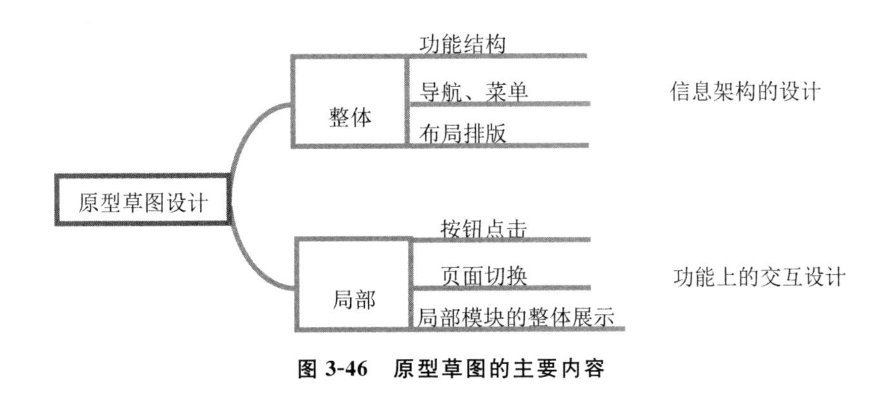

图 3-46　原型草图的主要内容

Step1：确定产品的整体结构

也就是确定产品的整体框架，我们可以借助软件将产品的功能框图绘制出来，把几个主要的功能点抓出来。这几个主要功能点就组成了产品的初步功能结构。例如，用户管理一级导航栏里的栏目可能会有普通用户、会员用户和访客等，这样就确定了用户管理的功能结构。

Step2：确定产品的布局排版

布局排版决定了每个功能模块的位置，然后就可以一块一块地设计原型内容，只需要标示出哪个地方放哪些内容即可。

移动设备的常用布局展示如下：

第一种：大平移式（如图 3-47 所示）

一次只显示全景图中的一部分内容，通过左右拖动查看，这种布局可以减少不必要的跳转。

第二种：宫格式（如图 3-48 所示）

简单直观，符合大部分用户的使用习惯，也是主流的布局形式，但是这种布局层级不能太多，否则就会给人混乱的感觉。

图 3-47　大平移式布局

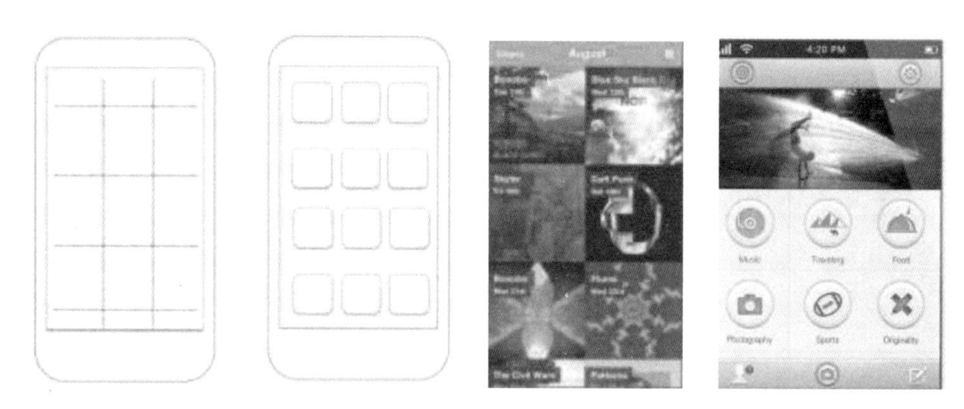

图 3-48　宫格式布局

第三种:侧滑式(如图 3-49 所示)

可以减少跳转,延展性强,但是对用户本身要求比较高。

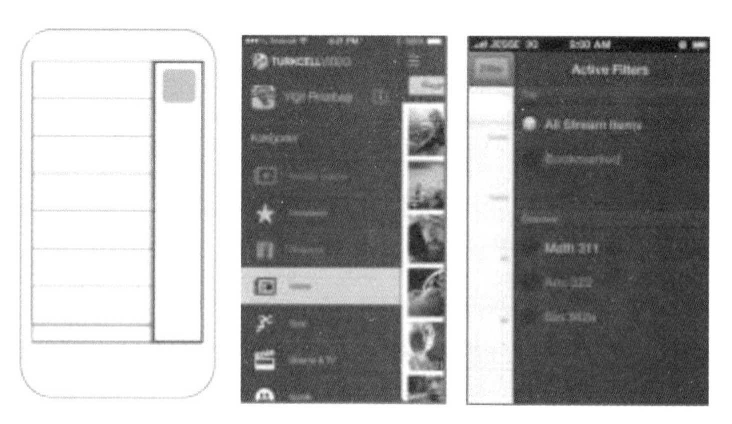

图 3-49　侧滑式布局

第四种:列表式和标签式(分别如图 3-50 和图 3-51 所示)

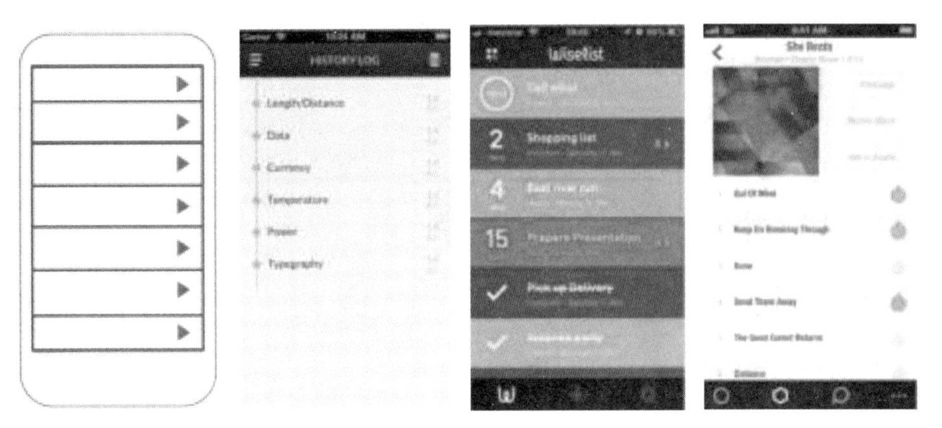

图 3-50　列表式布局

图 3-51　标签式布局

延展性强，但是如果层级太多，查找起来就会比较麻烦。

第五种：混合式（九宫格和标签式的混合应用，如图 3-52 所示）

图 3-52　混合式布局

比较常用的一种界面布局形式，符合用户的使用和操作习惯。

第六种：不规则式（如图 3-53 所示）

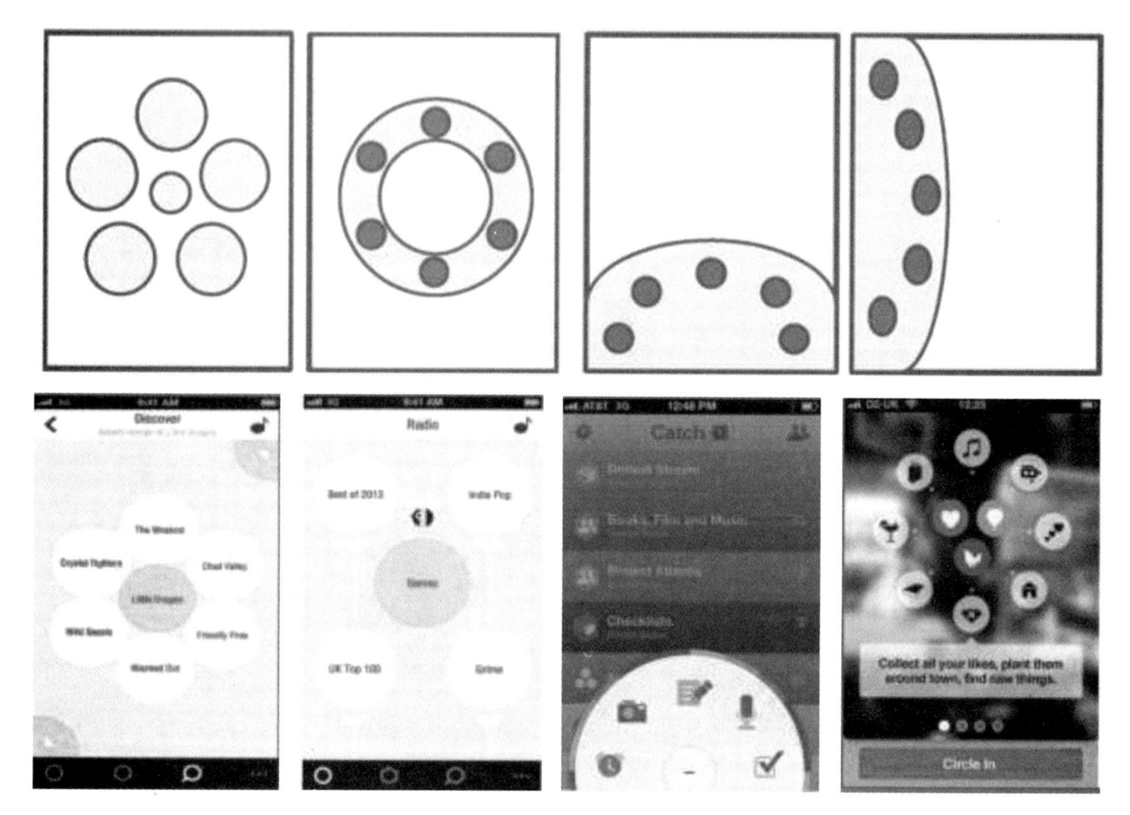

图 3-53　混合式布局

非常个性化，形式活泼，但是延展性比较差，且对用户要求相对较高。

以上几种是常见的界面布局方式，设计者可以根据需要进行选择以确定最终的界面布局。

Step3：实现虚拟交互设计

我们可以通过软件去设计页面间和按钮的交互方式与效果，也可以在原型中标示出来。要将产品的功能模块从前到后连起来，实现流畅地跳转。

手指交互手势在移动设备交互中是最主要的。

第一类：单手指交互手势

横向滑动：一般情况下可以实现左右翻页浏览。同时，在 iOS 平台的部分应用中可以通过横向滑动来激活列表项目中的选项，标准模式下为“删除”选项，设计者也可以根据需要定义或增加其他选项。

纵向滑动：一般情况下可以实现上下翻页浏览。在绝大多数的应用中，当页面滑动到顶端时会自动转换为“刷新”功能。

双击：一般情况下可以实现局部放大，主要针对地图工具和图像浏览功能。在图片浏览器中，除了局部放大，还可以通过双击将图片还原成满屏大小显示。

长按：这个手势含义比较多。一般情况下，长按会激活文本拷贝和段落选择的功能，并在输入模式下激活粘贴功能。在 iOS 平台的浏览器及文本工具中，长按还可以激活“局部放大镜”。

长按加拖动：一般情况下可以实现对图标、标签及卡片的移动。

第二类：多手指手势

“捏”和“抻”：这是需要两个手指完成的手势，也就是用两个手指完成的收放动作，主要起到缩小和放大的作用。

两个手指双击：缩小功能。这恐怕算是一个鲜为人知的功能了，在 Google 地图中第一次使用，主要是针对单手指双击的放大功能而开发的。

“抓”和“放”：这两个功能只有在 iOS 平台的平板电脑（iPad）中才可以使用，它需要五个手指同时使用，“抓”是指五个手指在屏幕上同时向中心聚拢，可以起到快速关闭或退出的作用；“放”则相反，五个手指从中心同时向外展开，可激活“浏览最近打开的程序”功能。

第三类：指尖触摸

三大平台给出的按键尺寸各不相同，毕竟每个人的手指大小、粗细都不相同。因此，我们可以粗略地把这个尺寸限定在 7mm—10mm 之间。也就是说，我们的按键宽度只要不小于 7mm，就可以保证用手指触摸起来比较准确和容易。44 点约等于 7mm，一个点包含四个像素（横向的两个像素和纵向的两个像素），其高度就是 88 像素。指尖触摸是最基本、最常用、用户最习惯的一种按钮和页面、页面和页面间的交互方式。

Craig Villamor 等人详细地描述了他们设计的十几个手势的特定含义，并且说明了操作方法。这些手势是为执行特定任务和经常使用移动设备的用户行为设计出来的。图3-54 比较直观地展示了常用手势。①

（二）产品原型草图要做到的程度

一般来说，把原型做得非常好看会耽误时间，可是做得过于简单或潦草，就会导致有些地方被人误解，那么原型做到什么程度才可以呢？产品的原型有很多种，本节讲的是原型草图，即原型的最初阶段。产品的草图，通常是产品经理的灵感所在，只要有笔和纸，就能完成，但是现在有很多产品经理也会在电脑上完成草图。这些草图经过后续的思考和测试后就会形成基本的产品，即只满足基本需求的产品，去掉任何一个元素，这个产品都是不完

① 如果想了解更多，读者可以自行登录 http://www.lukew.com/ff/entry.asp? 1071 查看。

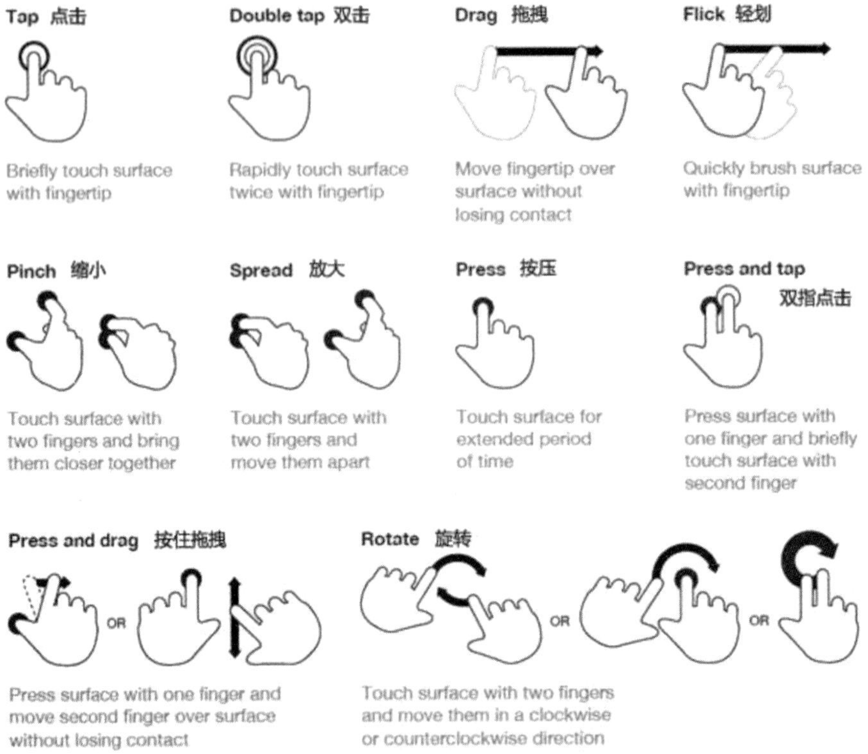

图 3-54　常用的手势操作

整的。

基本产品确定了，原型草图就算是完成了关键一步；之后还要对原型草图进行测试，主要测试产品的逻辑。为了让逻辑更清晰，测试完后还要再修改。

产品原型要做到什么程度，取决于原型是给谁看的、给谁演示的。

三、可用性测试与分享原型草图

我们要明白的一个问题是为什么要进行原型草图的测试。测试原型可以帮助我们在交付成果之前，与整个团队进行沟通，事先得到大家的反馈，以免在正式投入开发之后，才发现可以避免的问题没有避免，造成设计和投资的浪费，得不偿失。所以，原型测试是一项必不可少的工作。

同样，设计者和用户之间存在的相互不理解是导致可用性问题的常见原因。可用性测试打开了设计师了解用户思想的窗户，帮助设计者了解用户和产品互动时的想法和行为。

（一）测试原则

定量测试（即有针对性地选择测试用户，而不是大面积撒网）更能直观地反映问题。测试原则如下：

(1)从目标用户群中招募参与测试的人员，尤其是选择有代表性的粉丝用户。

(2)让测试人员准确地执行规定好的测试任务，并且采用大声思考的方式，记录下测试过程中出现的各种问题，并对问题进行分类。

(3)让测试人员直接使用设计好的软件原型或手绘原型，运用提供的测试软件。当原型草图不能反映某些具体交互时，还需要进行专门的情景模拟或搭建专门的测试硬件。

(4)需要指定一个主持人，让他针对发现的问题组织探讨并探索产生的原因。

(5)密切关注测试过程中的每个用户，尤其是粉丝用户的使用"痛点"和行为。

(6)在测试过程中和结束后，观察者与测试人员共同听取测试报告，认真找出问题并确定原因，为设计师后期修改提供参考依据。

(7)设计师和设计决策者一定要参与进来，观察整个测试过程。

遵循以上测试原则，才有可能进行一次成功的测试，找到用户使用的"痛点"(即用户觉得应该有，但是不好表达或实现的需求)，并对"痛点"进行分析；最后决定是否要把这些"痛点"全部解决，优先级是什么，如何解决。

(二)测试手绘原型草图的方法与分享

手绘原型设计出来后，仅仅是在纸上呈现，设计者与用户沟通起来不是很方便，而且交互也无法展示出来，用户会感觉难以理解、不直观。如果我们能让手绘的原型在移动终端平台动起来，将会达到事半功倍的效果，而且也容易发现问题并及时改进。

我们可以使用第二章推荐的手机端"乎之原型"App，该 App 可以快速对原型进行交互可用性测试。这是一个快速 App 原型设计及分享平台，它能帮助我们确定客户的真实需求，让客户理解我们的设计，减少开发过程中由沟通障碍及理解偏差导致的返工，至少能节约 50%的开发成本。

手绘原型草图测试分享流程如图 3-55 所示。

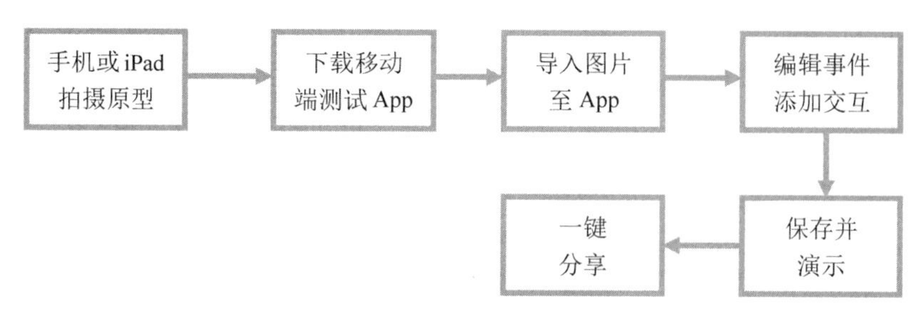

图 3-55　测试与分享流程

创建原型：导入效果图，编辑事件，演示原型。可以使用点击、滑动、双击等各种动作，并支持移入、渐隐、翻转等各种页面加载效果。

分享原型：邀请好友查看或评论原型。可以使用手机号码、邮箱等方式邀请好友，支持原型实时同步、分享范围控制等。

在乎之原型 App 中具体简要的操作如图 3-56 和图 3-57 所示。

图 3-56　拍摄手绘原型

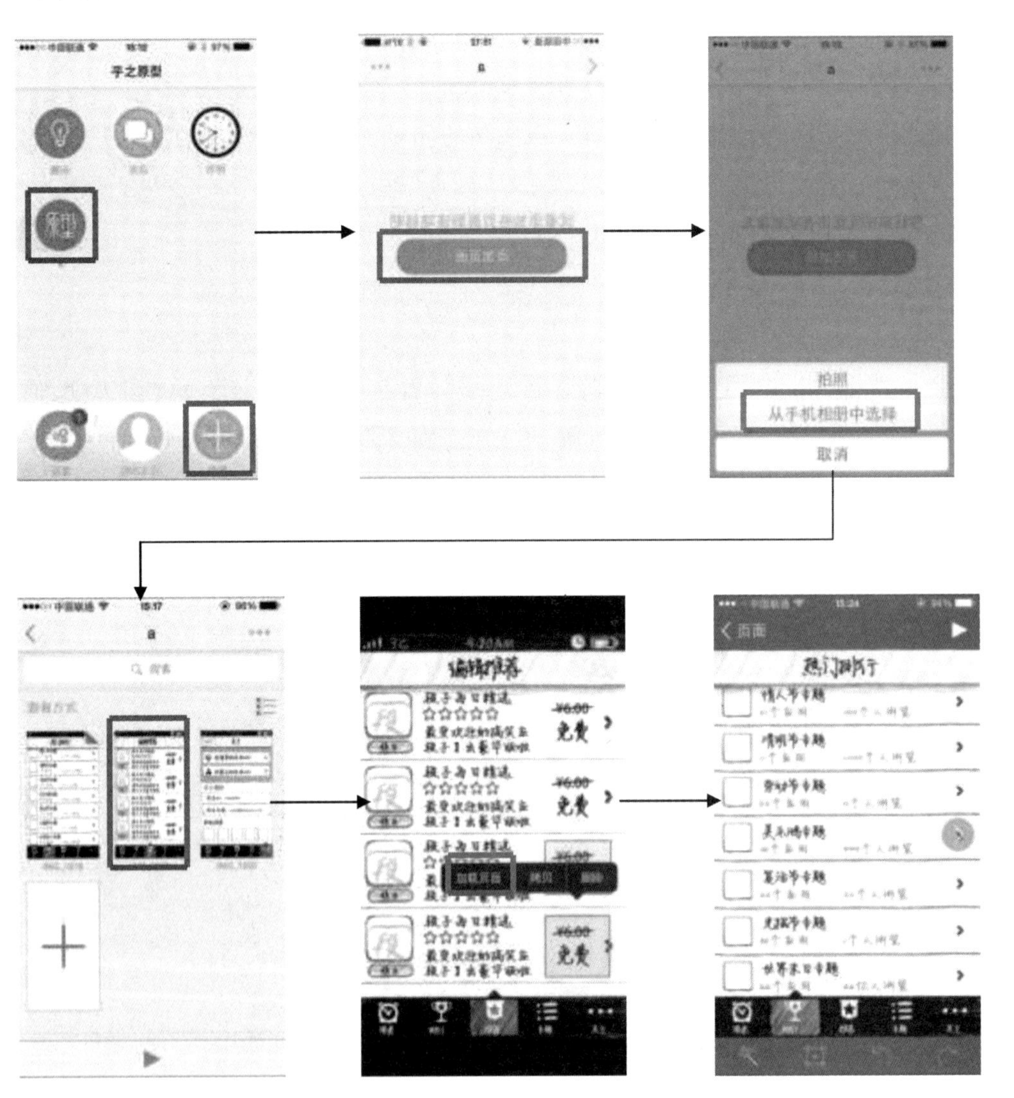

图 3-57　在乎之原型 App 中的具体操作(图片来自网络)

这类 App 比较简单，容易上手，只需要在操作前点击 App 主页中的“提示”，查看操作帮助即可。当然与该 App 类似的软件很多，读者可以根据个人喜好选择使用。

(三)测试软件原型草图方法与分享

绘制软件原型草图，我们可以使用 Mockplus、Mockups 或 Axure，它们都是用户常用且反馈比较好的软件。这里介绍如何使用 Mockplus 进行测试和分享。以下以作品“情邮独钟”为例进行原型草图的测试和分享。由于篇幅有限，仅展示部分原型页面，如图 3-58 所示。

图 3-58 《情邮独钟》作品部分原型展示

在 Mockplus 中添加交互很简单，通过简单拖拽就可以做出想要的交互效果，不需要编程，只需要将每页之间的逻辑关系搞清楚。原型做好后，我们就可以把设计好的原型给同事或者客户看了，可以通过mp文件、图片、HTML或手机扫描二维码预览，也可以使用云同步功能同步到云端进行共享。

图片：可以导出当前的图片，也可以把项目的全部图片导出，如图3-59所示。

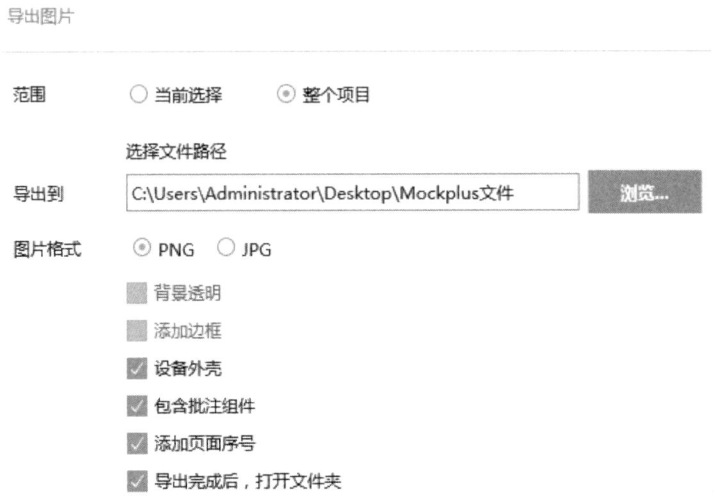

导出图片

范围　○当前选择　⦿整个项目

选择文件路径

导出到　C:\Users\Administrator\Desktop\Mockplus文件　浏览...

图片格式　⦿PNG　○JPG

背景透明

添加边框

设备外壳

包含批注组件

添加页面序号

导出完成后，打开文件夹

图3-59　导出PNG图片

HTML：以打包的形式发给对方，对方可以直接在浏览器上打开查看，如图3-60所示。

图3-60　导出演示

手机上预览：直接用手机扫描二维码即可预览原型，但必须在同一局域网下操作，在不同的网络下是无法预览的。

点击软件 中的手机图标，则可以形成一个二维码，此时用手机直接扫描二维码即可进行原型演示与测试，如图 3-61 所示。

图 3-61　生成的二维码

云同步：可以实现在不同的地方制作同一原型而不用来回拷贝，非常方便，如图 3-62 所示。

图 3-62　云同步

总体来说，这款软件在设计原型、测试原型和分享原型方面还是不错的，值得推荐。

四、原型测试与分享结果思考

原型测试完成后，我们肯定会进行很多思考，总结如下：

(1)测试非常重要，但是对于不是很成熟的产品，功能需求的迭代上线才是头等大事，原型测试得出的优选方案可以随着产品的不断成熟逐渐实施。

(2)原型测试要有明确且唯一的目的。一次测试多个任务，看似可以提高效率，其实会干扰到主要的测试目的,反而造成效率低下与测试结果不准确。

(3)尽量将影响用户测试的干扰因素降到最少,将用户的视觉中心吸引到要测试的目标上,不要让他们被其他因素干扰。例如,我们测试的是界面结构的合理性,但是在测试中我们发现影响用户操作行为的原因多是他们被原型中的图片吸引了。

(4)在进行大范围测试前,找几个相关人员先试测一遍,这样可以及时修改测试方案,降低测试成本,避免在正式测试过程中做临时修改。

(5)选择测试人员时要选符合条件的人,这样可减少测试误差。宁可少测,也不要为了凑人数而产生垃圾数据,影响测试结论。

原型测试只是一种方法,是一个工具的运行,不能过分依赖它。

思考题

1. 分析移动产品的创意来源。

2. 分析移动产品的定位。

3. 什么叫用户需求“痛点”? 如何发现并解决用户需求“痛点”?

4. 运用 Xmind 软件绘制一幅思维导图,题材不限。

5. 原型草图要绘制到什么程度? 谈谈自己的想法。

第四章　移动产品的中保真原型设计

本章要点

1. iOS 系统的设计规范
2. Android 系统的设计规范
3. 界面布局和导航设计规则
4. 如何设计组件
5. 中保真原型的可用性测试

第一节　移动应用产品设计规范

iOS 和 Android 系统在其官方网站都有具体的设计规范，那么为什么还要建立自己的设计规范？官方提供的设计规范更多的是理论和基础，如同各种穿衣指南，但由于每个人的身材条件不同，要想体现鲜明个性，就需要定制一套专属"服装"，即自己的设计规范。定制一套完整、详细的设计规范有很多益处，如确立品牌的个性，形成稳定且长期的延续性、统一性、协同性和高效性。统一的设计标准可以使整个 App 产品在视觉上更加统一，提高用户对 App 的产品认知度和操作便捷性。[①]

一、图标设计规范

(一)iOS 图标规范

设计的图标最终要在手机系统中实现，因此必须遵循手机系统的设计规范，比如：图标

---

① 编者注：文中出现的"数字 * 数字"单位均为 px。

的尺寸是多少;展示设计作品的时候,圆角设计多大度数是合适的。下面具体介绍 iOS 平台的图标设计规范。

1. iOS 图标适配

iOS 平台的像素倍率为 1 倍率、2 倍率和 3 倍率。我们在寻找 iOS 平台资源图标的过程中会发现,文件名有的带@2x、@3x 字样,有的并不带。其中不带的是运用在普通屏幕上面的,带@2x、@3x 字样的则分别运用于 2 倍率和 3 倍率的 Retina 屏幕,只要图片准备好,iOS 会自己判断用哪张,Android 的道理也一样(如表 4-1)。我们选择设计策略时通常采取做大不做小的方法,把图标制作成大尺寸的,之后通过缩放得到相应的小尺寸图标。例如,我们通常按照最大的 1024 * 1024 尺寸来设计图标,之后按照比例缩小到想要的尺寸,再进行调整。

表 4-1　iOS 设备屏幕参数表

设备	逻辑分辨率	像素倍率	物理分辨率	PPI
iPhone 3GS	320 * 480	@1 *	320 * 480	163
iPhone 4/4S/4c	320 * 480	@2 *	640 * 960	326
iPhone 5S	320 * 568	@2 *	640 * 1136	326
iPhone 6	375 * 667	@2 *	750 * 1334	326
iPhone 6 Plus	414 * 736	@3 *	1242 * 2208	401

我们首先需要理解图中的两个概念,即逻辑分辨率和物理分辨率。逻辑分辨率指通过软件可以达到的分辨率。物理分辨率指硬件所支持的设备固有的分辨率。

下面我们就以 iPhone3GS 和 iPhone4S 为例来讲解图标在不同分辨率屏幕上的匹配问题。

iPhone3GS:物理分辨率为 320 * 480。

iPhone4S:物理分辨率为 640 * 960。

iPhone 3GS 和 iPhone4S 的逻辑分辨率是一样的,都是 320 * 480,也就是说,从用户的角度来看显示的内容是一样多的,但是 iPhone4S 的物理分辨率是 640 * 960,即 iPhone 3GS 上的一个像素内容在 iPhone4S 上填充了 4 个像素,显然 iPhone4S 的屏幕精度是 iPhone3GS 的 2 倍,像素倍率是 2,画质会更清晰,像素倍率如图 4-1 所示。

同样,iPhone5/5s/SE 的逻辑分辨率是 320 * 568,和 iPhone4 相比,逻辑分辨率宽度不变,高度增加了;横向上显示的内容一样多,但是纵向上的内容增加了。iPhone5/5s/SE 的物理分辨率是 640 * 1136,像素倍率和 iPhone4/4s 一样,是 2。

2. iOS 图标标准

App 图标:App 图标指应用图标,图标的尺寸为 120 * 120。如果是游戏类的应用,则这

图 4-1 像素倍率

个图标在 Game Center 中也会被应用。由于 iOS 应用图标是由系统统一切圆角，所以在设计时制作没有高光和阴影的直角方形图即可，也可以根据需要在设计时做出圆角供展示使用。图 4-2 所示的为 iOS 直角方形图标和图标圆角参照表。

图标尺寸	圆角
57*57	10
114*114	20
120*120	22
180*180	34
512*512	90
1024*1024	180

图 4-2 iOS 直角方形图标和图标圆角参照表

App Store 图标：App Store 图标是指上传至应用商店的应用图标，尺寸为 1024 * 1024(Retina 屏幕)或 512 * 512(普通屏幕)。在设计过程中，增加更多的细节，可以吸引用户。不过考虑到效率，设计时一般与 App 图标保持一致，此时就需要为图标设计圆角，圆角的像素为 180。

标签栏导航图标：标签栏导航图标是指底部标签导航栏上的图标，其图标的设计尺寸为 50 * 50。

导航栏图标：导航栏图标是指分布在导航栏上的功能图标，其图标的设计尺寸为44 * 44。

工具栏图标：工具栏图标是指底部工具栏上的功能图标，其图标的设计尺寸为 44 * 44。

设置图标：设置图标是指在列表式的表格视图中左侧的功能图标，其图标的设计尺寸为 58 * 58。

Web Clip 图标：要是有 Web 小程序或网站，可以指定一个图标，即 Web Clip 图标。用户可以把图标直接放在桌面上，通过单击图标的方式直接访问网页内容。其图标的设计尺寸为 120 * 120。

表 4-2 是 iOS 平台中各个机型的不同图标的尺寸参数。

表 4-2 iOS 图标尺寸

机型	iPhone 3GS	iPhone 4/4s	iPhone 5/5s/6	iPhone 6 Plus
App	57 * 57	114 * 114	120 * 120	180 * 180
App Store	512 * 512	512 * 512	1024 * 1024	1024 * 1024
标签栏导航	25 * 25	50 * 50	50 * 50	75 * 75
导航栏/工具栏	22 * 22	44 * 44	44 * 44	66 * 66
设置/搜索	29 * 29	58 * 58	58 * 58	87 * 87
Web Clip	57 * 57	114 * 114	120 * 120	180 * 180

(二)Android 图标规范

介绍了 iOS 平台的图标设计规范后，接下来介绍 Android 平台的图标设计规范。

1. Android 图标适配

同一个 UI 元素(例如尺寸为 100 * 100 的图标)在高 PPI 的屏幕上要比在低 PPI 的屏幕上看着小一些，如图 4-3 所示。为了使视觉效果类似，可以采取以下两种方法：一种是将图片在程序中进行缩放，但效果会变差；另一种是为不同密度的屏幕各提供一张图片，但工作量会增加一倍。

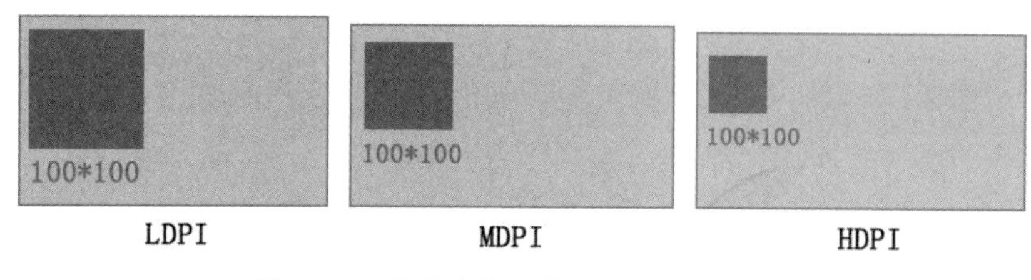

图 4-3 不同密度的屏幕上，显示面积不同

与 iOS 系统的统一规格不同，Android 系统是开放的，不同手机公司都可以自定义系统，因此屏幕的尺寸、规格繁多。由于参数多样，如果为每一种 PPI 屏幕都设计一套图标，工作量会十分庞大且不能满足程序的兼容性要求。

为了兼容更多的手机屏幕并简化设计，Android 系统平台对屏幕进行了区分，按照像素密度划分为低密度屏幕(LDPI)、中密度屏幕(MDPI)、高密度屏幕(HDPI)、超高密度屏幕(XHDPI)和超超高密度屏幕(XXHDPI)。它们之间的密度关系为 3∶4∶6∶8∶12。根据这些比例，通过简单计算，就可以调整出适配不同版本的位图，供开发者使用，如图 4-4 所示。

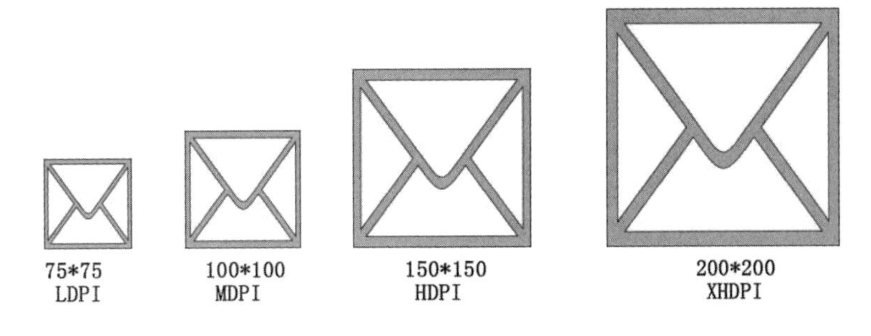

图 4-4　不同密度屏幕的图标尺寸

其中,75 * 75 对应 LDPI 屏幕;100 * 100 对应 MDPI 屏幕;150 * 150 对应 HDPI 屏幕;200 * 200 对应 XHDPI 屏幕;300 * 300 对应 XXHDPI 屏幕。

2. 图标的视觉统一

图标的形状各异,若每一个都顶格设计,那么最终看起来会大小不一,这是因为存在视觉误差。如长条形占的面积大,就会显得图标很小;而圆形占的面积小,就会显得图标很大。为了统一它们的形状,可以用双重边框法来统一图形的视觉大小。

如图 4-5 所示,图标的实际大小为最外边框,尺寸是 72 * 72,图标的图形大小为灰色内框,比图标尺寸稍小,这个框叫安全空间。如球形图标可以占满外边框,而长条形可以延伸至外边框。这样可以确保图标视觉大小的统一。这是 Android 官方设计指导文档提出的概念。

图 4-5　图标轮廓图

3. Android 图标标准

App 图标:是指应用图标(如图 4-6),也叫 Launcher 图标,图标尺寸为 48 * 48。Android 系统并不提供统一的切圆角功能,因此圆角必须在设计图片的过程中切好,如表4-3所示。这就是为什么各家 App 图标圆角略微不同的原因。以 192 * 192 为例,圆角可使用 32。

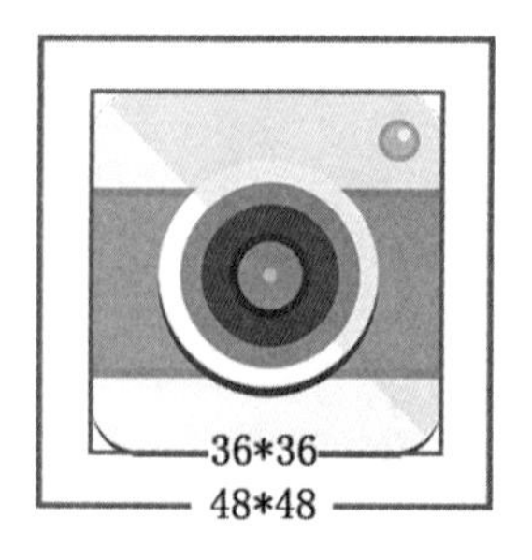

图 4-6　App 图标安全范围

表 4-3　Android 图标圆角参照表

图标尺寸	圆角
48 * 48	8
72 * 72	12
96 * 96	16
144 * 144	24
192 * 192	32
512 * 512	90

操作栏图标:是指用在导航栏或者工具栏上的图标,是图形化的按钮,如图 4-7 所示。代表了应用程序中最重要的操作。每个操作栏图标都应该使用一种简单的隐喻,以便用户一看就能理解。图标设计尺寸为 32 * 32。

情境图标:是指在应用程序中使用的凸显操作的,并表示特定项目状态的小图标,如图 4-8 所示。

通知图标:是指如果应用程序产生通知,要提供一个收到新通知时可以显示在状态栏的图标,如图 4-9 所示。通知图标必须全部是白色的。

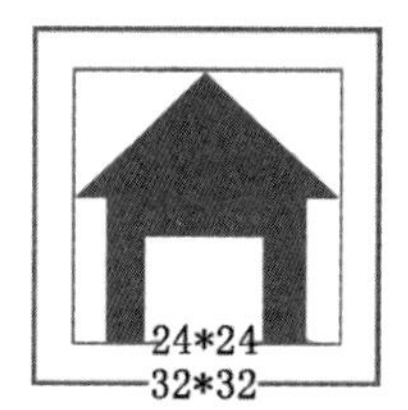

图 4-7　操作栏图标

图 4-8　情境图标

图 4-9　通知图标

表 4-4 为 Android 系统中规格不同的图标的尺寸参数。

表 4-4　Android 系统图标分辨率表

类型	LDPI	MDPI	HDPI	XHDPI	XXHDPI	XXXHDPI
App	36 * 36	48 * 48	72 * 72	96 * 96	144 * 144	192 * 192
操作栏图标	24 * 24	32 * 32	48 * 48	64 * 64	96 * 96	128 * 128
情境图标	12 * 12	16 * 16	24 * 24	32 * 32	48 * 48	64 * 64
通知图标	18 * 18	24 * 24	36 * 36	48 * 48	72 * 72	96 * 96
Google Play	512 * 512					
比例	@0.75 *	@1 *	@1.5 *	@2 *	@3 *	@4 *

二、颜色规范

(一)选择 HSB

在大多数时候，设计师可以轻易使用 HSB 快速获取各种同色系色彩。大多数绘图软件都提供 HSB 选色工具，HSB 使用三种数值来描述色彩：色相、饱和度和明度(明度也被称为亮度)。多数情况下，调整明度值就可以得到需要的色彩。我们通过百度界面分析 PC 的界面设计，如图 4-10 所示。这是操作性界面的设计，用户视线会在上面停留很久，因此需要将界面设计得简单、舒服。通过分析颜色，我们发现百度界面使用了轻量级的渐变。

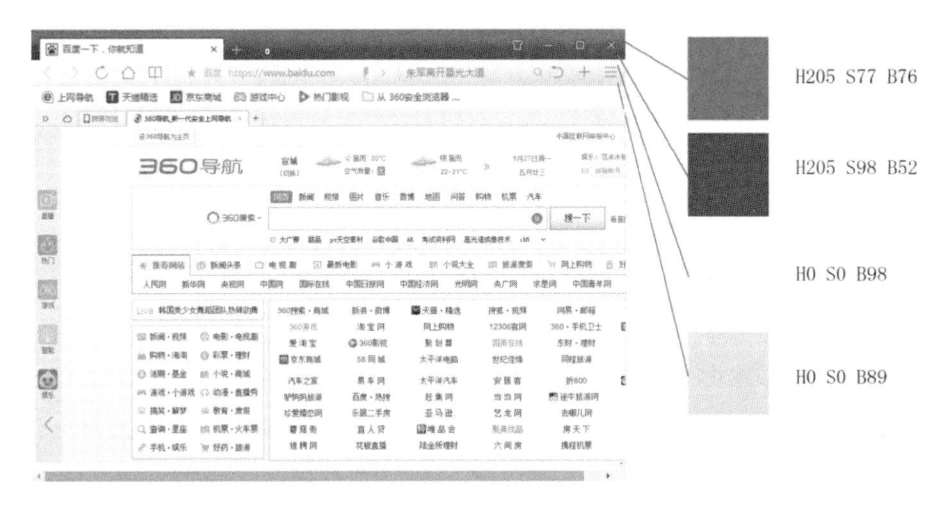

图 4-10　百度界面截图

渐变的作用有：使渐变的亮部与暗部的色相保持一致；减少界面明度在界面中的跨度；使渐变塑造的质感比较平实。

与 HSB 不同，RGB 分别代表红色、绿色和蓝色的色值。在界面设计中，调节一组颜色使其规律时，通过 HSB 会更直观。如图 4-11 所示，通过 HSB 数值可以了解到两种颜色是同一色相，明度和饱和度有变化，这些无法通过 RGB 的数值快速分辨。在 App 设计中也经常用微弱的渐变色构成界面。色彩分高明度和低明度，比如高明度的黄色，当它的明度值已

图 4-11　HSB 与 RGB 色值

经达到 90%或以上时,如何将其调整成更亮的色彩呢?这时候,饱和度就派上用场了。调整饱和度的数值,可以让色彩接近白色,以获取更高的明度。设计控件时,保持 H 值不变,在饱和度 S、明度 B 中有规律地调节即可。

在现在流行的扁平化风格中,一些应用不再使用渐变色进行设计。这时 HSB 就成为重要的颜色观察方式。因为在同一个界面中,控件的颜色依然要处于同一色系中。灰度设计在扁平化设计中大量运用,我们可以通过调节颜色的饱和度值得到一套有规律的灰度。图 4-12所示的是一套灰度色板,色值分别为 #333333、#666666、#999999、#cccccc,换算成 HSB 值分别为 H0 S0 B20、H0 S0 B40、H0 S0 B60、H0 S0 B80。只要记住 B 值在变化即可。

图 4-12 灰度色板

(二)创建调色板

主色、辅助色和灰度色组成一个完整的调色板,下面介绍一些传统方案。

单色:单色配色方案由不同的色调构成,主要使用特定色调内的阴影色和浅色。这是创建配色方案最简单的方法,因为它们都来自同一色相,所以比较容易创建出一个和谐的方案。如图 4-13 所示,这里有三个单色配色方案,从左到右的第一个颜色常用于标题。第二个颜色常用于正文,或者也可用于背景。第三个颜色可用于背景。而最后两种颜色将用于强调。

类比:类比配色方案是仅次于单色的一个易于创建的配色方案。一般来说,此类方案都具有相同的色度水平,通过色调、阴影色和浅色的使用,增强趣味性,并且可以满足网站的需要。如图 4-14 所示,这是一个传统的类比配色方案,虽然视觉感染力很强,但是从影响深刻角度来说,颜色的对比度不够强。

如图 4-15 所示,该配色方案与上图有相同的色相,但是色度上的调整体现出多样性,更适合网站设计。

互补:互补配色方案是通过融合色轮上对立面的颜色来创建的。这种配色方案最基本的形式仅由两种颜色构成,但是可以很容易通过色调、浅色和阴影色的形式扩展。如图 4-16 所示,广范围的浅色、阴影色和色调的应用让这个配色方案看起来非常具有通用性。

图 4-13　单色配色方案

图 4-14　类比配色方案一

图 4-15　类比配色方案二

图 4-16　互补配色方案

（三）调色板应用

UI 调色板：调色板以一些基础色为基准，如图 4-17 所示，通过填充光谱来为 Android 和 iOS 系统提供完整可用的颜色。基础色的饱和度为 500。

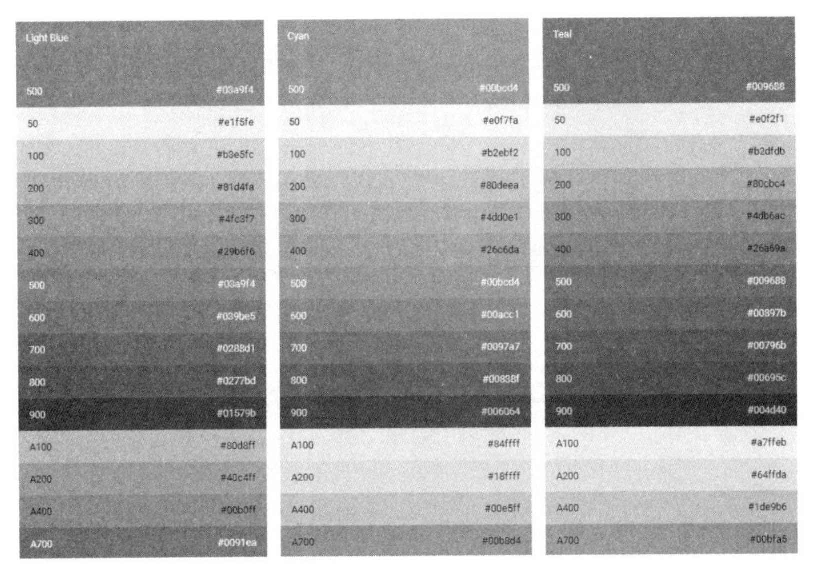

图 4-17　UI 调色板

强调色：鲜艳的强调色用于主要操作按钮以及组件，如开关或滑片，如图 4-18 所示。左对齐的部分图标或章节标题也可以使用强调色。

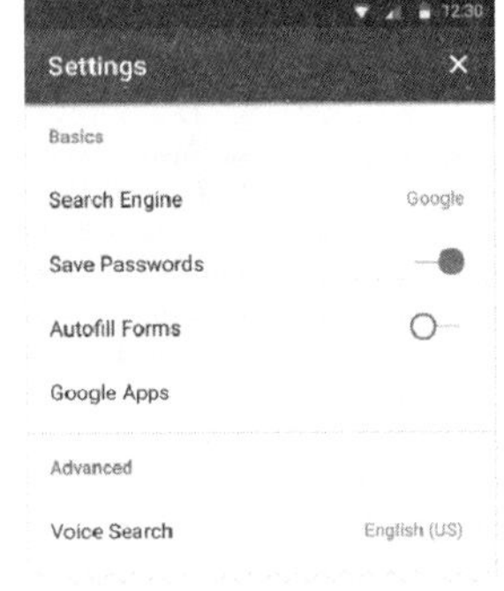

图 4-18　强调色

备用强调色：若强调色相对于背景色太深或者太浅，默认的做法是选择一个更浅或者更深的备用颜色，如图 4-19 所示。如果强调色无法正常显示，那么在白色背景上会使用饱和度为 500 的基础色。如果背景色就是饱和度 500 的基础色，那么会使用 100%的白色或者 54%的黑色。

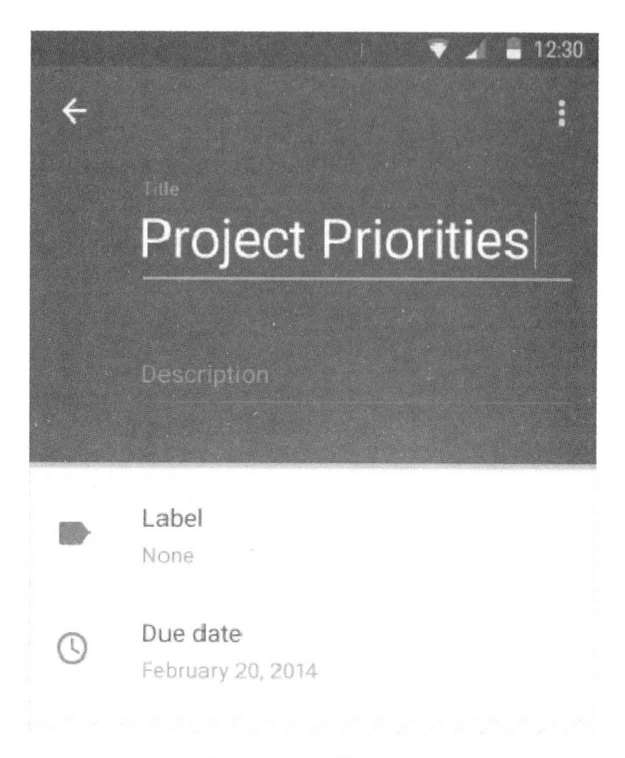

图 4-19　备用强调色

主题：主题是对应用提供一致性色调的方法，指定了表面的亮度、阴影的层次和字体元素的不透明度。为了提高应用的一致性，一般会提供浅色和深色两种主题以供选择，如图 4-20 所示。

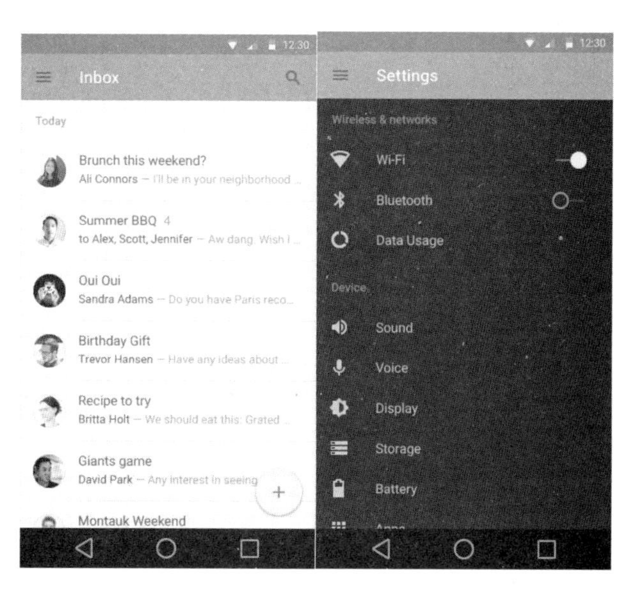

图 4-20　浅色和深色主题

创建好了调色板，下面来看看这些颜色分别运用在界面的什么位置。

1. 全局色

中性色：灰度色，是指较为通用的颜色，常用在各种表单控件和文字设计上。灰度色适用于大多数应用。由于 H 值和 S 值在灰度色中没有变化，因此我们只观察 B 值，如图 4-21 所示。这套灰度色 B 值分别为 B20、B40、B60、B80、B90、B94、B98 和 B100。

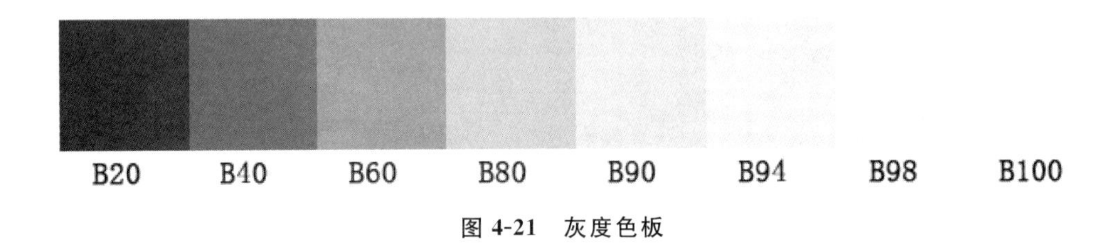

图 4-21　灰度色板

主色：红色，常用于顶部的导航栏、按钮和各种控件设计。

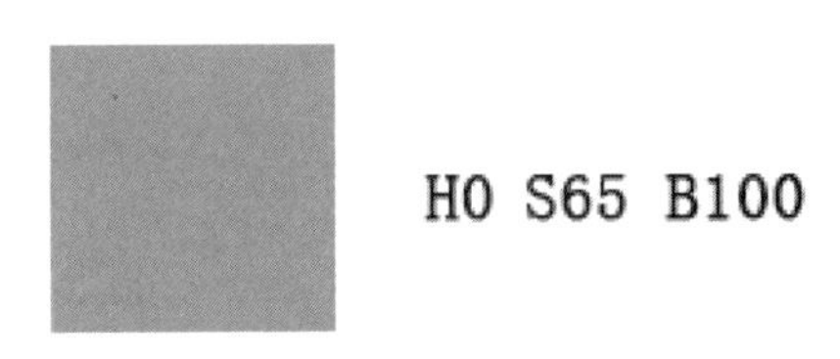

辅助色 1：橙色，常用于各种控件设计和辅助按钮。

辅助色 2：墨绿色，常用于链接文字颜色和一些用户名称。

2. 背景用色

背景色 1：纯白色，常用于列表表单背景和对话框。

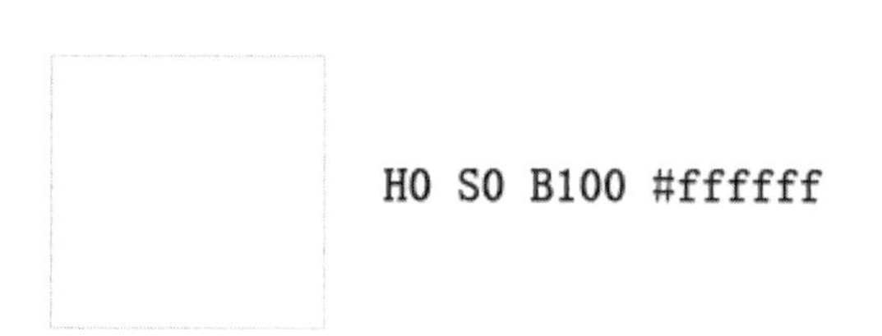

背景色 2：浅白色，常用于顶部导航栏和底部标签栏。

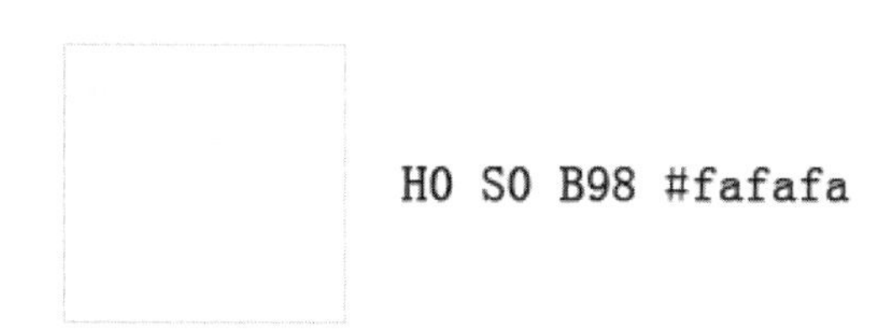

背景色 3：浅灰色，常用于首页背景和内页背景。

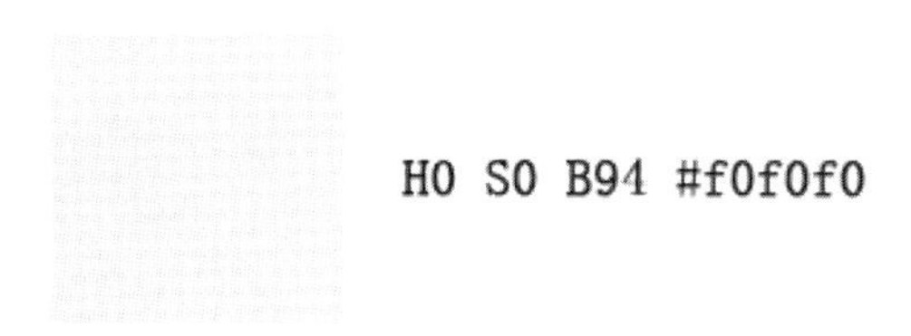

3. 分隔线用色

分隔线 1：灰色，常用于浅白色背景的分隔线。

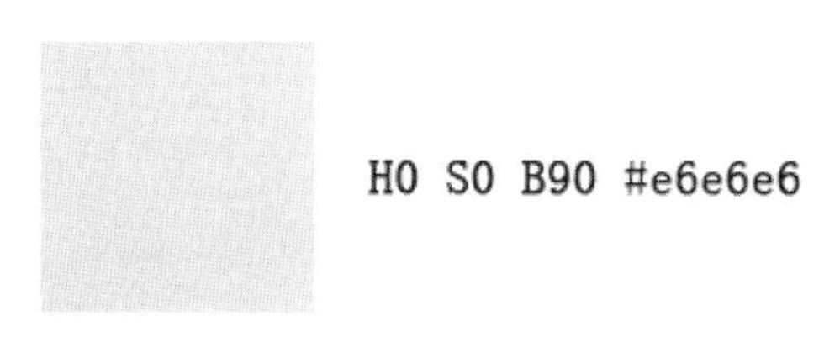

分隔线 2：浅灰色，常用于白色背景的分隔线。

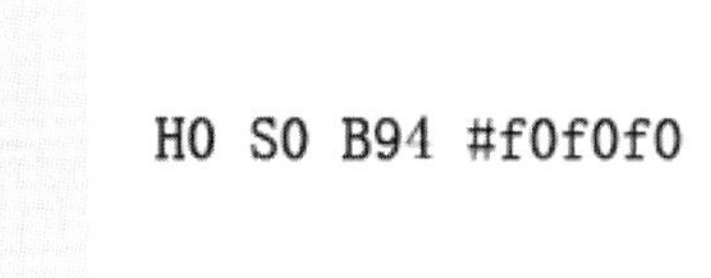

4. 文字用色

文字 1:纯白色,常用于主色、辅色按钮上的文字。

H0 S0 B100 #ffffff

文字 2:中灰色,常用于失效、辅助性的文字。

H0 S0 B80 #cccccc

文字 3:深灰色,常用于提示性文字。

H0 S0 B60 #999999

文字 4:浅黑色,常用于辅助、默认状态文字。

H0 S0 B40 #666666

文字 5:深黑色,常用于标题、正文等主要文字。

H0 S0 B20 #333333

5. 图标用色

图标 1:纯白色,常用于有颜色的背景上的图标。

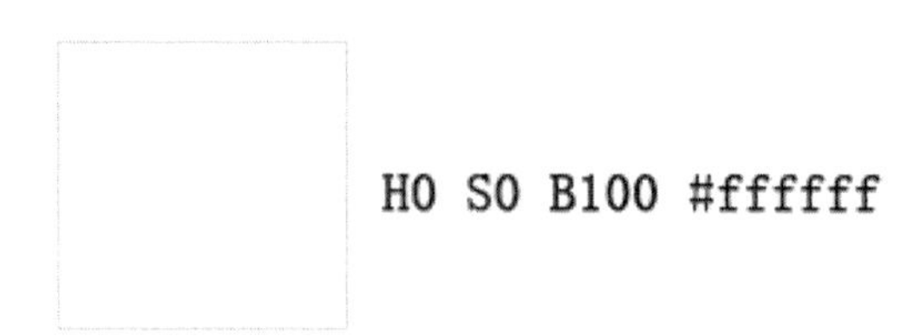

图标 2:中灰色,常用于工具栏上的操作图标。

H0 S0 B80 #cccccc

三、文字规范

文字在设计中是非常重要的,对于移动终端平台的产品设计,我们更要遵守其设计规范。有很多人会认为 Android 系统的字体没有 iOS 的好看,原因大概有两点:其一,Android 的分辨率很高,字体渲染机制不一样;其二,和 iOS 相比,Android 的“字体系统”最大的一个缺点是缺字。

(一)iOS 系统

iOS7、iOS8 系统的中文字体为“Helvetica”,是一种被广泛使用的西文字体,于 1957 年由瑞士字体设计师爱德华德 · 霍夫曼(Eduard Hoffmann)和马克斯 · 米耶丁格(Max Miedinger)设计,数字和英文字体为“Helvetica Neue”。iOS9 系统的中文字体为“苹方”,数字和英文字体为“San Francisco”。在实际设计中,建议使用 Photoshop 的设计师,中文字体选择“黑体一简”或“STHeitiSC-Light”,这是与 iOS 系统实际效果最接近的字体;英文字体选择“Helvetica Neue”。

在 iOS9 系统中,其字体和 iOS8 的字体看上去有较大的区别。iOS9 使用的是 San Francisco 字体,也就是“旧金山”字体,属于英文字体。

从图 4-22 中可以明显看出,iOS9 的字体相比于 iOS8 的字体更好看一些,整体显得更为

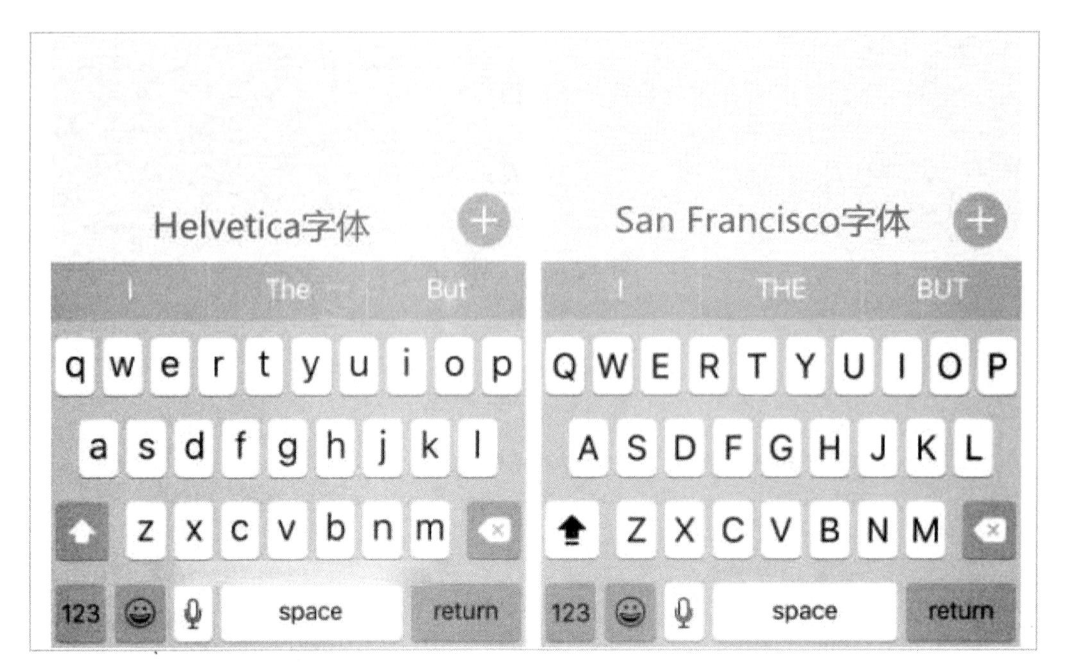

图 4-22　Helvetica 字体和 San Francisco 字体的对比

圆润，阅读起来也更加容易。

(二)Android 系统

在 Android4.X 版本中，中文字体为“Droid Sans Fallback”，英文字体为“Roboto”。

在 Android5.0 版本中，中文字体为“思源黑体”。

安卓手机的默认中文字体都是“Droid Sans Fallback”，这是谷歌自己的字体，与微软雅黑很像，小米 miui v5 用的也是这种字体。在实际设计中，建议使用 Photoshop 的设计师，中文字体选择“方正兰亭黑”，英文字体选择“Roboto”。

(三)系统字号

我们在进行页面布局的时候，经常会设置容器的长度，但到底应该使用什么作为长度单位，对很多人来讲，尤其对初学者来讲特别困难。一般情况下，在 iOS 系统设计中用 px 标注字号，在 Android 系统设计中使用 SP 标注字号。

px(pixels)：像素，即屏幕上的点，不同的设备显示效果相同，像素也是我们最常用的单位。

SP(scaled pixels—best for text size)：它是一种带比例的像素，也可以理解为放大像素，主要用于字体显示，可以根据用户的字体大小首选项进行缩放。根据谷歌的建议，

TextView 的字体最好用 SP 做单位，通过查看 TextView 的源代码也可以知道 Android 系统默认使用 SP 作为字号单位。

设计时，不同的位置对字号的要求也是不一样的，移动端常用的字号有哪些呢？

如图 4-23 所示，导航主标题字号一般为 40px—42px，常用 40px，偏小的 40px 字号显得精致。

图 4-23　百度云主标题字

在内文展示中，如图 4-24 所示，大的正文字号是 32px，副文是 26px，小字是 20px，在内文的使用中，不同类型的 App 会有所区别。像新闻类的 App 或文字阅读类的 App 更注重文本的阅读便捷性，正文字号通常为 36px，并会有选择性地加粗。

图 4-24　英语趣配音内文展示

如图 4-25 所示，列表形式、工具化的 App 的正文普遍是 32px，不加粗。副文案是 26px，小字是 20px。

图 4-25　微信列表

如图 4-26 所示，26px 的字号还会用于划分类别的提示文案，因为这样的文字方便用户阅读，但又不会影响主列表信息的引导。

图 4-26　提示文案

如图 4-27 所示，36px 的字号还经常运用在页面的大按钮中。为了拉开按钮的层次，同时加强按钮的引导性，会选用稍大号的字体。

图 4-27　钉耙页面大按钮

百度用户体验部做过一个小调查，对于 iOS 系统字体大小的调查结论如表 4-5 所示：

表 4-5　iOS 系统字体大小调查结论

		可接受下限 （80%用户可接受）	见小值 （50%以上用户认为偏小）	舒适值 （用户认为最舒适）
iOS	长文本	26px	30px	32px—34px
	短文本	28px	30px	32px
	注释	24px	24px	28px

Android 系统的字体大小调查结论如表 4-6 所示：

表 4-6 Android 系统字体大小调查结论

		可接受下限 (80%用户可接受)	见小值 (50%以上用户认为偏小)	舒适值 (用户认为最舒适)
Android 高分辨率 (480 * 800)	长文本	21px	24px	27px
	短文本	21px	24px	27px
	注释	18px	18px	21px
Android 低分辨率 (320 * 480)	长文本	14px	16px	18px—20px
	短文本	14px	14px	18px
	注释	12px	12px	14px—16px

四、布局规范

(一)框架

顶部导航栏、顶部标签栏、内容区和底部标签栏四部分组成了一个应用程序的主要内容,如图 4-28 所示。模块间距为 30px,内容区块边距为 20px。

图 4-28 iOS 典型布局

(二)顶部导航栏

导航栏的色彩一般为 App 的主色,反白处理文字。如果主色较重,为了方便长时间使用且不过度刺激眼睛,一般会选择灰白这种中间色。导航栏左右两侧可使用图标(如图 4-29),也可以使用文字(如图 4-30)。

图 4-29　左右图标按钮导航

图 4-30　左右文字按钮导航

(三)顶部标签栏

顶部标签栏有两种样式,图 4-31 所示的是模仿 iOS 的分段器设计,图 4-32 所示的是模仿 Android 系统的标签栏样式。

图 4-31　iOS 分段器设计

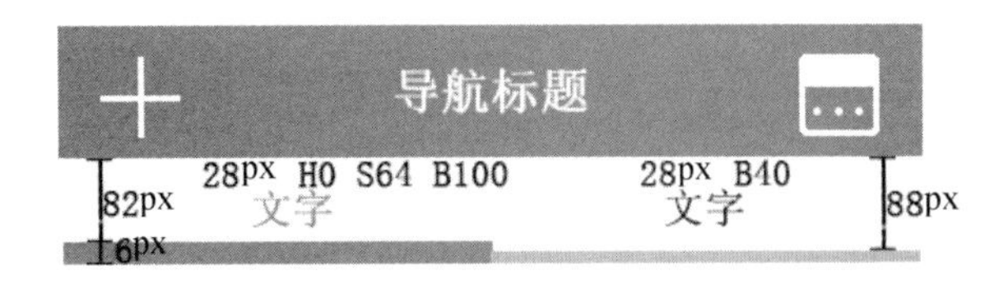

图 4-32　Android 标签栏样式

五、图片规范

(一)用户头像

头像一般为圆形和圆角矩形两种,如图 4-33 所示。圆形头像比较有新意,构图饱满,适合真人头像的展示。

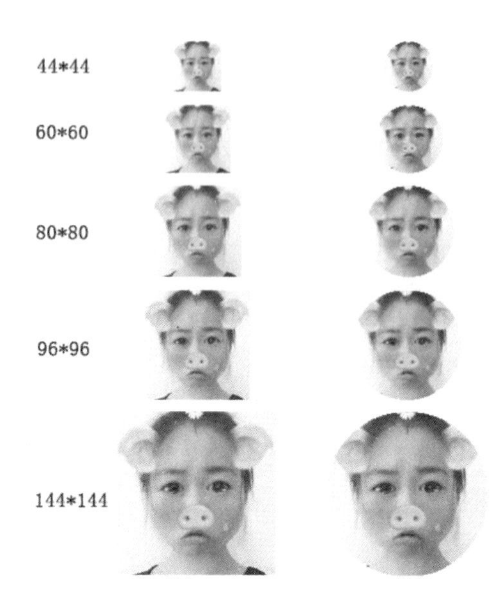

图 4-33　用户头像规范

在社交类 App 中使用头像的场景很多。列表页使用 44 * 44 的头像(如图 4-34),详情页使用 60 * 60 的头像(如图 4-35)。应用详细列表使用 80 * 80 的头像(如图 4-36),消息列表页使用 96 * 96 的头像(如图 4-37),个人中心页使用 144 * 144 的头像(如图 4-38)。

图 4-34　44 * 44 的头像

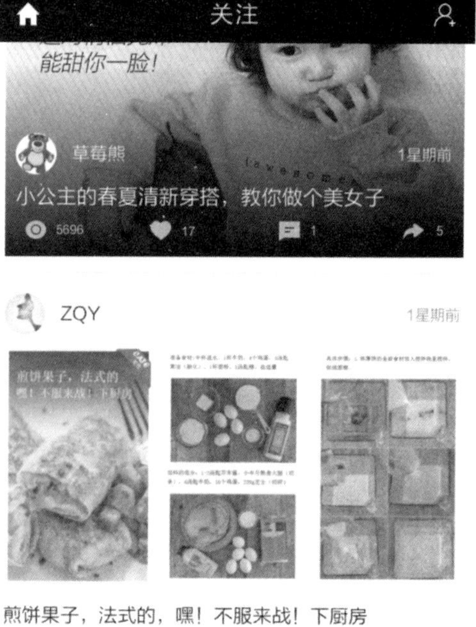

图 4-35　60 * 60 的头像

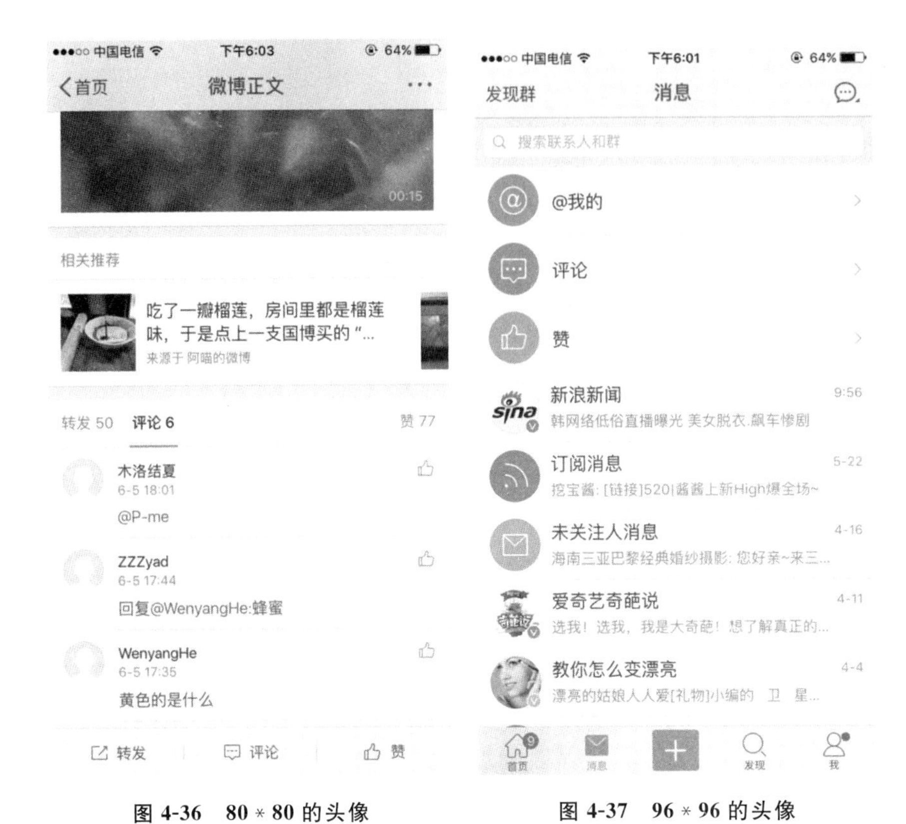

图 4-36　80 * 80 的头像

图 4-37　96 * 96 的头像

图 4-38　144 * 144 的头像

（二）商品图片

商品图片使用 1px 灰色描边，如图 4-39 所示。灰色的边缘可以使图片与浅色背景区分开。图片比例多为 3∶2 或者 1∶1。电商应用得较多。

图 4-39　商品图片

（三）无数据图片

商品底图：如果图片没有加载出来，图片位置也不能为空白，此时就需要一张无数据图片占位置，如图 4-40 所示。一般采用灰色调，图片规范中的尺寸无数据图片都应有。

头像底图：在未上传头像时，可以有一个默认头像，如图 4-41 所示。头像图片的比例是 1∶1，因此只需要一个最大尺寸的默认头像图片。

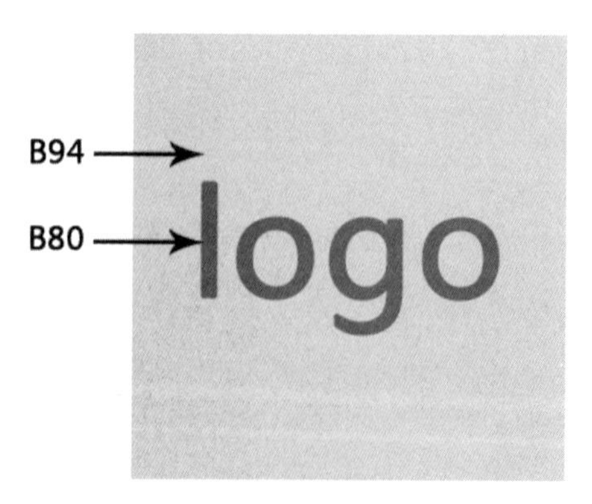

图 4-40　商品底图

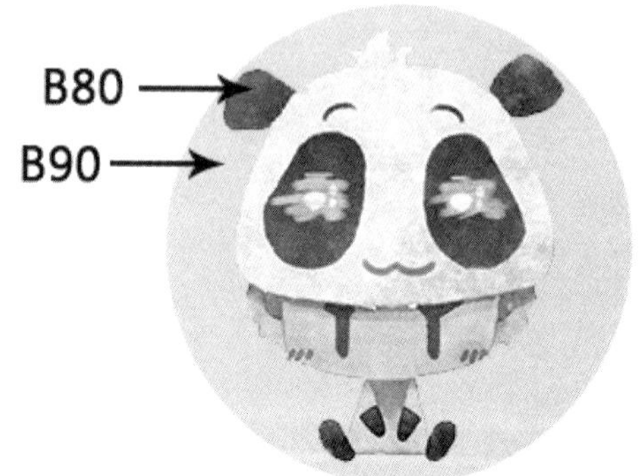

图 4-41　头像底图

无数据图：在默认条件下，空数据也需要一个图片，如图4-42所示。若网络不好，一般使用的是文字加图标形式。若应用有了全局图形，也可以把图形融入无数据图的设计中。

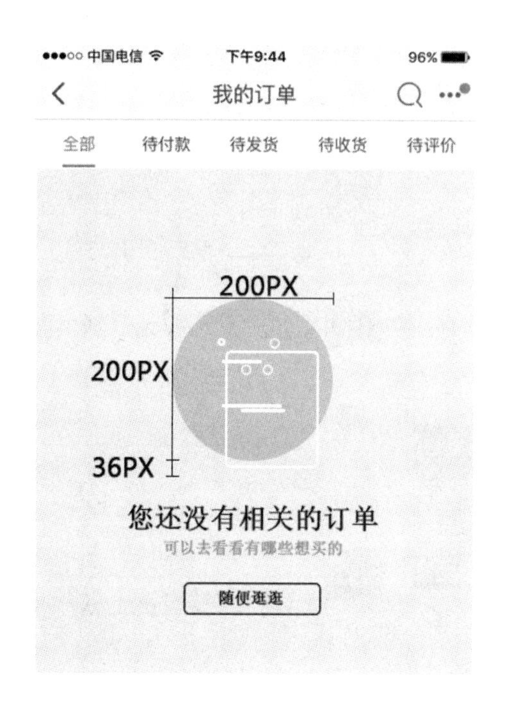

图4-42　无数据图

第二节　界面布局和导航机制

一、界面布局

很多人在初次开发、设计App时可能会遇到许多界面上的问题，碰到最多的就是有关尺寸多大、界面多大、文字怎么样才合适的问题了。关于App，是不是要根据不同的系统做几套大小不同的方案呢？一大堆问题让人头疼。可以肯定地说，我们在设计时并不需要为每种尺寸都做一套方案，尺寸可以按自己的手机来设计，方便预览，一般用640 * 960或者640 * 1136的尺寸来设计。

（一）结构差异

因为Android系统有实体返回键，所以两个平台App设计存在结构差异，如图4-43所示。

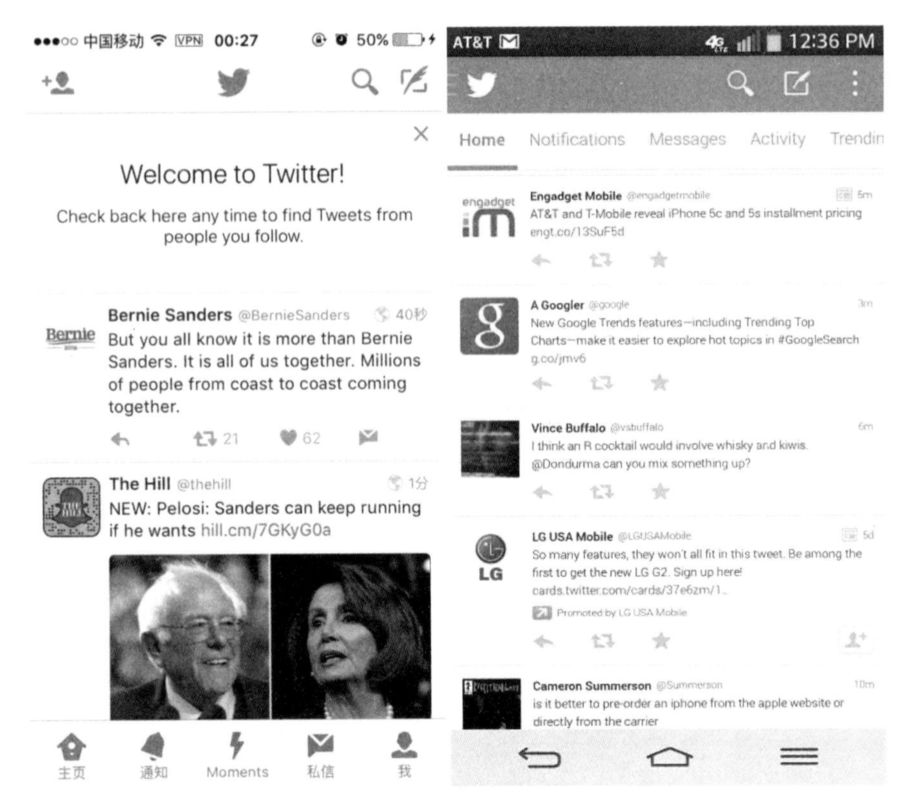

图 4-43　结构对比图

iOS 界面一般由四个元素组成，分别是：状态栏（status bar）、导航栏（navigation）、主菜单栏（submenu）、内容区域（content）。

若以 640＊960 的尺寸设计，这个尺寸下的这些元素的尺寸如图 4-44 所示。

状态栏（status bar）：就是我们经常说的信号、运营商、电量等手机状态显示的区域，其高度为 40px。

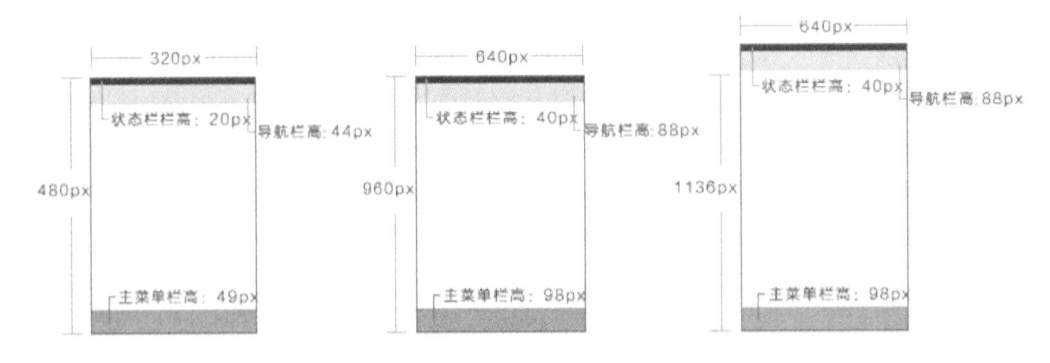

图 4-44　界面元素尺寸

导航栏(navigation):显示当前界面的名称,包含相应的功能或者页面间的跳转按钮,其高度为88px。

主菜单栏(submenu):类似于页面的主菜单,提供整个应用的分类内容的快速跳转,其高度为98px。

内容区域(content):展示应用提供的相应内容,在整个应用中布局变更最为频繁,其高度为734px。

值得注意的是,在iOS7中,已经开始慢慢弱化状态栏的存在,将状态栏和导航栏合在了一起。

Android界面和iOS界面基本相同,包括状态栏、导航栏、主菜单栏、内容区域,如图4-45所示。

若以720*1280的尺寸设计,这个尺寸下的状态栏高度为50px;导航栏高度为96px;主菜单栏高度为96px;内容区域高度为1038px(1280—50—96—96=1038)。

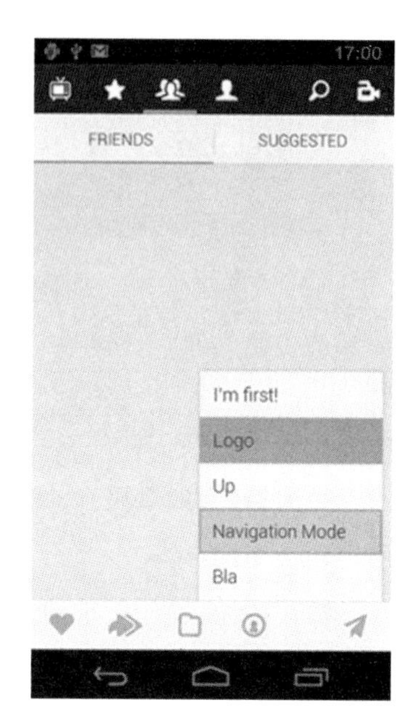

图 4-45 Android 界面

Android手机几乎都去掉了实体键,把功能键移到了屏幕中,当然高度也和菜单栏一样,是96px。

iOS系统在应用底部放了标签栏,而Android系统则把标签栏的内容放在顶部的Action Bar处,这是两个系统最典型的差异。

(二)操作栏

iOS系统工具栏一般处于屏幕的底部,工具栏上的控件等宽放置。因为内容与用来操纵它的控件是相匹配的,所以控件会随着屏上内容的切换而改变。在工具栏上放置当前情景下用户最常用的功能,如图4-46所示。为方便用户操作,每个工具栏上的控件大小至少要为44*44。

Android系统中的操作栏是Android应用程序中最重要的结构元素之一,这块区域放置了当前页的用户常用功能。几乎在应用程序的每个界面顶部都有一块专用的操作栏区域。

多数应用程序的操作栏被划分为4个不同的功能区域,如图4-47所示。

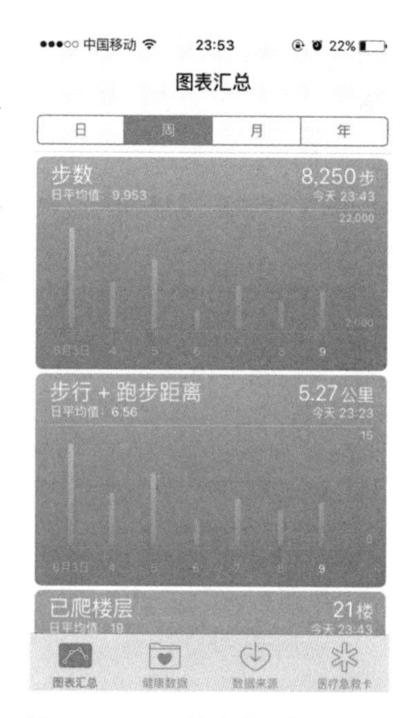

图 4-46 iOS8 健康应用操作栏

应用程序的图标:图标能够帮助用户对应用程序进行识别,如果当前显示的不是应用程序的最上层界面,要保证在

图 4-47　Android 系统的操作栏

图标左边显示“向上”符号。

视图控件：如果用户的应用程序在不同的视图中展示内容，那么操作栏的这个部分允许用户切换视图。

操作按钮：操作栏里的操作按钮会展示应用程序中最重要的操作。

更多操作：把不常用的操作放到更多操作里。

(三)多任务

iOS 系统通过 Home 键及四指手势激活多任务选择器。大多数程序在转移到后台时，会被挂起。多任务选择器(multitasking bar)中展示着被挂起的程序，帮助用户快速找到近期使用的程序，如图 4-48 所示。当用户重启挂起的程序时，它能够从退出时所在的那个点迅速恢复，无须重新渲染界面。

图 4-48　iOS 系统多任务管理界面

当用户激活多任务选择器后，左右滑动，可查看更多其他任务；向上滑动时，可删除当前选中的任务。

Android 系统的多任务界面提供了一个在最近使用的应用程序之间切换的有效方式，并有一个独立的虚拟按键，位于导航栏的最右侧，用以显示用户最近使用的应用程序及任务。它们按时间顺序进行组织排列，最后使用的应用程序放置在近期任务界面的最底部。当用户单击近期任务按键并选中任务后，左右滑动，可删除任务，如图 4-49 所示。长按任务，将弹出任务弹框“从列表中删除”和“应用信息”。

图 4-49　Android 系统多任务管理界面

二、导航机制

（一）硬件特性

iOS 设备只设置了一个 HOME 键。在 iOS 中，所有 App 的入口均为图标；所有 App 的出口均为 HOME 键；所有前进、后退等动作均通过虚拟按钮完成。这种设计最大限度地降低了用户的学习成本。

Android 设备多设置 3 个按键，分别是 HOME 键、菜单键和返回键。Android 系统的代码是开放的，因此各品牌的手机都在深度制定属于自己的 UI，返回键位置也不相同，三星手机的返回键设置在右边，Nexus 系列手机的返回键设置在左边。因为硬件有差异，所以 App 导航设计也有差异。

(二)iOS 导航机制

在导航设计上,iOS 系统的导航机制是一个位置统一的设计,这种设计的位置感很强。

iOS 应用绝大多数情况下只提供单一路径。任何 App 都只有一个窗口,程序的内容和功能就放置在窗口上。在 iOS 设备中,用户会感觉程序就是依次呈现的一屏又一屏图像。因此,若已进入 iOS 系统的一个深层详细页,就需要按多次返回键才能回到主页,如图 4-50 所示。应用内的导航与系统导航是分开的,iOS 应用内一般没有退出选项,都是通过实体 HOME 按键返回主屏界面及退出应用的(手势支持)。

图 4-50 iOS 系统导航栏

(三)Android 导航机制

Android 系统的导航机制使前进和后退都很方便,但有时容易产生概念的模糊。

每种设计有着不同的优势。iOS 系统的特点是规矩且稳定,Android 的特点则是灵活多变。Android 系统的返回键是基于时间轴的,单击可以回到上一个界面视图,如图 4-51 所示;向上键是基于 App 逻辑的,点击返回上个层级。

图 4-51 Android 虚拟返回键

在多数情况下,向上和返回单击效果相同,但某些情况下会有变化。如图 4-52 所示,界面 A 通过单击灰色区域 Book1,进入界面 B,此时单击返回和向上都是跳转到界面 A。在界面 B 中单击灰色区域 Book2 进入界面 C,此时单击返回和向上,界面都是跳转到界面 B。在界面 C 中,单击 Movie1 进入界面 D,这时单击返回跳转至界面 C,而单击向上则跳转至界面 E 中。原因是界面 D 在页面逻辑上从属于界面 E。

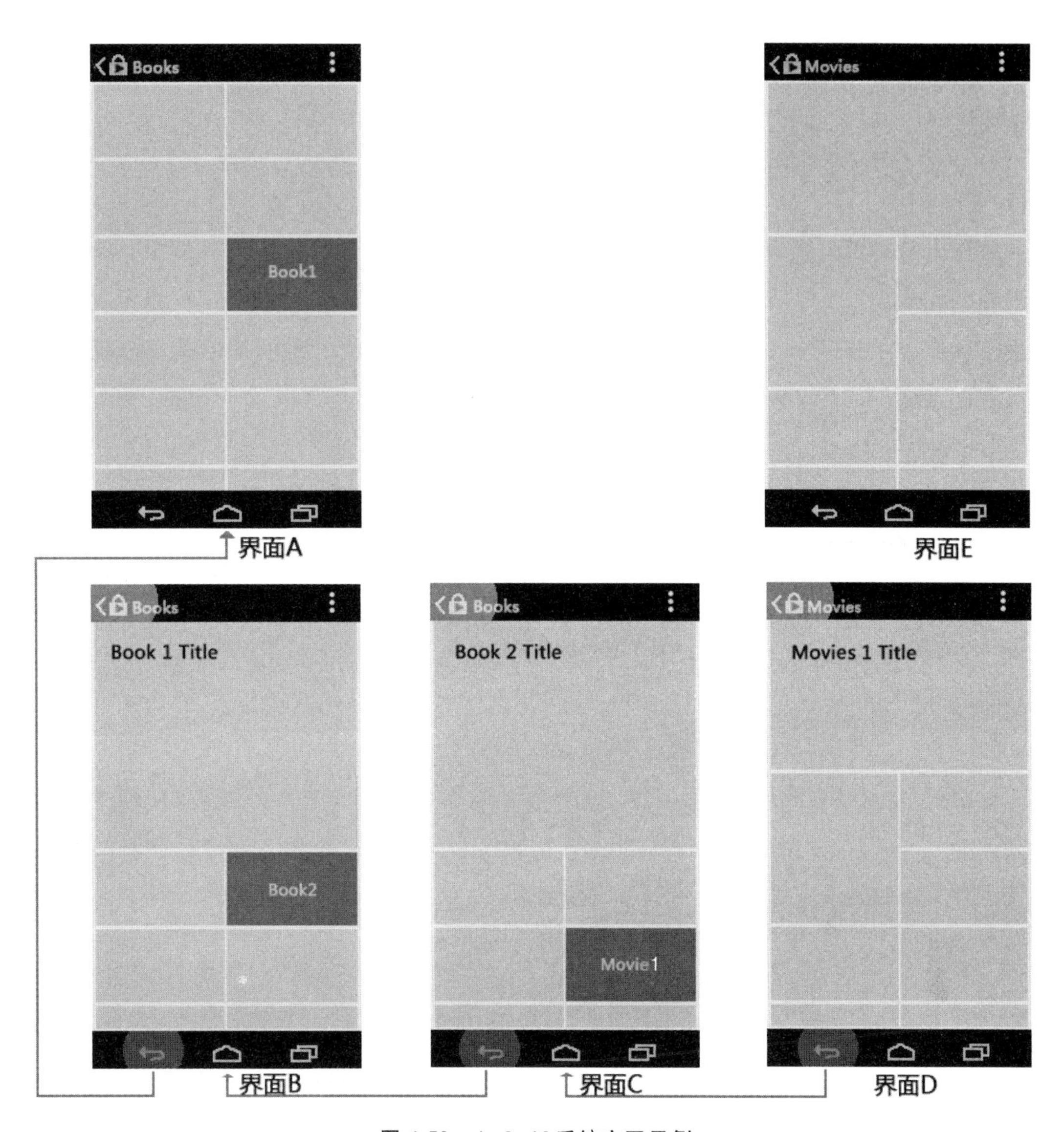

图 4-52 Android 系统交互示例

第三节 设计组件

本章节主要涉及 iOS 手机系统的组件设计和 Android 系统的组件设计。设计组件有以下几个优点:统一制作代码,使逻辑更为清晰;共用界面图片素材,减少资源浪费;批量更换颜色、风格,方便皮肤更换;降低用户学习、操作软件的成本。

一、控制元素的设计

(一)进度指示器

进度指示器用于展示可预测完成度(时间、量)的任务或者过程的完成情况。特别是需要掌握任务花费多少时间的时候,进度条就显得尤为重要。任务进行时,进度指示器从左向右逐渐填充。在过程中的任何时段,已填充和未填充部分之间的比例都可以反映任务多久可以完成,如图 4-53 所示。进度指示器是不能交互的。

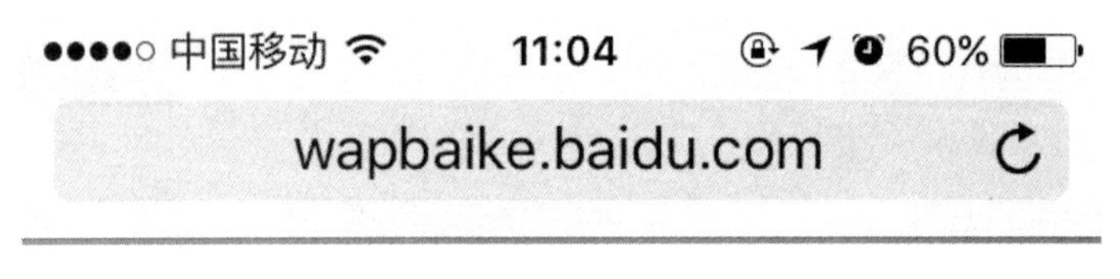

图 4-53　浏览器进度指示器

(二)活动指示器

活动指示器显示任务正在处理中,如图 4-54 所示。当任务被加载时,活动指示器就开始旋转,消失时任务就完成了。用户无须交互操作。活动指示器表达一个持续时间不明的进程。若需要明确表现进度,要使用进度指示器。

图 4-54　状态栏的活动指示器

活动指示器不需要额外设计,使用状态栏上的系统组件即可。可以在界面中自定义活动指示器的颜色与尺寸,使之与视图背景相协调,如图 4-55 所示。

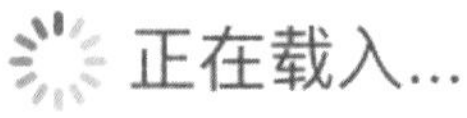

正在载入...

图 4-55　iOS9 活动指示器

（三）刷新控件

刷新控件用于刷新页面内容。常用的一般有上拉刷新和下拉刷新两种方式。这两种方式有很大区别。以网易新闻程序为例，在浏览页面时，使用下拉操作，界面反馈当前页面内容条数不变、内容更新，如图 4-56 所示。而上拉代表加载，一个页面上的新闻数量是固定的，从上往下看，看完一定数量，往上一拉，后面内容继续加载，如图 4-57 所示。

图 4-56　网易新闻下拉刷新　　　　图 4-57　网易新闻上拉刷新

（四）页码控制器

页码控制器可显示共有多少页，当前是第几页，如图 4-58 所示。每一页都用一个圆点展示，圆点顺序与视图顺序一致。打开的视图用高亮圆点表示。可以通过按发光点左右的

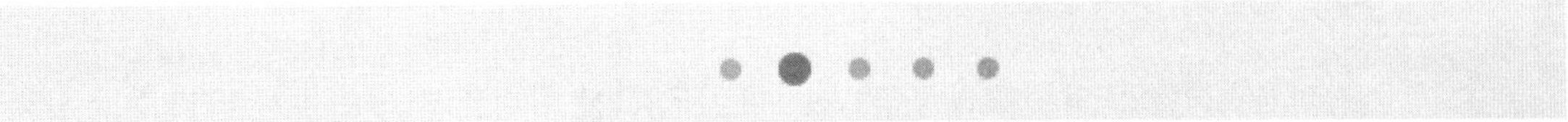

图 4-58　iOS9 页码控制器

点，浏览前一页或后一页。

一般设计不超过5个点，当前页为纯白色不透明的圆点。灰色表示未激活页，为白色20%透明度，如图4-59所示。点不会因为数量增加而相互挤压，也不会缩小。

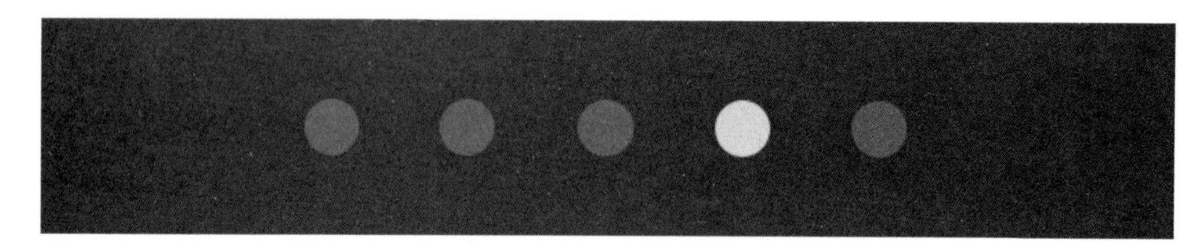

图4-59 iOS8页码控制器

（五）滑动器

滑动器包含滑块和滑轨，以及可选图片，用于表现左右两端各代表什么。拖拽滑块时，值会实时连续变化，如图4-60所示。用户可以使用滚动条精准控制亮度或音量值。

图4-60 iOS8上拉快捷键设置界面

参考样式可使用iOS8系统滚动条，如图4-61所示，使用应用程序的主色替换系统滚动条中的蓝色。滑动器宽度要与应用界面匹配。

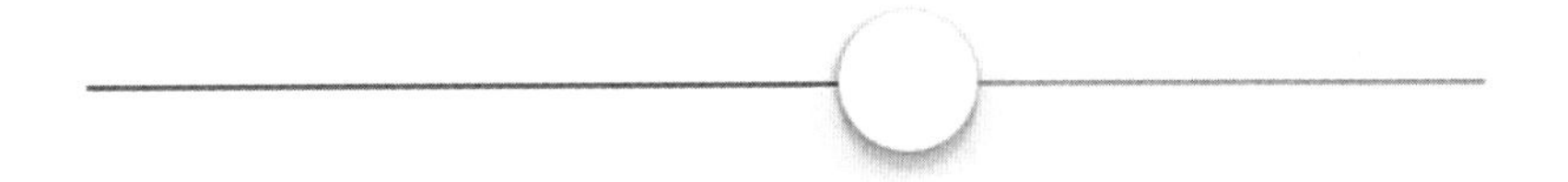

图 4-61　iOS8 系统滚动条

(六)开关

开关也叫切换器,用于切换两种互斥的选择或者状态,如图 4-62 所示。切换器展示当前的激活状态,滑动控件可以切换状态。可以使用主色调代替开关中的绿色,如图 4-63 所示。

图 4-62　iOS9 蓝牙设置界面　　　　图 4-63　iOS9 系统开关

(七)步进器

步进器由两个分段控件组成,其中一个显示增加的符号,另一个为减少的符号,如图 4-64所示。单击一个分段来增加或减少某个值。步进器并不展示更改的值。可以使用主色调替换步进器中的蓝色。

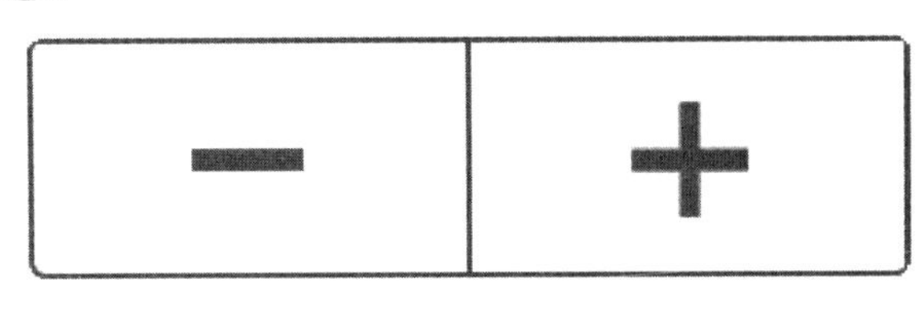

图 4-64　iOS8 步进器

二、筛选器的设计

(一)选择器

在作出选择操作时,选择器使用起来很方便。这个控件的效果类似于 Web 上的下拉菜单,如图 4-65 所示。当了解了整组值的时候,选择器会更加适合。原因是大部分情况下很多值都是隐藏起来的。若不能了解可选的值,那么选择就不合适了。如果要展示大量的值,建议使用表格,表格拥有更大的高度,滚动翻页也会更方便。可以使用系统默认的样式,文字颜色可根据主色替换。

图 4-65　iOS9 选择器

(二)分段控件

分段控件是 iOS 系统的典型控件,如图 4-66 所示。分段控件是一条分割成多段的线,每一段都是按钮,可激活一种视图方式。分段控件长度由分段数量决定,但高度是固定的。宽度根据比例而定,取决于分段总数。单击分段,可使其变成选中状态。分段控件上可以放文字或者图标。

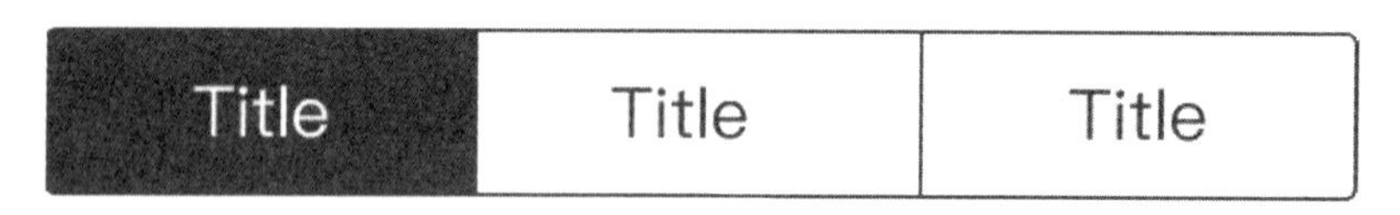

图 4-66　iOS8 分段控件

(三)选项卡

这是 Andriod 系统的一种设计样式,如图 4-67 所示。一些情况下,选项卡等同于分段控件。在 iOS 系统中,如果选择项在三项以内,会使用分段控件;超过三段时,使用选项卡样式。可以使用系统默认样式，选项卡颜色根据主色替换。

THIS MONTH LAST MONTH ALL TIME

图 4-67 Android 选项卡

三、表单控件的设计

（一）单选框

单选框用于互斥但又相关的选项中，能且只能选取一个选项，如图 4-68 所示。单选框数量不宜过多，选项并非用于展示数据，而是程序选项。如果需要展示重要选项内容，可以使用选择按钮，否则使用下拉列表控件。当只有两个选项且它们具有相反含义时，可以使用开关控件。选中一个选项后，其他选项不能再选。选中状态和非选中状态明显不同。

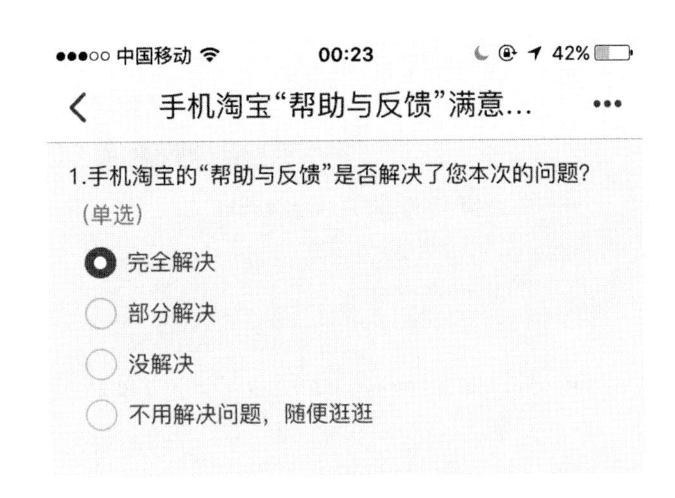

图 4-68 淘宝 App 单选框

（二）复选框

复选框控件的作用是提供一组相互关联但内容不兼容的选项，如图 4-69 所示。可以不选择选项，也可以选择一个或者多个选项。选中状态和非选中状态明显不一样。复选框仅用于切换选项的开关状态，或者选择、取消一个项目。作为基础控件之一，复选框被应用得非常广泛。

图 4-69 淘宝 App 复选框

(三)文本框

文本框是一个圆角区域,可以输入文本信息,如图 4-70 所示。单击文本输入框时显示键盘。单击回车时根据输入内容进行相应的处理。若能使用其他控件使输入简化,或者使用选择器或者列表,就尽量不要使用文本输入。边框样式设计一般为圆角,也可以是直角,使用灰色描边,文字颜色使用主色。

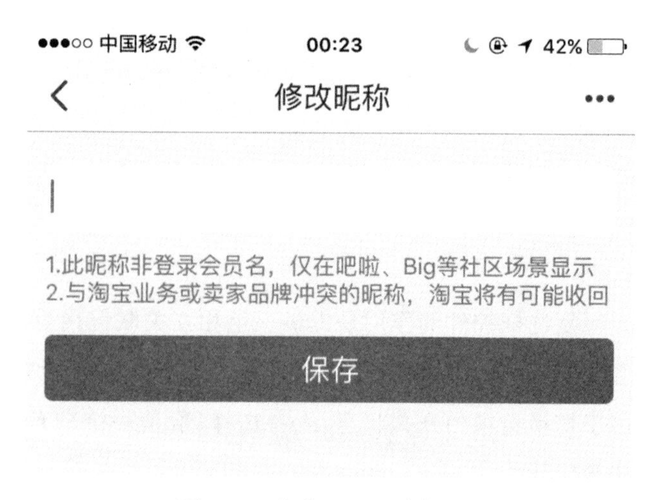

图 4-70 淘宝 App 文本框

（四）下拉框

下拉框也叫下拉菜单，用于在一组互斥值列表中进行选择，如图 4-71 所示。能且只能选一个选项。下拉框排列紧凑，适用于一些不希望强调的选项。下拉框可以节省屏幕空间，并且与其包含的选项数量无关。在一些情况下它与选择器通用。在下拉框中，需要有文字提示，文字左对齐，需要设计下拉菜单的样式。

*申请服务
换货
*换货原因
请选择换货原因

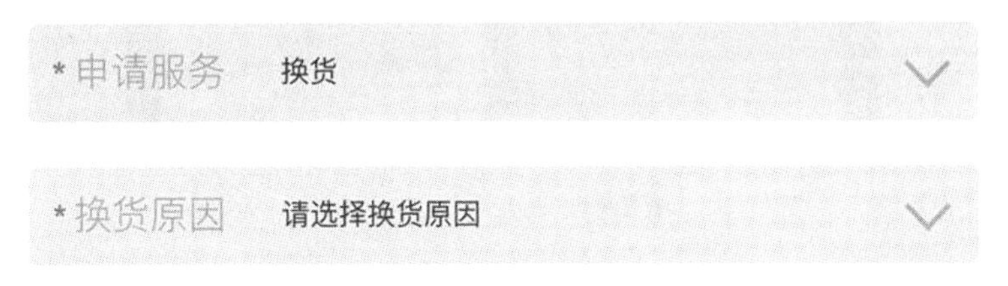

图 4-71　淘宝 App 的下拉框

（五）表格

表格这种形式可以将数量庞大的信息归类，方便用户筛选出想要的信息，如图 4-72 所示。归类的信息偏向展示而非操作类型。

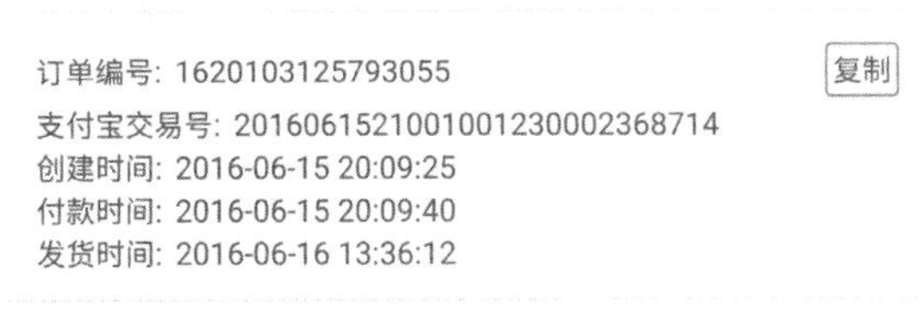

订单编号: 1620103125793055
复制
支付宝交易号: 2016061521001001230002368714
创建时间: 2016-06-15 20:09:25
付款时间: 2016-06-15 20:09:40
发货时间: 2016-06-16 13:36:12

图 4-72　淘宝订单

第四节　中保真原型设计流程

中保真原型设计，如图 4-73 所示，其实就是迅速地在电脑上设计图形界面。这个过程不需要过多的细节修饰，其实就是将纸面上的草图数字化，使其更容易在电脑上进行修改和补充。大致可以分为三个阶段：

第一阶段：需求的整理。

要求：对需求进行总结与规划，首先需要具有一个清晰的思路。这是一个将设计从纸面移到电脑软件中的过程。在重要环节的处理上，要注意选择好界面布局和合理的导航方式，这会直接对操作过程中页面跳转的流畅性产生影响。

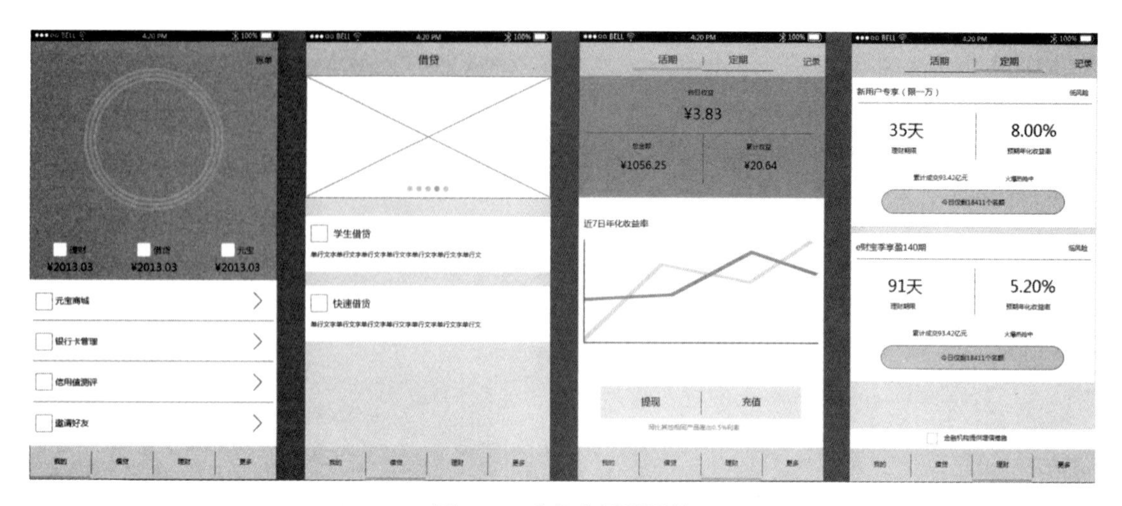

图 4-73　中保真原型设计

第二阶段:数据可视化。

要求:快速描绘与设计出需求方提出的基本概念,整理并图形化。

简单的草图,如图 4-74 所示,可以使思维快速变换,非常适合在前期头脑风暴环节中使用。在这期间交互人员需要不断地与用户或需求部门进行沟通并确认相应的模块是否已经基本健全。

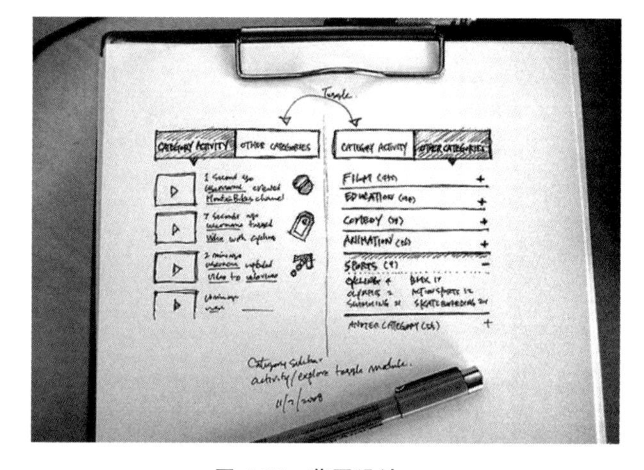

图 4-74　草图设计

设计师在选择好界面布局和导航方式之后就要把纸面上的草图进行细致的调整和排版了。对图形的掌控力和构图能力在这个过程中显得极为重要。包括上一步的布局与导航在内,需要对交互方式、人体工学等整体感进行多次调整与修改。

第三阶段:可用性测试。

要求:这是用户体验设计中极其重要的一步。把设计好的应用原型导入移动设备相册或使用其他类型软件制作成可跳转的页面动画,就可以让一些用户进行测试了,如图 4-75 所示。

图 4-75　可用性测试

由 Axure 制作的原型如图 4-76 所示，仿真度比较高，可以让用户有比较良好的体验。开发人员要观察测试情况并对数据进行记录与分析，由此来测试布局、导航和控件位置的合理性（如图 4-77），以及体验感，并对其进行合理的简化与优化，从而真正做到为用户着想。

图 4-76 Axure 制作的原型　　图 4-77 大众点评下拉刷新控件

可以进一步分析收集得来的数据，精确业务流程与最后一步——迭代。

需要参与以上阶段的人员包括 UI 设计师、交互设计师等，其中通力合作将是保证整个原型开发顺利进行的关键。交互人员与用户之间的交流是最重要的，是原型测试成败的关键。

第五节 中保真原型的可用性测试

可用性测试可以帮助我们区分设计思维（为用户而设计）和产品外在视觉特点的差异。

一、定义目标

可用性测试的第一步，是确定预期的目标。目标非常广泛，例如对用户来说，哪种付款方式是最直观的？目标也可以是很具体的，例如哪种表单设计样式（如图4-78）能最大限度地提高电商的下单量？

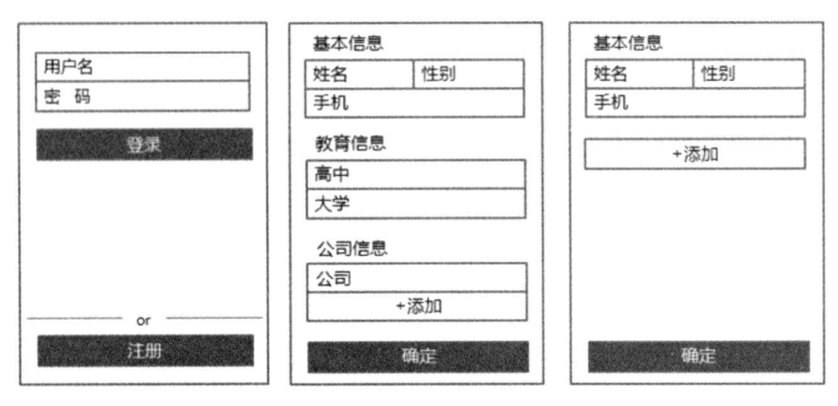

图4-78 表单设计样式

当然，关于产品，好奇心是很重要的，但这时要注意将每个测试限制在相关度最高的问题上。每个测试都会有一个重要的焦点导向最精确的结果。测试目标越多，犯错的可能性也越大。可以预留一些时间，为团队本身做一些假设，然后尝试回答这些目标问题。

二、选择正确的测试

这里所说的选择正确的测试，是指根据具体的需求选择一种会起作用的测试。本书将测试分为四类：

Scripted：这类测试基于指令组分析用户与产品之间的互动，针对特定目标和个体因素的问题，包括树测试、走廊可用性测试、基准测试。

Decontextualized：适合于初步的用户测试和角色研究，这些测试不一定涉及产品，但是可以用于分析更广义和理论性的主题，针对的是一些涉及创意构成和广泛意见的问题，包括用户访谈、调查、卡片分类。

Natural（or near-natural）：通过在用户自己的环境中分析他们，观察他们如何表现，并且在有限的成本内精确地找准他们的情感，包括字段/日记研究、A/B测试、首次点击测试、beta测试。

Hybrid：一种混合开发测试的模式，比传统方法更加底层透明化、上层多样化（前段介入、快速迭代）。

在正式决定测试类型前，应该写一个简单的描述，告知团队。若可以制作一份快速规划文档来概述策略，会更有用。

三、创建用户任务

测试期间的所有内容、问题以及措辞，都会影响其反应。这个任务可以是主观的也可以是客观的，测试应该正确地融合二者。

一个客观的任务需要一个小房间（一个可以容纳 12 人的场所）给用户做解释用，用户会被给到一个可以明确定义成功或者失败的问题，这会带来定量且准确的结果。相比之下，一个主观的任务可以通过多种方法完成。这是“沙盒”风格的任务。这些提供的定性有时也会产生意想不到的结果。

举个例子，如果想要找到用户最自然的浏览网店的方式，可以写一个任务，如“圣诞节前十天，需要为母亲寻找一件礼物”，如图 4-79 所示，就会引导用户使用搜索功能，而不是像平时那样点击窗口。

图 4-79　淘宝 App 首页搜索

四、撰写研究计划

研究计划是一份包含所有必要测试细节的正式文稿。在保证简洁的同时，至少应该涵盖七个部分。

背景：用一个单独的段落，描述引出这次研究的原因和事件。

目标：用一两句话(或编号)，总结研究希望完成的任务。对目标的描述应该简洁、客观。不应该是“测试用户是否喜欢我们新的结账流程”，而应该是“测试新的结账流程如何影响首次用户转化”。

问题：列出5—7个想要研究的问题。

策略：在什么地点，什么时间，怎样运作这个测试。解释为什么选择这个特殊的测试方法。

参与者：形容正在研究的用户类型特点，包括他们的行为特征，也可以为角色附加更多的特征来获得更多信息。

时间轴：记录什么时间开始招募测试用户，什么时间测试开始，什么时间得出结果。

测试脚本：如果脚本准备好了，就把它也放进去。

鼓励团队成员提出一些建议以使测试的结果对每个人都有帮助，这也有助于找到问题的答案。

五、进行测试

得到反馈之后，就要真正开始进行测试了。这里会涉及招募合适的参与者、时间调度安排，以及写一份实际的测试文档。在实际测试时，必须在由测试方主持活动和让用户自主进行测试活动之间进行选择。此外，还可以选择是在现场测试还是远程测试。

图4-80 粗糙的原型

不加约束测试：不加约束测试会更便宜、快速、简单地招募用户和安排时间，而且移除了主持人的影响，会产生一个更自然和少偏见的研究结果。缺点是没有机会对用户进行追问，不能引导走入误区的用户走回正确方向。

适当约束测试：有主持人的话，花费会昂贵，且需要更多精力组织，适当约束测试能够引导用户，有利有弊。适当约束测试被推荐用在粗糙的原型上(如图4-80)，或特别复杂的原型上(如图 4-81)。

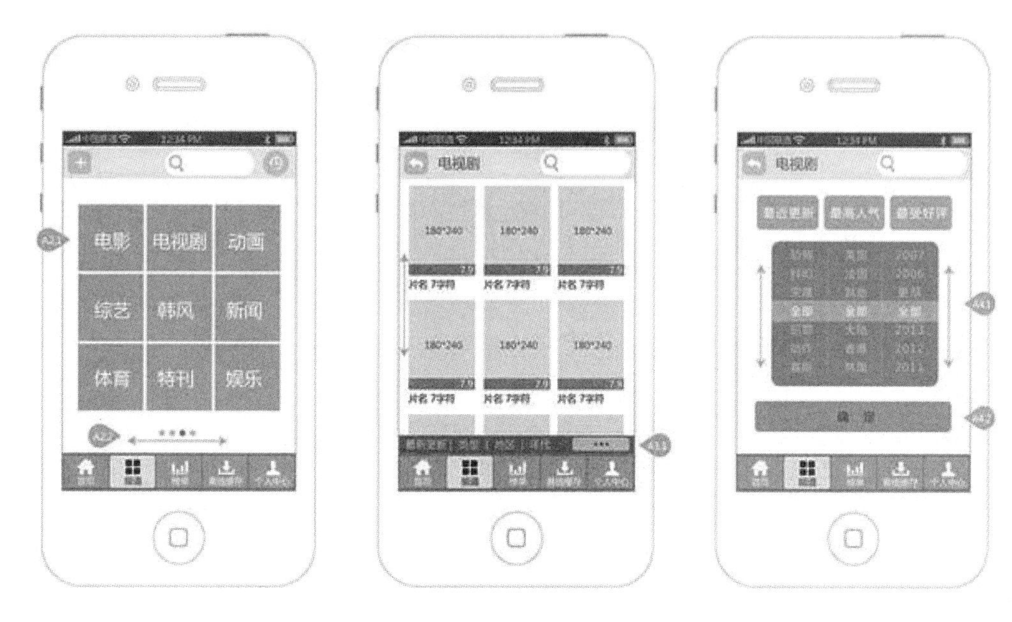

图 4-81　复杂的原型

每个测试都有不同的品质和最好的实践方法，以下是通用的建议：

让用户舒适：提醒用户这是在测试产品，而不是功能。一个测试脚本能够在每个测试开始的时候确保发现让人安心的点。

避免干扰：这是为了避免把偏见和没有预测的行为泄露给用户。最好的见解通常来自用户不参与产品设计时。注意变通方法，激励功能改进。

会话记录：这是在诠释结果时的可靠参考依据。

六、草拟快速报告

可用性报告是分享结果的一种方法，以便每个人都能在同一页面上进行分享。为了更好地整理和更容易获得结果，建议建立一个云盘。草拟报告时，需要注意以下几点：

避免含糊："用户不能买合适的产品"这类描述不是很有帮助，因为其中可能有多因素的影响。可能是结账流程过于复杂，也可能是产品列表浏览效果差。尝试从交互、视觉上对这些问题、现象进行解释。

问题优先：无论发现多少问题，都必须分清什么是最重要的。建议分类报告，然后根据重要程度添加颜色标签。记录每一个合乎情理的问题。

包括建议：可用性报告里不包含高保真原型和模型，但是建议进行一些改进。补充书面建议，然后链接到低保真的线框图或原型上。

可用性报告应该是一个文件夹，而不是单个文件。不要忘了包括这些东西：正式的可用性报告、图表、图形和数据、以前的测试文档、音视频资料等。

文档只是一个起点，还应安排会议与团队一起检查可用性报告和相关数据，讨论问题并提出建议。

一旦有了中保真的原型就可以开始测试。有效数据越少，灵感越多。可以早测试，常测试。测试结果可以用在今后的设计中。

思考题

1. 移动产品的设计为什么要遵守一定的规范？
2. 简述 iOS 系统的图标设计规范。
3. 简述移动产品图片设计规范。
4. 中保真原型的设计流程是什么？
5. 如何做好控制元素的设计？
6. 中保真原型可用性测试具体有哪些步骤？谈谈自己的想法。

第五章　移动产品的高保真原型视觉设计

本章要点

1. 界面的布局设计
2. 色彩在界面中的应用规律
3. 文字的使用方法
4. 界面的视觉设计风格
5. 图标设计的原则

怎样才能让用户一眼就爱上一款移动产品呢？除了产品的功能，视觉设计也至关重要。好的视觉设计会使用户产生体验的冲动，并且至少能向用户传达两个信息：一是 App 的整体基调，二是 App 的目标人群。

在视觉设计中，图形、图像、色彩、文字、动画、视频是基本的视觉要素，这些要素都可以还原为视觉形态点、线、面，随着用户的操作，界面以及这些视觉形态都在不断变化。在不同层级的页面中组织好这种变化，安排好这些视觉要素，正是视觉设计师的主要任务。通过这些视觉形态达到良好的人机交互与信息传播效果。

在强调视觉设计之前，我们先来认识一下图形用户界面。

图形用户界面（Graphical User Interface，简称 GUI，又称图形用户接口）是指采用图形方式显示的计算机操作用户界面。与早期计算机使用的命令行界面相比，图形界面对于用户来说在视觉上更易于接受。用户的许多操作都可以通过点击鼠标完成，原本复杂难懂的计算机语言在图形界面的包裹下显得十分便捷、易懂，这大大拉近了我们与虚拟世界的距离。从图形界面的角度来看，用户与图形界面的互动过程包含信息的输出和输入。目前，用户界面的种类越来越多，除了台式电脑、笔记本电脑的用户界面，手机已经成为人们生活中使用率最高的界面产品。

进入 21 世纪后，伴随着互联网的快速发展和计算机及移动终端的普及，各种企事业单位都逐步意识到了用户界面设计的重要性。因此,以用户为中心的设计(User-Centered Design,简称 UCD)、用户体验设计(User Experience Design,简称 UED)、可用性设计(Usability Design)、服务设计(Service Design)等相关设计概念成为热词,在产品研发过程中占据重要地位。视觉设计是界面设计中的一个环节。界面是为功能服务的,用户界面的视觉设计也不仅仅是简单地“美化”界面,视觉设计师也需要参与到整个设计流程中,准确把握产品定位及用户心理,严格按照前期的设计框架与设计标准进行设计。这样设计出的界面才能为软件创造用户价值、产品价值及商业价值。

第一节 图形元素的合理构建

我们现在身处一个图形的时代。在我们的生活中,随处可见各种各样的图形,户外的广告、交通安全标志、公共场所的引导标志、报纸杂志中的图形、网页中的动态图形,这些图形都使我们能够快速“读懂”其中内在的含义。

在界面中,我们能够根据图形的排列来划分区域,这使我们可以在同一页面上对功能进行分类。这种将信息模块化的方法确实有效。在有限的界面内进行视觉元素的罗列与安排,这有赖于设计者对图形的合理驾驭能力。

人们通常更容易接受美观的产品并认为它们更好用。日本学者曾做过这样的测试,他们提供了两批自动取款机,这些取款机的界面元素是一样的,但一部分取款机的界面布局不够美观,而对另一部分取款机的界面布局及按键进行了规整、美化。结果显示:使用者普遍认为那些界面美观的取款机更好用。可见经过设计美化的界面会给用户带来好的体验。

布局设计是界面视觉设计的核心,主要解决界面的特征表现,以及各类元素、控件和内容如何摆放的问题。界面布局应考虑到人们的浏览习惯、操作习惯,将使用率高或产品推荐的功能键放在用户目光或手容易触碰的区域,而那些使用率低的边缘功能键则可以设置在角落位置。合理的结构可以让用户更快地了解产品,了解哪些功能或按键是主要的,哪些是次要的。

一、利用图形划分区域

(一)网格排版布局

视觉设计首先从页面布局开始,页面布局相当于物体的造型,它是视觉印象的根本。网格排版布局是界面中常用的布局方法,在传统的纸媒中也能看到这种排版,这种方法让整个界面看起来井井有条,通过划分几何区域来区分不同的版块,以每一个界面的一致性来强调整体界面的规范化与统一性，从而更好地展现清晰的空间与组织性。

与传统纸媒中的网格排版不同，设计师可以在划分好的网格中安排标题栏、菜单栏、工具栏以及工作区域等。网格排版布局常常用于产品的主页或导航页，例如手机的导航页，无论是 iOS 平台与 Android 平台规则图标排列中的隐形网格，还是 Windows Phone 平台鲜明的矩形阵列网格都是利用图形进行网格布局设计的。

图 5-1　iPhone 界面布局

图 5-2 Windows Phone 界面布局

界面中的图形分割常常采取等分的形式，等分分解又分为等形分解与等量分解。如图 5-3 所示，等形分解就是分解后的各单位形状或空间形态相同、面积相同，具有严谨的分解线，造型整齐，秩序感强。等形分解可因基础形的不同以及大小的变化而产生许多不同的分解方法，从而形成不同的视觉效果。等量分解只要求分解后的各单位面积比例一样，不要求形态相同。等量分解的画面结构丰富多变，但由于单位面积相等，在视觉上又给人以平衡、稳定的感觉。

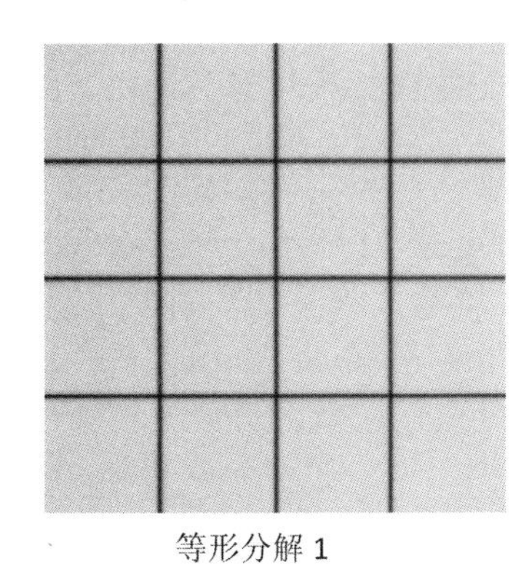

等形分解 1

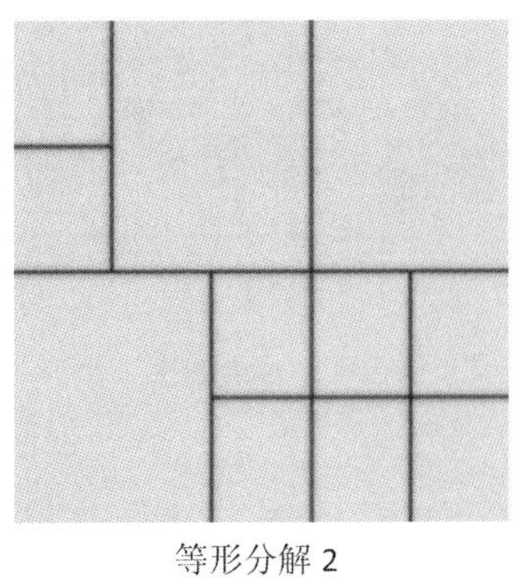

等形分解 2

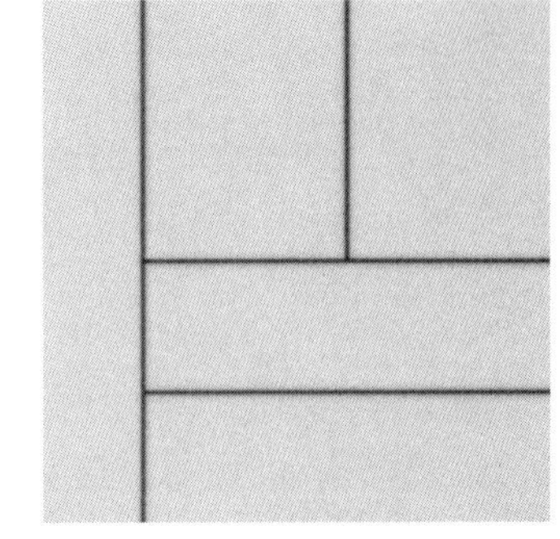

等量分解

图 5-3　图形等分方式

（二）视觉导向布局

视觉导向布局是以人的视觉流为主导的。此处的视觉流是指人们浏览界面内容的顺序，这是通过对用户浏览页面时进行视线跟踪测得的。一般而言，人们的观看习惯是从左到右，从上到下的。在进行界面布局时，设计师要充分考虑到用户的浏览习惯，遵循视觉流规律，将界面中最重要的内容安排在最方便看到的地方。

据科学统计，人们在对一个页面进行浏览时，视线集中区域呈"F"状。这个区域最容易引起用户的注意。总之，最重要的内容应放置在界面的左上角，这样不管是横向浏览还是竖向浏览，那里都会是最先注意到的地方。竖向浏览的页面，按照内容的重要性从上到下依次排列；横向浏览的页面，按照内容的重要性从左到右依次排列。按照视觉规律对界面中的主要内容和次要内容进行布局，才能达到快速传播的目的。

可以针对不同的需要对以上两种布局方法进行选择。需要注意的是，除了图形的划分，还应强调图形内部的"对齐"问题，不然也会造成界面布局的混乱。

界面元素在位置上的对齐有利于创造和谐的界面组合关系。在内容上，包括界面中各版块的对齐、版块中图标和文字的对齐、文字与文字的对齐、标题栏的对齐等。对齐的方式主要有上下对齐、左右对齐、中线对齐和边缘对齐四种方式。

1. 上下对齐

上下对齐是以界面中视觉元素的上下来对齐的排列方式，分为上对齐、下对齐、上下对齐。上下对齐经常用于竖排版的文字阵列中。

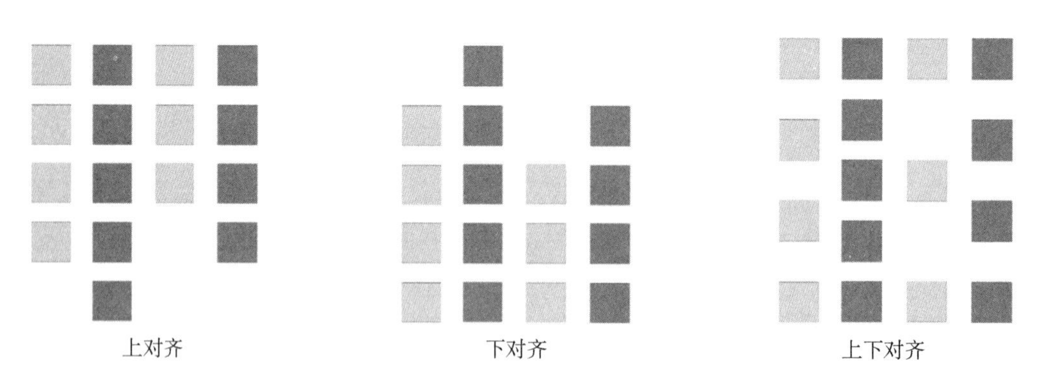

图 5-4 视觉元素的上下对齐

2. 左右对齐

左右对齐是以界面中视觉元素的左右来对齐的排列方式，分为左对齐、右对齐、左右对齐。左右对齐经常用于横排版的文字阵列中。

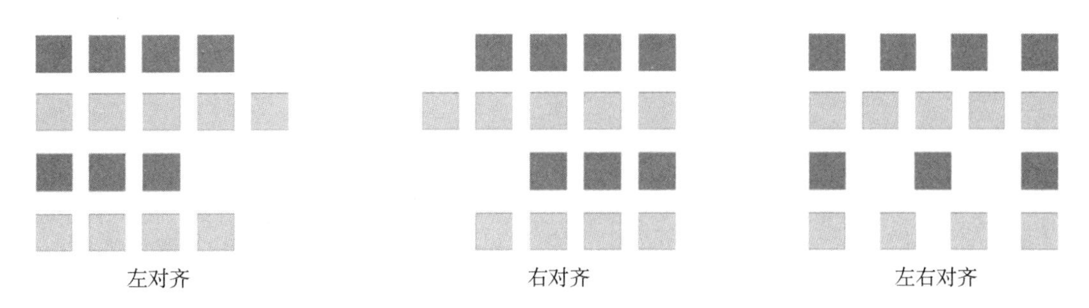

图 5-5　视觉元素的左右对齐

3. 中线对齐

中线对齐是以界面中视觉元素的中轴线来对齐的排列方式，分为水平轴对齐与垂直轴对齐。在中线对齐中，垂直轴对齐的方式最为常见，人体就是典型的垂直轴对称形式。还有许多建筑、装饰都以对称的形式给人以视觉上的平衡感，从而给人带来美的感受。在音乐类应用中，歌词的显示通常采用垂直轴对齐的方式。

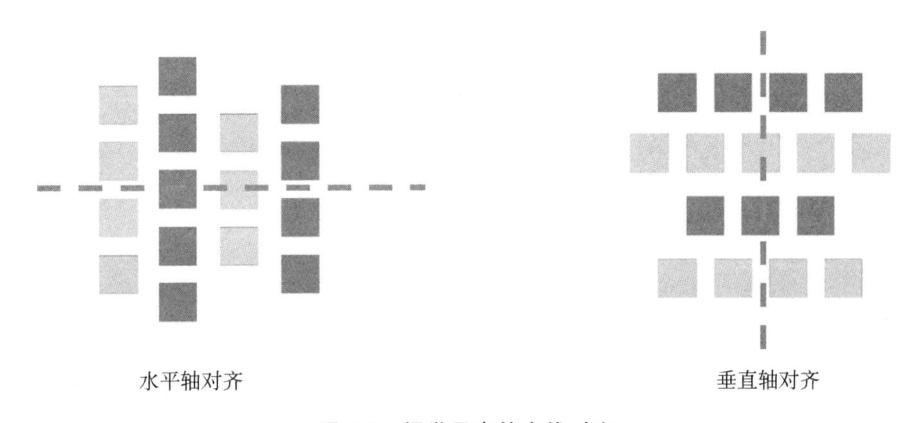

图 5-6　视觉元素的中线对齐

4. 边缘对齐

边缘对齐是以界面中视觉元素的边缘来对齐的排列方式，边缘对齐主要用于大小统一的图形排列。比如在图标阵列中，大小统一的图标就可以采用边缘对齐的方法。但如果图标形状不规则，就适合采用中轴线对齐的方法。

二、界面中的图形与构成理念

数字传媒发展到今天，手机已成为人们使用率最高的界面产品。各种企业、机构都将主战场转向手机端，相对于电脑网页，手机界面由于尺寸的限制而对页面内容的排版要求更高，合理的排版能够增加界面内容的可读性和易读性。设计师需要通过对界面图形的划分对界面信息进行组织安排，其中的取舍在所难免，次要的内容也可以考虑下放到次一级页面，应根据优先级顺序展现给用户一个友好、易用的界面。

手机界面图形布局的主要构成方式有以下几种：

（一）网格式

网格式的排列方式是把整个界面以横竖分割线划分成格子状区域，每个格子展示不同的内容，可以使界面中内容的展示效果统一、规范、清晰，这种形式通常用于同级内容或图标的排列，在首页应用较多，便于导航与查找，例如手机界面的主菜单排列、各种应用的内容分类页等。如图 5-7 所示，美图秀秀的首页设计采用网格式排列，主要功能一目了然；书旗小说的一级页面书架也采用网格形式排列，并且在视觉上做了简单的拟物化处理，看起来既清晰又亲切；英语流利说的一级页面流利吧采用大网格布局，大图大字简单明了，使用户能够快速地查找到自己想要的信息。网格式的优点是简单直观，缺点是层级不能太多。

美图秀秀首页

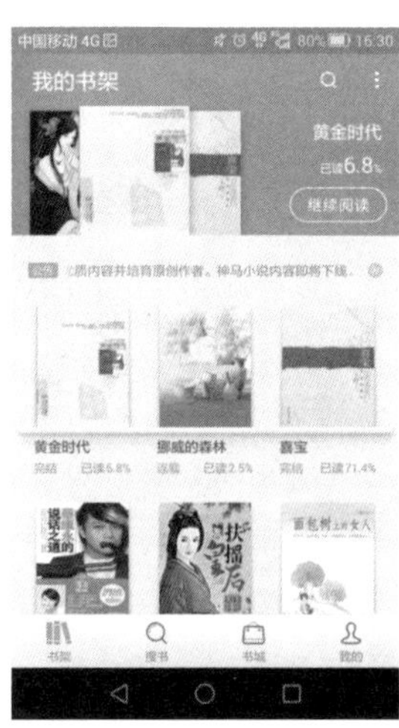

书旗小说一级页面

英语流利说一级页面

图 5-7　网格式界面构成

（二）列表式

列表式有很好的延展性。用户使用手机时通常习惯竖屏观看，这对于横排版的文字来说有很大的局限性。列表式的优势就是可以将内容向下进行无限延展，用户可以通过向下滑动来查看更多的内容，列表式主要用于并列内容较多的排版。这样在布局上整齐美观，浏览起来比较流畅，特别适合需要经常更新的内容页，例如通讯录、新闻页。如图 5-8 所示，微信一级页面通讯录、扇贝单词二级页面扩展包、美团三级页面我的收藏都采用了列表展示形式。列表式的优点是延展性强，缺点是层级比较多，查找比较麻烦。

微信一级页面　　扇贝单词二级页面　　美团三级页面

图 5-8　列表式界面构成

（三）侧滑式

侧滑式是一种隐形的展示方式，它可以实现快速跳转，且不占用固定空间，是目前很多应用都采用的构成方式。如图 5-9 所示，腾讯 QQ、滴滴出行、bilibili 的用户界面都是侧滑式的。侧滑式的优点是可以减少跳转，延展性强；缺点是对用户本身要求比较高。

腾讯 QQ　　滴滴出行　　bilibili

图 5-9　列表式界面构成

（四）标签式

标签式也被称作“选项卡”布局，从构图方式上主要分为上标签式和下标签式；当界面是横屏时，也经常会出现左右式标签。标签式在视觉上给人以空间上的层次感，由于它位置相对固定，还可以与其他布局方式相结合，增强操作的便捷度和体验感。如图 5-10 所示，百度糯米首页、大姨吗一级页面姐妹说、支付宝一级页面钱包都采用了标签展示形式。标签式的优点是延展性强，缺点是层级比较多，查找比较麻烦。

百度糯米首页　　大姨吗一级页面　　支付宝一级页面

图 5-10　标签式界面构成

（五）大平移式

一次只显示全景图中的一部分内容，通过左右拖动查看其他信息。比如地图或全景图的显示，一屏无法清晰地显示完整效果，跳转界面又会破坏浏览的流畅性和整体感。大平移式能很好地解决此类问题。大平移式的优点是可以减少跳转，缺点是对用户要求比较高，层级不能太多。

（六）不规则式

不规则式是个性化的构成方式，可以是旋转、发射、渐变等形式，在非常规的表现方式下透出俏皮、多变、不拘一格的创新精神。不规则式的优点是个性化、活泼，缺点是延展性较差，对用户要求相对较高。

图形元素将界面划分成不同的区域，除了根据功能需求选用以上不同的构图方式，还要注意，不一定要在图形内部区域将文字或图片内容填得密不透风，恰当的留白更加美观。形式都是为内容服务的，在文字之外多留一点空间，更容易让人们将注意力聚焦在文字上。

三、同一应用在不同平台上的图形重组

由于不同的应用平台使用的规范不同，设计师还需要注意不同平台上的图形重组问题。比如 iOS 平台的设备没有返回键，就需要在导航栏中添加。不同的平台常用按钮的样式也不同，不重新调整就会使用户产生混乱的感觉。因此，同一应用往不同平台移植时，要根据不同平台的要求重新设计。

第二节　界面的色彩选择

色彩在手机界面的视觉设计中起着举足轻重的作用，设计风格的统一、企业标准色的推广、行业色彩的注入都少不了色彩的调节。既然色彩设计这样重要，那么设计师就必须掌握色彩的语言与搭配技巧，以便配合图形界面进行良好的情感表达。

企业标准色是企业的品牌象征，标准色不但能够加深用户对产品的印象，塑造产品的整体形象，还能够使产品更快地从同类产品中脱颖而出，使用户在看到产品的标准色时直接联想到品牌。比如同样是可乐，红色会让人联想到可口可乐，蓝色会让人联想到百事可乐。

在设计界面色彩时，合理运用品牌标准色同样有利于品牌的推广与传播。在不同层级的页面中设置适当比例的标准色，能够增强用户对手机界面的记忆，进一步增强其对产品的记忆，再配合良好的交互体验，就能使用户建立对产品的情感依赖与信任。

“远看颜色，近看形”。色彩是界面最显著的外部特征，良好的色彩氛围营造有助于用户更好地进入使用情境，通过色彩我们就能够大概判断出软件、网站或者游戏的内容、性质和适用人群。科技类企业通常会选择蓝色等冷色来体现理性与精准，餐饮企业通常会选择橙色等暖色来体现温暖与食欲。在界面交互使用的过程中，色彩还能够指导用户的操作，当操作中出现红色提示时，用户就会考虑是否出现了操作失误。因此，界面中的色彩设计不仅仅具有美化和装饰的效果，还会影响到整个设计的成败。

一、色彩的语言

色彩会说话，你相信吗？人们对色彩的感知比对图形更加直接，色彩是人们首次接触到一款产品时最先抓住其眼球的视觉对象。

在超市的货架前，色彩可能是引导用户选择商品的主要依据。比如不同口味的同一食

品会用不同色彩的包装区分开来，红色包装的是麻辣口味，绿色包装的是泡椒口味，黄色包装的是五香口味，消费者无须阅读产品包装上的文字就可以轻松选购。这时的色彩不仅仅是装饰，更是一种符号，能够引导用户的行为。

界面色彩的构建是树立界面形象的重要因素，也是我们享受手机界面美感的重要因素之一。在构建手机界面的色彩世界之前，我们首先要了解色彩，读懂色彩的语言。

色彩像音符一样，它的语言是可读的，它的“读音”由三个要素组成，分别是色相、明度、纯度（如图5-11），这也是构成色彩关系的三个最基本的要素。色相是指色彩的相貌，它是色彩最主要的特征。我们平时所说的红、橙、黄、绿、青、蓝、紫，就是七种色相，不同色相的色彩相互调和，就会形成新的色相。色彩的明度就是色彩的明暗程度，明度越高，颜色越亮；明度越低，颜色越暗。明度可以摆脱任何有彩色的特征而独立存在，像我们经常看到的黑白灰设计。同一色相的色彩也会因明度的不同而给人带来不同的视觉感受，色彩的明度支撑着整个界面的“素描关系”，影响着空间结构的表现。在扁平化风格的界面设计中，不同明度、不同色相、不同纯度、不同大小色块的组合常常代表不同的信息主次关系。将平面设计中常用的色彩明度移用到界面视觉设计中，是用来体现层级关系的好方法，可以用色相来显示信息的差异性，用纯度来区分应用程序的前后台。

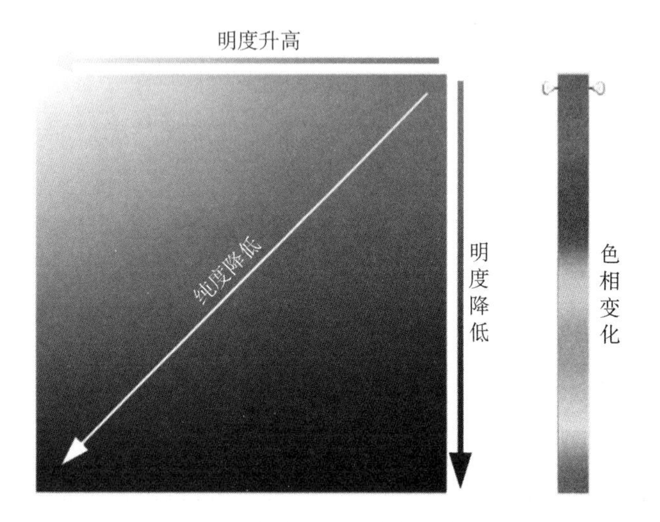

图 5-11　色彩三要素变化示意图

二、色彩的情感

人的视觉对色彩最敏感，色彩变化牵动着我们的心绪。色彩可以影响我们的心情，调动我们的情绪，表达我们的情感。艺术理论家约翰内斯·伊顿曾说：“在眼睛和头脑里开始的光学、电磁学和化学作业，常常是同心理学领域的作用并行的。色彩经验的这种反应可传达到最深处的神经中枢，从而影响精神和感情体验的主要领域。”交互产品的体验中包含着多种心理体验，不同的色彩搭配也会影响用户产生各种情感。因此，色彩的应用应考虑到文化、感性和理性等多方面的因素。

色彩的表现会很自然地激发用户的感觉、记忆、经验、联想、感情等，甚至使人产生与味觉、听觉、嗅觉等相关的反应，在情感上更是能够起到强化的作用。这些反应被称为色彩心理反应。面对不同的色彩时，人的心理反应是不一样的，因为它赋予了色彩不同的情感，例如冷暖感、软硬感、远近感、膨胀与收缩感、华丽与质朴感等。不同色相、明度、纯度的色彩都会使人产生不同的情感体验。

红色会使人联想到成熟的苹果、火红的太阳、辣椒、鲜血、危险警示灯等。从地域的角度来讲，中国人看到红色时还会想到传统的婚礼和节日。这些色彩与事物的联想可以引发深层次的情感联想，如热情、活力、火辣、炙热、喜庆、自信、性感、能量、危险、禁止等感觉。红色在界面设计中算是比较常用的色彩，因为使用高纯度的红色很容易吸引人们的眼球，所以红色常用于表现喜庆的节日氛围、商场的促销活动，表现活力迸发。明度高的粉红色是女孩子的最爱，而明度低的酒红色则是成熟女人的标志。

橙色会使人联想到橙子、环卫工人的工服，它不像红色那样刺激，但同样具有积极向上的能量感，温暖、醒目，还能让人增强食欲。因此许多餐饮行业在设计界面时都会选用橙色。

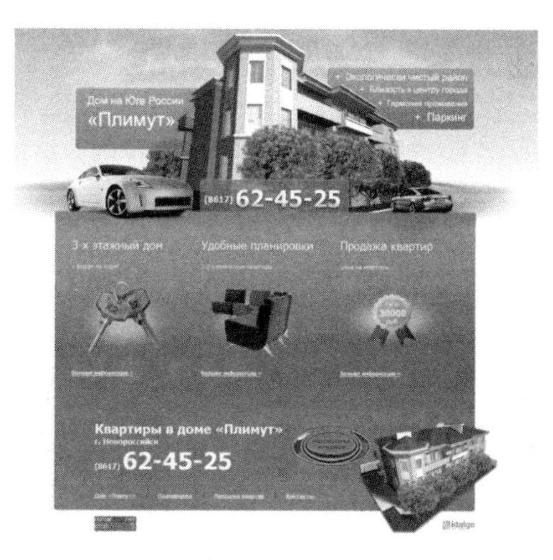

图 5-12　红色、橙色主题的界面设计(来源于站酷网站之佳作欣赏)

黄色会使人联想到香蕉、柠檬、蛋黄、权力等。在中国古代，黄色是权力和神圣的象征，是帝王服饰及宫殿的颜色。从感觉上来说，黄色会使人产生活泼、明快等感觉。高明度与高纯度的黄色具有强烈的反射效果，非常鲜艳，甚至刺眼，比较容易吸引人的注意。在针对儿童的设计中，黄色显得俏皮、可爱。

绿色使人联想到植物、环保，看到绿色人们就会想到天然、新鲜、健康。初春的嫩绿色更是给人一种生机盎然的感觉。因此，针对天然无公害食品的设计，绿色是首选色彩。另外，健康医疗类的应用也常使用绿色，因为绿色能传递安全、舒适、希望等含义。

蓝色会使人联想到蓝天、大海、蓝色妖姬，给人的感觉是理性、深奥、平静、冷漠。蓝色的

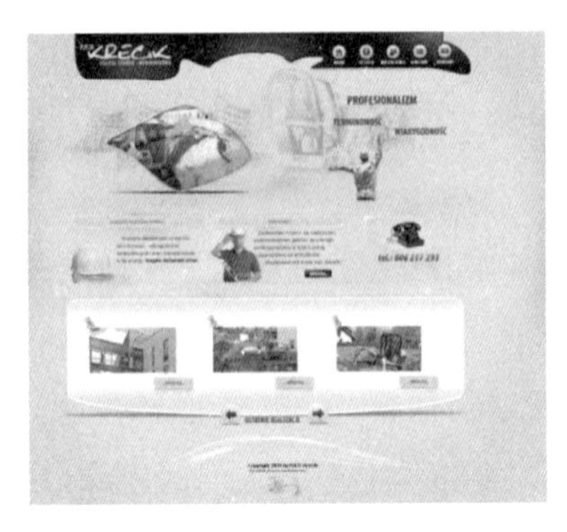

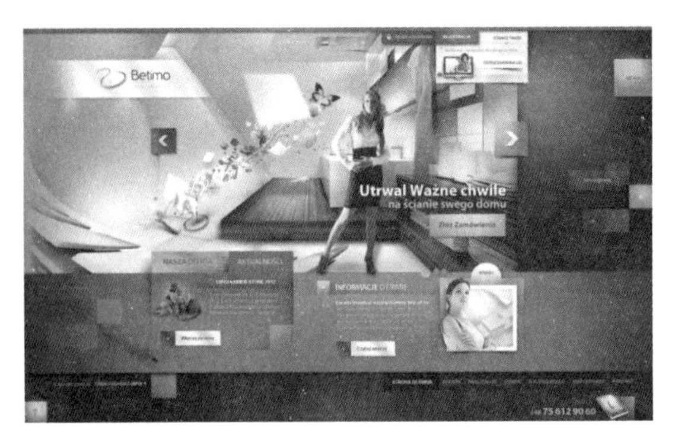

图 5-13　黄色、绿色主题的界面设计(来源于站酷网站之佳作欣赏)

沉稳与低调、理智与精确,长期受到科技产品的垂青,各种宣传册和网站上的“科技蓝”已经让我们目不暇接了。蓝色与橙色分别位于色彩冷暖的两极,在燥热的环境下,蓝色能带给人丝丝凉意。

紫色会使人联想到葡萄、茄子这些天然的紫色食物,同时它是由红色与蓝色混合而成的,因此它兼具红色的性感与蓝色的低调,给人一种魅惑、神秘的感觉。许多女性用品诸如化妆品、护肤品等常使用紫色,随着明度的升高,紫色也会彰显可爱的一面。

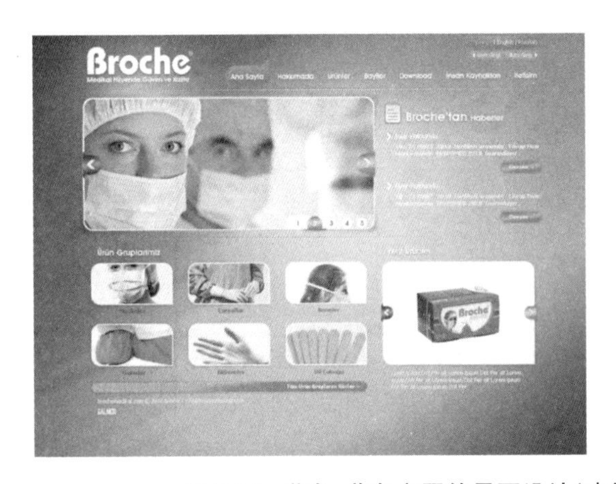

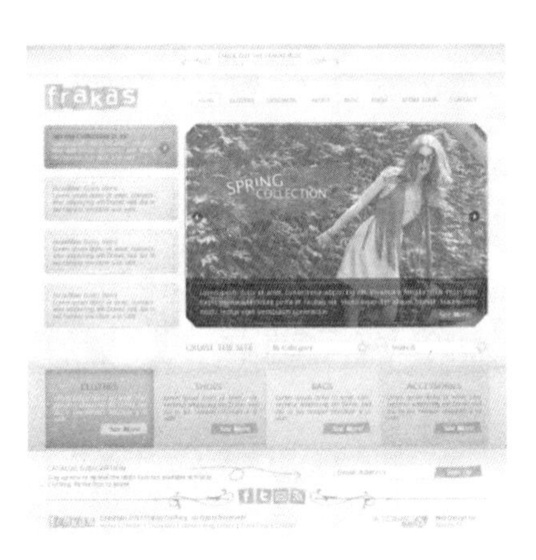

图 5-14　蓝色、紫色主题的界面设计(来源于站酷网站之佳作欣赏)

黑色与白色由于没有任何色彩倾向,所以被纳入了无彩色系。在色彩的冷暖体系中,它们也是中性色。纯净的白色会使人联想到雪花、白云、婚纱、医院等,在心理上给人以清白、纯洁、轻盈、神圣、高雅的感觉。黑色会使人联想到煤矿、黑夜、墨汁等事物,给人带来神秘、沉重、稳定、深奥等感觉,同时容易给人造成心理上的悲伤和恐惧。

灰色由黑色与白色混合而成,也没有独立的色彩特征,属于中性色。灰色会使人联想到水泥、烟灰等,也会给人以朴素、稳重、谦逊等心理感受。正是由于灰色的中立性,人的视觉和心理对它并不敏感,所以有时也会具有抑制情绪的消极作用。

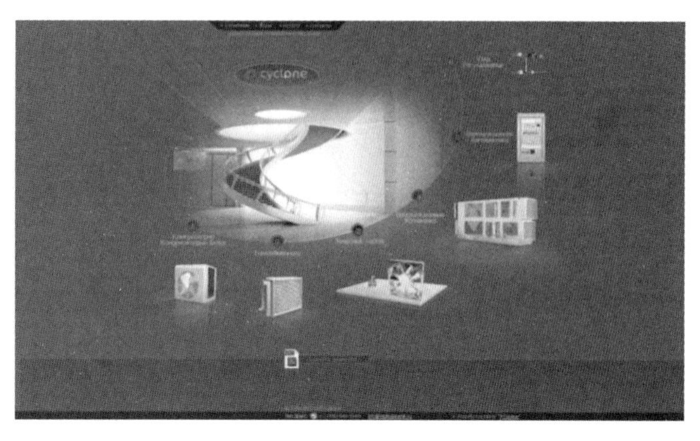

图 5-15　黑色、灰色主题的界面设计(来源于站酷网站之佳作欣赏)

每一种色相的色彩都会因为纯度和明度的不同而给人带来不同的心理感受。总的来说,明度与纯度越高的色彩,就会越鲜亮、越醒目;明度与纯度低的色彩,就会比较柔和、低调。在界面的色彩设计中常常也会用到多色搭配,不同的色彩通过搭配也会使人产生不同的视觉感受。合理的色彩搭配能够使界面功能更加明确、层次更加明晰,也会让用户更加喜爱。关于界面中的色彩搭配技巧和用色规律我们将在下一小节详细介绍。

三、界面中的用色规律

我们在前面已经详细介绍了手机应用开发的前期策划工作,前期的每一项工作对于界面的视觉设计来说都有指导作用,色彩的选择与搭配也不例外,设计师应从用户的审美角度出发进行色彩设计。例如,目标用户是女性群体时,色彩的选择应当针对女性的喜好,或柔和或亮丽;为食品企业做设计时,颜色的饱和度要高,灰暗的界面会影响看客的食欲。设计师在进行色彩设计时要与产品经理沟通,充分考虑市场定位、功能定位、价格定位、目标用户定位、形象定位等诸多因素,尊重行业色彩使用规律,重点迎合目标用户的色彩心理。

图 5-16 是根据不同性别的人群喜好与讨厌的颜色的调查做出的报告图表(此图参考了客户网站分析公司 KISSmetrics 的调查报告图表)。从图中可以看出,不同性别的人群对于色彩的喜好有共同点也有不同点,倘若再加上年龄、职业等因素,那么差异将更多。因此,研究用户的色彩心理对于界面的视觉设计很有意义。在设计风格的表现上,颜色占据了 80%以上的视觉

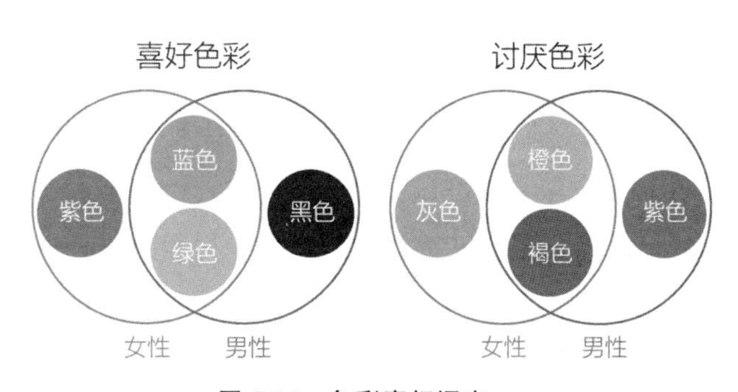

图 5-16　色彩喜好调查

体验，色彩给人们的印象是迅速且持久的。色彩关系着用户对手机产品的综合评价。在界面色彩设计中，应依据不同消费者的心理需求，采用不同的色彩组合搭配，让用户在第一时间融入使用环境，产生体验兴趣。

（一）界面中的色彩搭配

界面中的色彩搭配是多种多样的，优秀的色彩搭配没有固定的模式，不是唯一的，但是人们喜爱的界面设计总是符合某种美的规律的，比如界面中的色彩或协调统一；或用色大胆，有张力；或采用流行色，紧跟时尚潮流。统一色调是给用户带来良好印象的最简单有效的方法，不仅有利于用户的心理稳定性的形成，还有有利于强化用户对产品的印象。对于屏幕相对小巧的手机产品来说，单纯的色彩会让用户的认知变得简单。即便使用两三种色彩，也最好有一种主色，以免造成杂乱无章的色彩混乱感，从而使用户产生排斥心理。设计师的职责就是把握好色相、明度、饱和度三要素的关系，针对不同的产品设计出不同的色彩搭配方案。

1. 单纯的界面色彩

单纯的色彩搭配（如黑色、白色或是灰色搭配）是目前常见的界面色彩设计方法。这种搭配看起来粗放，实则有一种鲜明的层级效果。目前，扁平、简约的设计趋势使界面在用色上突破了传统，单色设计越来越多地出现在各种类型的应用中。

2. 和谐的界面色彩

设计师为了使界面色彩统一，常常使用同色系色彩进行搭配。差别大的颜色只用作小面积点缀，这种搭配很容易形成视觉上的统一效果，色差小的颜色对比也容易产生视觉上的逻辑层级关系，使内容更加丰富也更加条理化。主色彩的选择应结合市场定位、功能定位等要素，从界面的整体性角度把握色调。辅色应控制在两三个颜色以内，以免画面中出现太多色彩，影响统一的色彩氛围，给用户造成视觉疲劳感。和谐的色彩搭配可以按照颜色在色相环上的位置关系细分为同类色、邻近色、类似色。

同类色是指在色相环上色差很小，夹角在15°左右的色彩组合。这种搭配对比柔和，色相相对单纯，很容易产生统一的色彩氛围。图5-17是一款名为“脉联Market”的手机应用，这款App主要是针对居家人群对健康食品的购买需求而推出的，界面色彩选用了最能代表健康概念的绿色，单纯统一。

邻近色是指在色相环上间隔45°左右的色彩组合，如图5-18所示。相比于同类色，邻近色表达出了更为丰富的色彩语言，色相上有了明显的变化，例如橙红与橙黄。但总体来说，色调还是相对统一的，属于色相弱对比范畴。

图 5-17　同类色搭配在界面中的应用

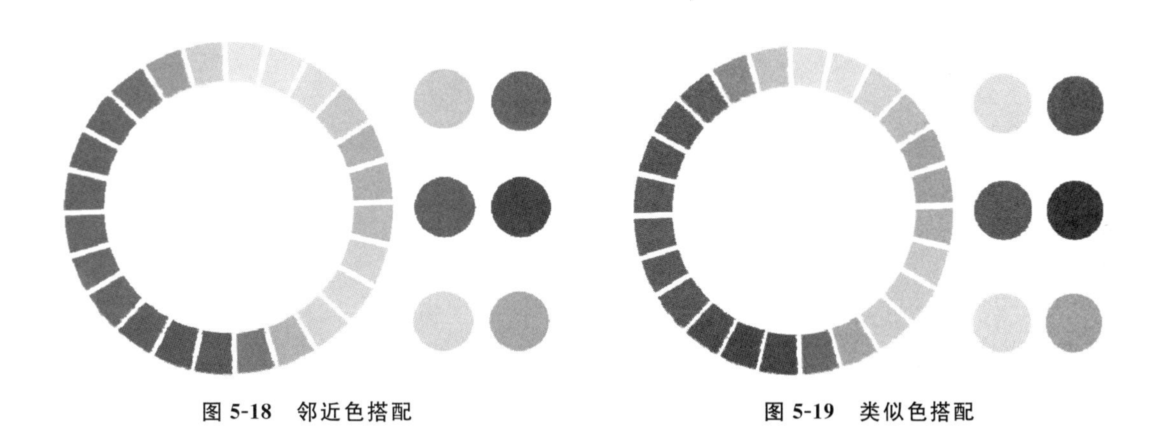

图 5-18　邻近色搭配　　　　图 5-19　类似色搭配

类似色是指在色相环上间隔 60°左右的色彩组合，如图 5-19 所示。类似色搭配在色相上表现出了较为清晰的对比关系，比如红与橙、橙与黄、黄与绿、绿与青等。类似色组合既保持了统一性，又丰富活泼。

3. 跳跃的界面色彩

跳跃的色彩搭配即中差色、对比色、互补色的色彩搭配。

中差色是指在色相环上间隔 90°左右的色彩组合，比如红与橙黄、红与蓝紫、绿与橙黄等，如图 5-20 所示。中差色对比较为明快，属于色相的中对比，能够在视觉上造成小跳跃的感觉。这种活泼的配色方式在界面中经常使用。设计者可根据两色面积的不同来调整主色与辅色的关系。

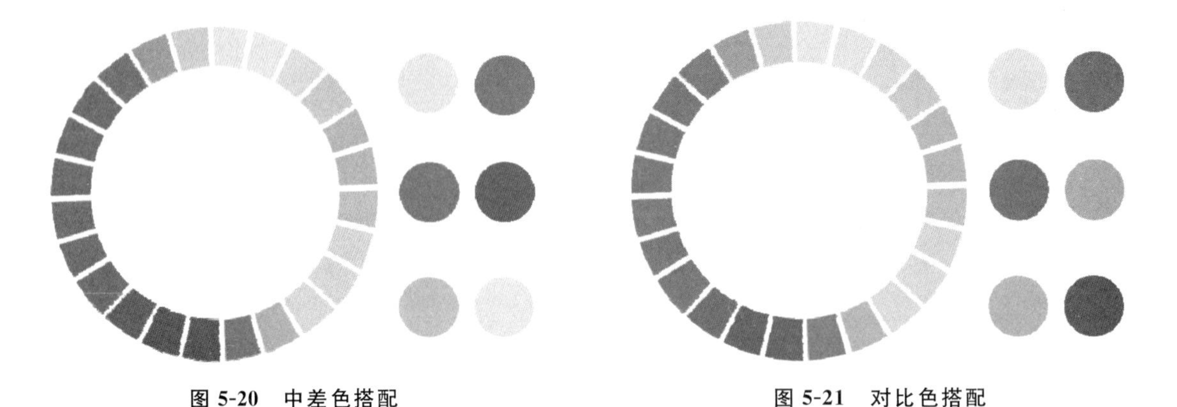

图 5-20　中差色搭配　　　　图 5-21　对比色搭配

对比色是指在色相环上间隔 120°的色彩组合，两色之间跨度大，属于色相的中强对比，如红黄青之间、紫橙绿之间，如图 5-21 所示。对比色组合在界面中会形成跳跃的运动感，让人兴奋起来，在有关竞技体育主题的界面中会产生不错的效果。

互补色是指在色相环上间隔 180°的色彩组合，两色处于色环直径的两端，如红与绿、黄与紫、橙与蓝，如图 5-22 所示。这是一种极端的色彩组合，对比效果最强烈，能够使两色看起来更加鲜明。互补色是构成清晰、明确的界面效果的一个重要的色彩搭配方式。但这种色彩组合视觉冲击力过大，大面积使用容易给人造成视觉和精神上的紧张；界面中的信息会被大块的强烈色彩所掩盖，给查找与阅读带来不少障碍；还会让用户产生视觉疲劳。因此，要谨慎使用大面积的互补色。

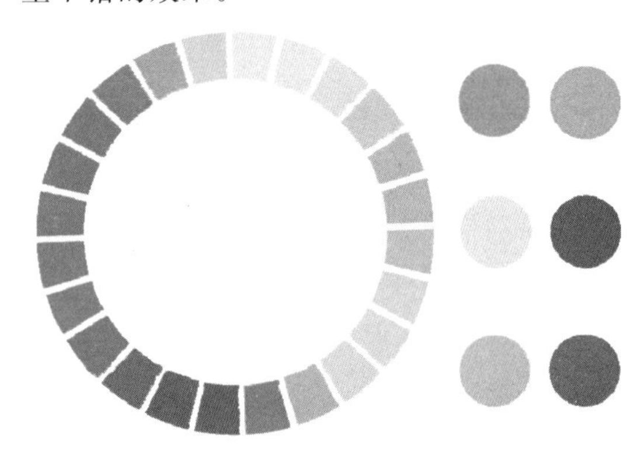

图 5-22　互补色搭配

互补色经常被使用在图标设计中，小面积的互补色搭配可以使图标的视觉冲击力借助色彩凸显出来，图标上的细节也会因颜色的相互衬托清晰可见，能够达到很强的辨识效果。

在跳跃的界面色彩搭配中，除了常用的两三种色彩搭配，还可以尝试使用更多的色彩组合。尤其是在扁平化视觉设计风行的今天，通过艳丽的色彩与用户进行交流已经成为一种时尚，多种色相放在一起，不强调主色与辅色的概念，可以产生一种百花齐放、活力满满的视觉效果。扁平化视觉设计也有它特定的色彩设计法则，比如利用纯色，采用复古风格或同类色。虽然色相千差万别，但可以利用纯度或明度来统一画面。这种流行的趋势，已经得到了大部分人的喜爱。

4．关注流行色

流行色是时尚的风向标，大多数人都有追随时尚步伐的意愿，服装、饰品、包装的设计师都会关注色彩的流行趋势，界面设计师也应当重视时代的流行色，利用人们的求同心理效应，迎合大众的消费心理。流行现象是现代人消费的显著特征，电子产品作为一种消耗品，更新换代的周期很快，人们也渴望在这种快速的更新中尝试新鲜事物。

（二）手机主题与色彩

手机主题的风格定位与色彩选择有很大的关系，手机主题的风格大致可以分为商务型、亮丽型、可爱型、优雅型、朴素型。

商务型手机主题是商务型男士的最佳选择，他们因为职业、身份等原因偏爱此类主题。商务型主题的色彩端庄稳重，以黑色、灰色、棕色为主，这种色彩氛围给人一种稳定感与信任感，如图 5-23 所示。

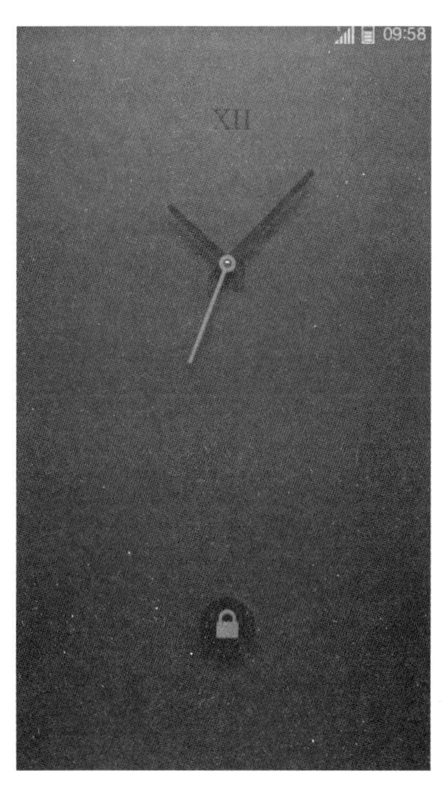

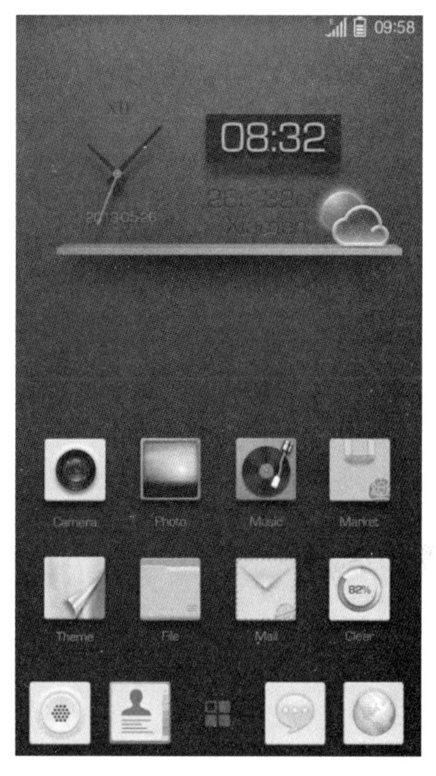

图 5-23　联想手机主题设计大赛获奖作品——Mocha

亮丽型手机主题给人以青春、时尚的感觉，此类主题拥有大量中青年女性用户，色彩丰富，有一种跳跃的律动感，包含多种色相的高纯度色彩，如图 5-24 所示。

图 5-24　联想手机主题设计大赛获奖作品——Ribbon

可爱型手机主题给人以甜美、活泼的感觉，用户多为青少年女性，在用色上多选用高明度的色彩，如粉红色、粉蓝色、粉紫色、淡黄色等明度较高的淡色系，形成一种高明度、弱对比的色彩组合，如图 5-25 所示。

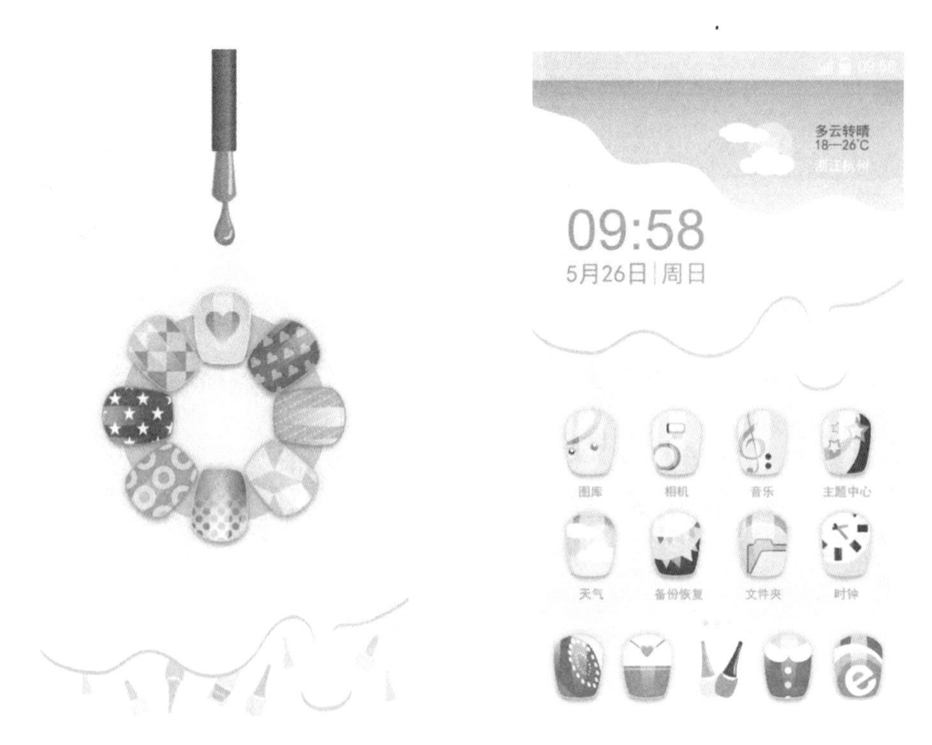

图 5-25　联想手机主题设计大赛获奖作品——阳光女孩 炫彩美甲

优雅型主题给人以柔美、典雅的感觉，是淑女和轻熟女的最爱。颜色上以充满神秘色彩的紫色为主，向红色与蓝色两种色相延伸，创造出不同的视觉效果，如图 5-26 所示。

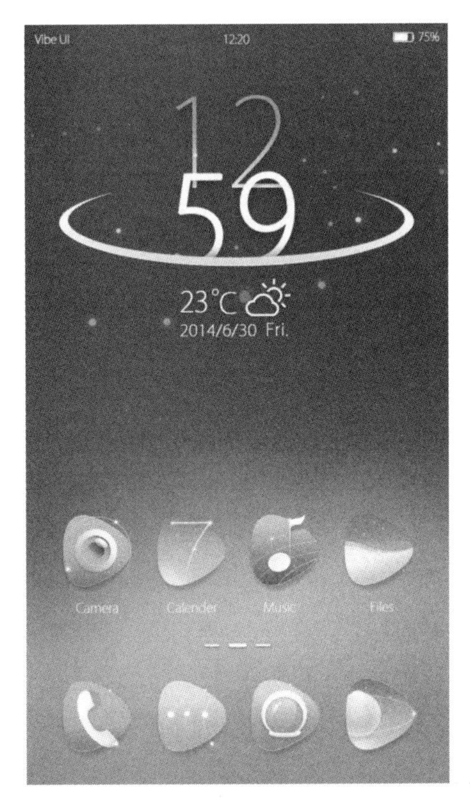

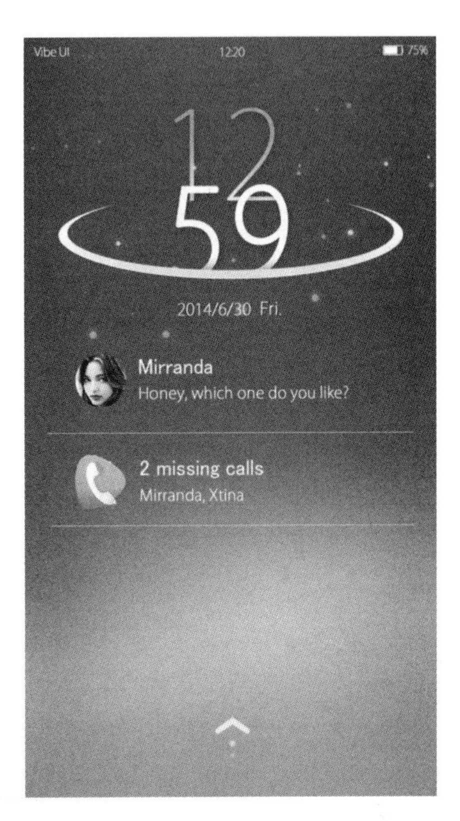

图 5-26　联想手机主题设计大赛获奖作品——星际

朴素型给人以平静、低调、温和的感觉，这类手机主题能够让使用者的心沉静下来，颜色也主要使用纯度较低的各种层次的灰色，如图 5-27 所示。

总之，优秀的界面色彩设计是能够增加手机产品附加值的要素之一。随着手机产品的日渐增多，同类产品之间的竞争也日渐激烈，人们在注重手机产品实用功能的同时，开始重视产品外观对精神需求的满足。各种个性化定制应运而生。人们在产品中注入自己喜爱的元素，以达到一种表现自我的目的。色彩作为这些个性化元素中最显著的一个，成为用户体验视觉设计时关注的焦点。

不管是手机 App 的色彩设计，还是手机主题的色彩设计，都没有不可撼动的规则，都要从用户的需求出发。设计师应掌握好色彩的属性和色彩的情感表达，关注国际流行色的变化趋势，适时改变界面色彩的表现策略。在研究色彩设计规律的基础上，尝试创造更有新意的色彩搭配。

图 5-27　联想手机主题设计大赛获奖作品——pure

第三节　文字使用技巧

文字是交互界面中人机协调的敏感边缘区域，也是人机关系中的重要桥梁。除了图形、色彩外，它是使用者关注的第三个焦点。

在界面中，能够让用户完成交互的是各种形式的按钮，这些按钮中有些是图标，有些是文字，有些是图标与文字的组合。尽管优秀的图标具有很强的辨识度，但人们还是习惯配合适当的说明文字使用，这样更适合不同层次的用户，便于用户快速查找信息。文字的美观性与协调性需要从整体上把握，特别是在图标与文字组合的设计表现上，对齐尤为重要。图标与文字的对齐、文字与文字的对齐、字间距的设置应从整体考虑，以保证文字设计的规范化、统一化。字号的大小可以根据重要性适当调整，文字太小，不利于识别，但太大，也会显得与图标比例不协调。

文字其实也是一种视觉符号，与图标一样具有审美性，但是界面中的说明文字要尽量简练，在"身材娇小"的移动设备中更是这样。能用一个词表达的，就不要用一句话；能用一句话表达的，就不要用一段话；能用一种字体表达的，就不要用多种字体；能用一种颜色的文字，就不要用多种颜色的文字。

关于文字的内容设计，比如界面中各功能的名称、各级菜单的名称设计等都应当遵循一定的原则，符合人们的认知习惯，尊重经典的描述方式，避免因使用生僻的专业术语而让用户疑惑。比如在各类购物应用中都有“购物车”功能，这个词就非常符合我们的认知习惯，即使是第一次接触网购的用户也能轻松理解该功能的含义。对于文字的内容，也可以根据不同用户的年龄层次、身份特点设计不同的语言，一些针对潮人的应用就可以适当使用流行词汇。

一、如何选择字体

初步接触界面设计的设计师，经常会为字体、字号、字距所困扰。在他们不断调整页面和页面之间、段落与段落之间的文字后，会出现各种不统一，越错越改，越改越错，最终导致界面文字杂乱无章，视觉效果达不到预期要求。

字体既可以成就设计，也可以毁掉设计。界面中的字体不能过于繁杂，应当简洁易懂。要减少菜单文字、图标文字以及按钮上的文字笔画上的细节，去装饰性。说明文字尽量使用同一个字体，强化界面的统一性。

在一般情况下，一个项目设计中最好只使用一种字体样式，最多不超过两种字体。字体变化太多，会显得杂乱、不专业。iOS 系统常用的字体有华文黑体、冬青黑体。在 Android 系统中，常用方正兰亭黑简体。虽然字体单调，但可以通过放大字号来强调文案的重点。

大段的文字应选择适于阅读的通用字体，装饰性强的字体不适合正文而适合标题。在处理标题或短小文本时，可以选用较为新颖的字体；而在处理文本内容较多的正文时，还是选用微软雅黑之类的常用字体更合适。现代主义的观点认为，字体应该像一个“透明的容器”，人们应当关注文字的内容而不是文字本身。扁平化的界面视觉设计迎合了这一观点，在字体选择上也是力求简洁，多采用无衬线字体。无衬线字体，就是笔画中没有额外的装饰，而且笔画的粗细差不多。如图 5-28 所示，常用的中文无衬线字体有黑体、微软雅黑、幼圆等，中文衬线字体的典型代表是宋体。

无衬线体　黑体
无衬线体　微软雅黑
无衬线体　幼圆
衬线体　宋体

图 5-28　无衬线字体与衬线字体

在色彩上，扁平化设计常常采用明亮的色彩搭配，要想在色块中凸显文字，就要格外注意颜色的使用，一不小心就会因为对比度的问题而影响清晰度，造成辨识障碍。我们可以寻找一些比较锐利的字体，首先在字形上减少毛躁效果，另外在色彩上适当加大与背景的对比度，既要考虑到审美需求，也要便于阅读。

二、字体的大小、距离和颜色

界面中的文字除了字体，还要考虑到排版，也就是说，字符大小、距离和颜色都要具有规范性，这样才能达到视觉美观和阅读方便的效果。界面中字体的大小、距离、对齐方式、大小写、色彩、留白等都会影响到页面的整体布局，合理地调整这些要素才能使界面清晰、直接、易读。

在手机App的设计中，导航主标题的字号通常为40px—42px，内文根据不同的层级选用32px、26px、20px等字号。在这里需要注意的是，移动端与桌面端相比，不同层级字号的差别要小一些，因为我们的大脑会根据环境来判断重要性。移动端屏幕小，一屏展示的可阅读文字数量有限，文字大小的差异性会被放大。在桌面端，标题可以是正文大小的2—3倍，而在移动端通常不超过1.5倍。不同类型的App正文字号也会有所区别。像新闻类的App，由于需要突出文字的可读性，正文字号会选择36px，并根据需要选择性加粗。

列表是App常用的展示形式，通常列表中的正文字号为32px，副文案为26px，小字为20px。副文案及小字不仅要在字号上与正文有所区别，同时也可以弱化明度与纯度，这些做法都是为了突出重要信息，增强界面内容的层次感。36px或更大的字号还可以运用在界面的重要按钮中，比如微信中的“进入公众号”，这样再配合色彩的对比，就大大突出了按钮的引导性。图5-29为微信中的文字使用。

大家有没有发现，刚才提到的字号都是偶数。因为在开发界面的时候，字号大小换算是要除以二的，字号一旦产生小数，在字体渲染时可能会因为像素对不齐而造成模糊感。所以，在选择字体大小的时候最好选择偶数的字号。

我们在观看段落文字的时候，习惯按从上到下、从左到右的顺序，这种观看顺序形成了无形的视觉流，视觉流的流畅程度是我们拥有畅快的阅读体验的基础。文字的各种间距决定了视觉流的流畅度，文字的节奏也是阅读的节奏。这些节奏表现为字间距、行间距。

行间距是行与行之间的距离，行距太小，看的时候容易串行；行距太大，会造成不必要的空间浪费。另外，需要注意的是，行距与行宽有关，行宽越大行距就越大，反之亦然。研究表明，舒适阅读的理想行宽是65个字符左右，不过对移动端来说，行宽都比较小，竖屏观看的手机行宽仅仅为20—30个字符。因此，设计时应适当缩小行距。文字间合理的间距应当是字母间距小于字间距，字间距小于行间距，行间距小于段间距。

图 5-29　微信中的文字使用

在移动端界面设计中文字颜色的选择也很重要，我们要根据不同的背景设计不同的文字颜色。从明度的角度来看，背景大致可以分为深色和浅色，黑色和白色是最常用的文字颜色，但在界面中一般不用纯黑和纯白。界面中的文字通常分为主文、副文、提示等，在白色的背景下，文字颜色多选用不同程度的灰色，图 5-30 是几种常用的文字颜色。重要的文字与背景应形成强烈的对比效果，次要的文字对比效果减弱，这样就会让读者觉得层次分明。不要使用阴影、渐变这些复杂的视觉效果，那样只会制造麻烦。

图 5-30　界面中常用的文字颜色

三、树立文字群概念

在界面中，单独的文字或词组常常被看作一种符号，而段落文字则被看作一个图形，这个图形是由点、线、面构成的：字符是点，句是线，段落是面，这个图形就是文字群。可以把文字群看作一个矩形，在手机界面中，文字群的宽度由屏幕宽度决定，高度则由内容的长短来决定。有时候还可以根据视觉需要编排成不规则的、自由的形状。文字的图形特性在界面中表现得更加突出和多样化，界面可以让文字动起来。“读”文字慢慢转化为“看”文字，文字传递信息的方式已经不局限于文字含义，而是通过形态、含义、色彩的综合作用传递信息。通过这种有意识的文字编排，利用文字群的形式表达，最终完成与用户的交流。

第四节　数字界面的三大风格

目前，我们可以按照艺术风格将界面分成三大类：拟物化风格、扁平化风格和手绘风格。

1984年，苹果公司推出麦金塔电脑，首次将图形用户界面广泛应用于个人电脑，大大拉近了人们与虚拟世界的距离。那些抽象的数字世界经过拟物化图形界面的演绎变得简单、亲切。在拟物化出现30多年后的今天，扁平化以迅雷不及掩耳之势席卷了各种电子终端，静态的、动态的扁平化设计层出不穷。人们虽然对扁平化有一些争议，但“存在即合理”，拟物化的出现源于计算机界面图形化，它的出现符合人们当时对计算机界面的认识情况，拟物化可以使人们快速有效地通过图形认识各种功能。而扁平化的出现也顺应了时代的潮流。在拟物化发展了几十年后，人们已经对各种电子设备非常熟悉了，对于各种功能已经达到了可以轻松理解的程度，这个时候再简化、抽象，就不会影响我们的判断了，鲜艳、明亮的色彩还会让我们产生一些新鲜感。相对于拟物与扁平化风格而言，手绘风格的界面要小众一些，差异性较大，但是能够满足不同人的个性选择。

一、拟物化风格

拟物在文学中是一种修辞手法，当然我们对拟人更熟悉，与拟人不同的是，拟物就是将人比作物，将抽象概念比作物，将此物比作彼物。在维基百科中，拟物化被这样阐述：“拟物化的意思就是对象包含以往特征的修饰性元素效果，但是这类元素并没有对该对象带来实际使用效果。”在界面设计中，拟物化是一种风格，而且是在很长一段时间内占据主导地位的风格。拟物化设计主要是对现实事物进行模仿，使人们通过被模仿的事物与抽象的内涵之间建立联系，以达到快速认知的目的。被模仿的事物通常是人们熟悉的事物，这样的外观可以带来亲切感。拟物化成功地将复杂的东西和普通事物联系起来，使人们自然而然地接受了一种新的表现方式。

在拟物化设计中，过去的表达方式融入了新的设计中，虽然这些表达并没有实际的功能。用户在拟物环境下体验时总会充满好奇，产生强烈的点击查看欲望，想看看在界面中操作自己熟悉的物品是一种怎样的体验。拟物化设计被认为是一种联结过去与未来的途径，正如*iOS Human Interface Guidelines*里所说的，“当你的应用中的可视化对象和操作模仿现实世界中的对象与操作时，用户就能快速领会如何使用它”。如图 5-31 所示，以前 iPad 上的 iBooks 就是一个木制的书架，翻动书页时也会有模拟真实场景的动画效果，这是界面整体设计中拟物化应用的经典案例。图标的拟物化设计就更多了。

图 5-31　iPad 上的 iBooks

界面图标的拟物化设计是从现实生活中汲取具象的元素来表现一个抽象的程序。它是一种代指，包含一种隐喻。例如垃圾桶、文件夹、相机等，这些表述都利用了一种很巧妙的方法，那就是拟物。

想让用户获得真实的体验，就要尽可能地还原使用场景，因此拟物化设计对于各种视觉元素的模拟都有很高的精度要求。尤其是早期的拟物化设计，看起来就像是超写实绘画。高光、阴影、质感没有丝毫马虎，尽管那时的分辨率极低，但人们也以尽可能地复制真实物象作为目标。

在 Windows 操作系统中，拟物化设计风格的图标伴随着每一次的系统更新，一直延续至今。比如“我的电脑”就是一台计算机，“文件夹”就是生活中的一个夹着纸质文件的普通文件夹，“回收站”就是一个可回收的垃圾桶。垃圾桶是我们生活中的常用物品，它出现在家庭、办公室等各种场所。可回收的垃圾桶表示删除的文件还可以被找回。这种隐喻非常恰当，也符合我们的生活习惯，应用与用户的情感联系就此建立了。

拟物化设计有着鲜明的时代印记，不同时代的物品被模拟之后就得到了不同的形象，如图 5-32 至图 5-35 所示。Windows95 系统与 Windows8 系统中的“我的电脑”已有很大区别。我们在以下 Windows 图标的进化过程中还能看到拟物化发展的其他变化，比如细节越来越精致，界面的视觉设计达到了新的高度与精度，这有赖于显示器的分辨率越来越高。再如与 Windows8 的系统图标相比，Windows10 又简洁了不少，有一种扁平化的趋势，但是拟物的本质没有改变。到目前为止，图标的设计还是采用拟物的形式最合适。

图 5-32　Windows95 系统图标

图 5-33　WindowsXP 系统图标

图 5-34　Windows8 系统图标

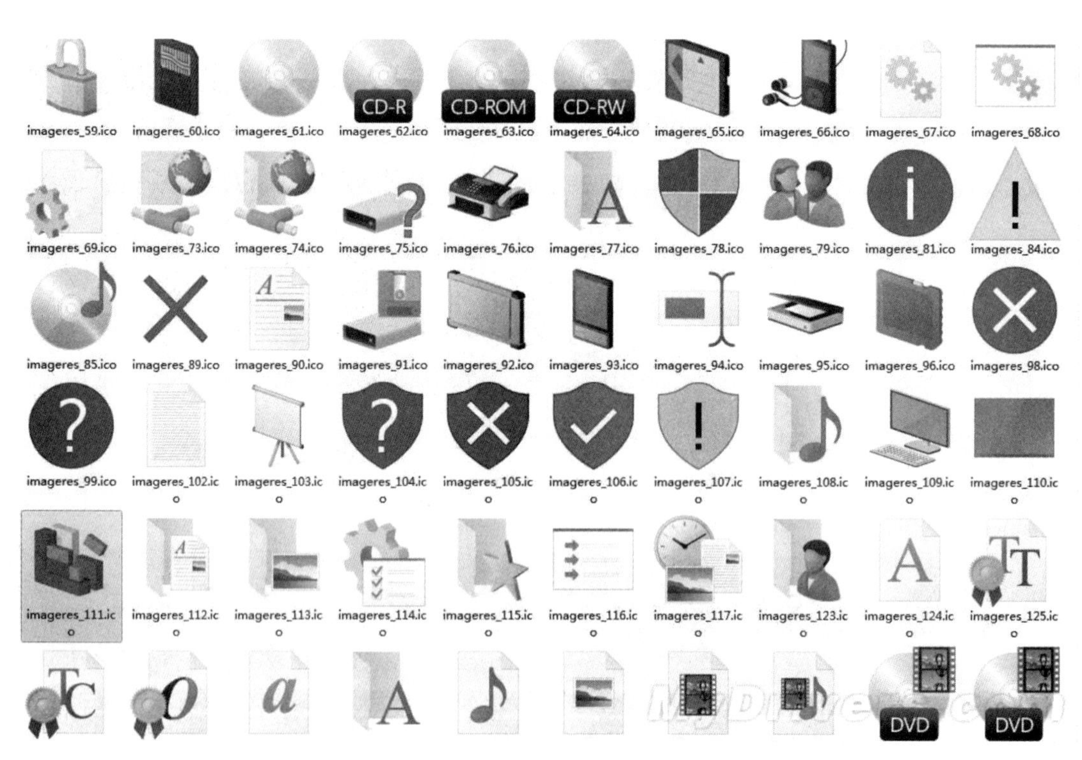

图 5-35　Windows10 系统图标

在扁平化设计风行的今天，拟物化设计依然在发挥着它的能量，仍被很多人喜爱。究其原因，还是人们对于真实世界的依恋，皮革质感的纹理、金属质感的按钮、翻页的动画效果给我们带来的感官体验感还是无法忽视的。当然，拟物化设计也不是超写实绘画，不能为了拟物而拟物。拟物化设计需要注意对形象进行总结与概括，对于各种元素，该细致的细致，该省略的省略。用户只需要通过形象感受图标背后的功能内涵，纯粹为了视觉上的装饰效果会让拟物变得空洞、俗气。拟物化只是一种形式，这种形式之下的内容依据更重要，拟物对象的选择决定隐喻效果的好坏，因此拟什么物是关键。拟物的目的是唤起人们的经验、记忆以及心中的情感，如果不能达到这样的效果，拟物将毫无意义。

二、扁平化风格

随着生活节奏的不断加快，无论是平面设计还是建筑设计，都越来越简约，扁平化可以说是“简约”在界面设计中的代表。从 2012 年开始，扁平化风格的图标以及界面设计迅速发展，很快被大众接受甚至追捧。如今在设计界已形成一种扁平化趋势，各种扁平化风格的招贴、动画随处可见。在 UI 交互设计中，扁平化风格的应用更加广泛。所谓扁平化设计，就是摒弃一切的修饰和特效，诸如阴影、高光、斜面、浮雕、突起和渐变，完全采用图形和色彩组成二维效果的极简主义风格。所有元素的边缘都会被裁切整齐，没有一丝的羽化或阴影效果。简单地说，扁平化风格就是指一切设计元素都是平的。

在现代设计中，各种领域越来越多地使用扁平化的设计，尤其是在移动界面的设计中，扁平化那种更加轻便、干净的设计受到大家的追捧和喜爱，这种设计摈弃了繁缛的视觉元素，使用起来格外简洁。从整体上看，扁平化风格是一种极简主义美学，受瑞士设计风格和极简主义设计的影响较大。

极简风格，顾名思义，就是极其简单的风格，除去一些繁冗复杂的东西，保留不能省略的重要部分。极简主义设计主要由线条、几何图形、色块以及鲜艳、明亮的色彩构成，用简洁的点、线、面等基本几何元素构建视觉信息，使用理性的逻辑思维构建图形信息之间更加有序的层级关系，使整个界面通过图形色彩、大小、形状之间的对比达到视觉平衡状态。

扁平化设计符合极简主义美学，提倡功能大于形式、留白大于填充。

扁平化视觉设计的色彩表现也具有鲜明的风格，或单纯统一，或五彩斑斓。单一色调的扁平化设计会增加色彩层次，如图 5-36 所示，改变明度或饱和度可以使色彩增加到三四个层次，或是搭配黑白灰分割画面。另外，扁平化设计以色彩吸引人的眼球，设计者更应关注色彩的流行趋势。

图 5-36　在扁平化设计中单一色调利用明度变化丰富视觉层次

随着 Windows8 系统、Windows RT 的 metro 界面和 iOS7 系统的发行，扁平化风格成为一种适应新时代要求的全新界面设计趋势。图 5-37 为 Windows metro 界面。

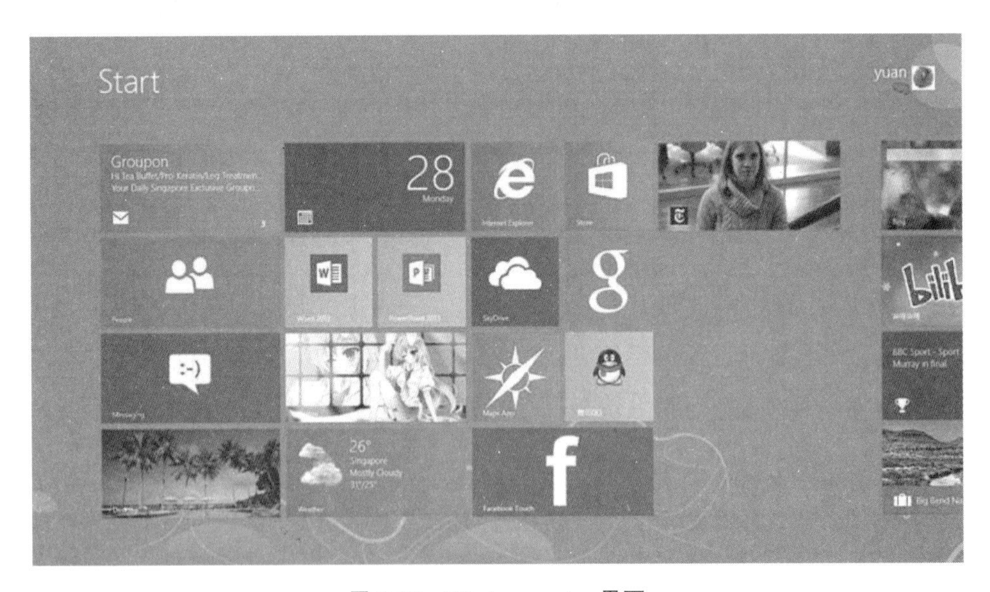

图 5-37　Windows metro 界面

我们所熟悉的苹果手机的界面，到了 iOS7 也已经转向了扁平化的设计，我们从图 5-38 中就可以明显感受到风格的变化。扁平化能够成为潮流，必然有巨大的优势。

图 5-38　iOS7 界面与之前版本界面的对比

（一）美观大方

扁平化的设计以鲜艳的色彩吸引人的眼球，比别的设计风格都要明显，大色块界定出明确的区域，层级关系条理清晰。扁平化是极简主义在界面设计中的应用。

（二）突出内容

设计元素相对简单。抽象、极简、符号化的表达，去除了冗余的装饰效果，视觉效果干净利落，突显出界面中的文字、图片等信息内容。

（三）完美兼容

扁平化设计有利于 pc 网站、Android、iOS 等不同系统、不同平台、不同尺寸和不同分辨率的设备完美兼容，具有很强的适应性。

扁平化风格界面中必然少不了扁平化的 App 图标，手机屏幕上 App 图标的大小也只有一厘米见方，对设计者来说这么小的面积本身就是很大的限制，设计内容不能过于复杂，不然就无法看清细节。如果扁平化的界面背景搭配复杂具象的图标，那也必定不是好的视觉体验。极简是扁平化风格的特征，但是并不是说越简单的图标，设计起来就越容易，除了选择贴切的元素、对元素进行精确概括，还应对图形的细节进行调整，色彩也应该鲜艳、醒目。

从 iTunes 图标在 2012 年到 2015 年短短几年间的变化中，我们能够明显地感受到扁平化带来的改变。如图 5-39 所示，2012 年，iTunes 图标内的音符由黑色变为白色。但是通过多重渐变色叠加，我们还是能感受到经典的水晶按钮的视觉效果，微妙的阴影、外发光、投影等处理手法塑造出按钮的质感，图标具有强烈的立体效果。2014 年，iTunes 图标在扁平化的风潮下风格大变，首先是色彩，从海军蓝突变为大马哈鱼粉红色，原先的各种图层样式省略了不少。另外，音符的造型减少了部分弧线，使图形显得更加简洁。2015 年的 iTunes 图标主要对色彩做了调整。还记得苹果早期的彩条图标吗？我们在这绚丽的三色渐变中仿佛看到了其对苹果历史致敬的态度。

图 5-39　iTunes 图标设计风格的改变

三、手绘风格

手绘风格，就是用手绘的方法进行设计的一种风格。手绘风格有很多，任何一种能够画出图案的方法都可能演变为一种风格，诸如素描、速写、水墨或涂鸦等，多到无法一一列举。随着人们对界面的个性化需求日益增加，手绘风格的手机主题以及 App 图标也逐渐占据了一定的市场。手绘风格可以具象，也可以抽象，有很大的创作自由度。

手绘风格的 App 图标在游戏应用中较为常见，多以游戏主要角色为元素进行表现，如图 5-40 所示。通过强化色彩、强调角度等方法增强图标的视觉冲击力。手绘风格的 App 图标给人一种轻松、幽默、充满活力的感觉，在育儿母婴类应用中使用得也较多。

图 5-40　手绘风格在游戏图标中的应用

但是需要注意，手绘风格界面设计也不能像绘画作品那样处理，要注意点、线、面的整合，毕竟舞台只有那么大，琐碎是要避免的。图标终究是一个标签，是一个符号，提炼与加工是必不可少的工序。设计师在追求个性化表现的同时，也要考虑大多数用户的喜好，在此基础上对形象进行加工与提炼，以增强图标的代表性与艺术效果。

以上三种设计风格虽然视觉效果差异很大，但都离不开隐喻的手法，风格本身没有好坏之分。针对不同的受众选择不同的风格，针对不同的产品性质选择不同的风格，这些都是设计师智慧的体现。在有些设计中，拟物是巧妙的，而在另一些设计中，拟物是笨拙的。扁平化的设计不能为了简约而简单，手绘风格也不能为了个性抛弃共性，否则会让设计陷入困境。在确定好风格后，重要的是要让风格保持一致。

第五节　界面中的图标设计

图标，英文为 icon，起源于希腊语“eikon”，原意为图像，字典中将其解释为宗教图腾，该词源自古代宗教，在希腊语中也常常被翻译成简笔画、绘画和图形符号。在应用于界面之前，图标设计本身就是平面设计中的重要课题，它能够展现出设计师的综合能力，衡量一个团队的专业水准。随着科技的发展与网络的普及，人们的生活重心开始转向电子平台，平台上有众多程序等待我们体验，图标就成为我们开启一个程序的第一步，因此图标设计的好坏直接影响到我们是否有兴趣打开这个程序。

图标是交互设计流程中的重要组成部分，它往往是一种好的应用体验的起点。优秀的图标设计应当是某种应用最精确的视觉概括。图标在设计时应满足一些设计原则——易用性、可视性、审美性、规范性，必不可少。文化内涵也是需要设计师参考的一个原则。总之，好的图标设计便于用户理解记忆，能够让用户在初次使用时就可以通过经验与图标良好的指示性完成操作。

一、图标设计原则

一个图标设计要想成功，不仅仅要考虑到美观的因素，还应当考虑到它的实用性。用户对图标含义的理解是否准确？用户对应用的印象是否深刻？图标的引导性是否能给用户带来流畅的交互体验？针对这些问题，我们总结了图标设计的基本原则，即易于识别、方便记忆、保持一致、注意兼容。

（一）易于识别

图标在移动设备界面中承担着功能概括、操作导向等任务，直接影响着用户的操作体验。因此，在设计中应当尽量简洁、直观，避免抽象、复杂，尽量使用容易使用户产生正确联想的图形元素，例如，照相功能用相机表示，闹钟功能用时钟表示，信息功能用信封表示，音乐空间用音符表示等。这些具象联想符合人们的思维习惯,能够引起用户的共鸣,方便用户准确地理解图标含义。

说到识别性,文字所表达的含义应该是最准确的,但是使用不同语言的人很难用同一种文字沟通,人们的认知水平也参差不齐,有时候文字可能就变成了一种认知的障碍。但是图标不同,它的语言是无国界的,图标比文字更直观,也更美观。我们的生活早已离不开图标的指引,通过图标,我们能够在初次进入的商场中顺利找到洗手间、楼梯、安全出口等。优秀的图标能成为文字的延伸,在视觉上具备强烈的可识别性,这就要求设计师用更加准确的造型来强调图形形象,用富有创意的形式来增强它的独特性。

(二)方便记忆

移动设备中往往蕴含着复杂的功能系统,随着硬件以及存储容量的不断提升,存在于设备中的这个系统会越来越庞大,功能也会越来越多。不同的功能要使用不同的图标来表示,以免用户在使用时产生混淆。同时,在手机应用数量众多的今天,为了自己的应用在众多类似应用中凸显出来,除了易于识别,还应当强调特色。特色的建立可以从风格上入手,也可以从图形创意上下功夫,还可以从色彩搭配上考虑。总之,独特的图标设计一定能给用户留下深刻的印象。

(三)保持一致

图标设计的一致性原则是指:同一款应用的工具栏图标风格要一致;同一款应用在不同平台上的图标要一致;在同一平台的不同应用之间图标规范要一致;在手机主题设计中不同功能的启动图标风格要一致。

相对于丰富多彩的App启动图标,系统中的工具栏图标往往容易被人忽视,它们看似简单、甚至有些模式化,但它们在移动界面的设计中却起到了画龙点睛的作用。界面的完美统一,不仅仅是首页的整齐划一,还要保持各级界面及图标的相对统一。图5-41与图5-42分别是三星Galaxy S5与魅族MX4的快捷设置图标,看上去有很多相似之处,但细节的处理还是有所差别。首先,有些相同功能的图标采用了不同的设计,比如屏幕旋转、移动数据、GPS、移动热点等。其次,对于选中后状态的处理,二者利用图底关系做了不同的设计,三星Galaxy S5选择亮起正形,魅族MX4选择亮起负形。

应用程序的启动图标设计要与整个应用界面相契合,启动图标、闪屏画面、应用界面、工具栏图标的风格要一致。这样的一致性才能充分发挥启动图标的引导作用,让它与应用程序组成一个完整的形象。如图5-43所示,"叽里呱啦儿童英语"的启动图标选用鹦鹉作为主要设计元素,用弧线及少量直线分割图形,以7种高明度色彩均匀填充,风格上有鲜明的扁平化特征。在形象上通过头身比例突出的可爱的小鹦鹉、脱口而出的“A、B、C”点明该应用的主要功能。随后的闪屏界面与启动图标相互呼应，并做了延伸设计，在导航界面中“磨耳朵”“看动画”“玩单词”“读绘本”的图标设计都沿用了扁平化风格，但填充时加入了微妙的渐变及投影，在简约的基础上丰富了视觉效果。

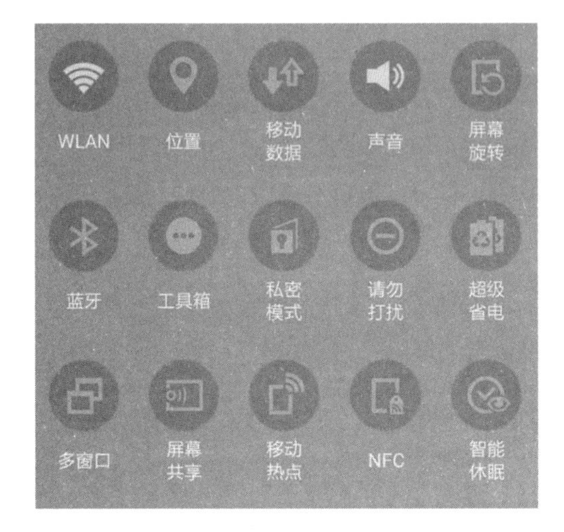

图 5-41　三星 Galaxy S5 快捷设置图标

图 5-42　魅族 MX4 快捷设置图标

图 5-43　叽里呱啦儿童英语——启动图标/闪屏界面/导航界面

试想一下，如果启动图标是扁平化风格，而导航界面又是写实的拟物化风格，那必然会给人格格不入的感觉。同一级图标的风格和大小要保持一致，对齐也不能忽视，这样才能在视觉上达到真正的统一。

在手机主题设计中，强调图标风格的一致性有时也会导致图标设计走入困境，尤其是在主题性很强的图标设计中，一味追求风格统一必然与人们公认的高识别性图形形成矛盾。图5-44中的这组图标设计，如果没有文字提示，我们很难正确理解“设置”及“文件”图标。我们能够感受到作者极力将大家公认的图形与自己的“风格”相结合，并且取得了不错的效果，但他还是遇到了棘手的问题，这也许就是设计者永远都无法回避的共性与个性的平衡问题。如果不能准确地通过图标传达功能含义，使用户产生困惑，那就使图标失去了导向意义。当然，图标可以附加简要的文字说明，这也是目前设计中常用的方法，略有疑惑的图标配上文字后就能让人一目了然了。

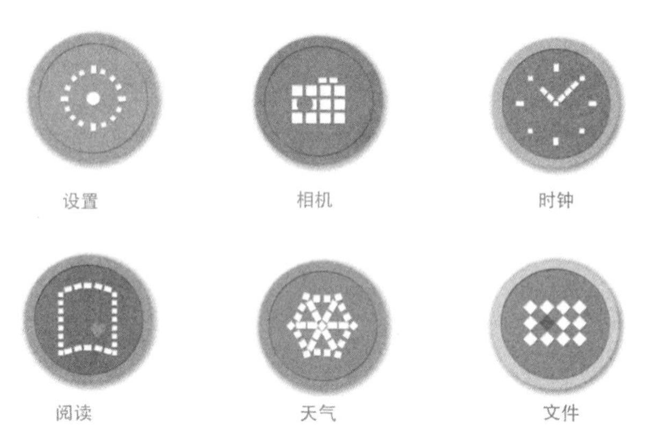

图5-44 主题图标设计

（四）注意兼容

图标的兼容原则主要考虑到同一图标有时会在不同的环境下显示不同的大小，设计时如果只考虑在某一尺寸下的显示效果，就有可能会导致其在别的尺寸下显示时产生模糊感。因此，注意图标的兼容要求设计师反复测试、不断调整，尽可能使作品在任何环境下都能呈现出醒目的视觉效果。

此外，我们还要考虑图标在不同背景上的使用效果。很多人都喜欢不定期地更换背景图案，各个商店内的主题多种多样，我们无法掌控图标的使用环境，所以我们只能积极地适应，让作品尽可能适用于多种背景环境。经验告诉我们，明暗对比强烈的图标能够更好地适应不同的背景，明暗对比较弱的图标容易受到背景的干扰，影响辨识度，尤其是颜色跳跃、对比强烈的背景会使弱对比的图标难以辨识。

二、系列图标的设计

格式塔心理学告诉我们，当大量视觉信息进入我们的眼睛时，眼睛会把形状、大小、肌理、颜色、方向上近似的视觉元素归为一类，进而简化对视觉信息的识别。系列图标的设计也应当遵循心理学原则，系列中每个图标的样式、风格、大小、颜色都应该有共性，这样才能形成系列化图标。

图标样式包含图标的造型、透视的角度和方向。对系列图标来说，透视角度必须一致。在拟物化的设计中，图标通常为立体化造型，透视角度的统一就显得尤为重要。透视可以分为平行透视、成角透视、斜角透视三种方式，一致性的透视角度形成系列图标的基本规范。扁平化风格的图标设计虽然不强调透视与视角，但是经常使用简单的投影效果，因此要注意投影的角度、距离、大小、色彩等参数的统一。

设计离不开联想与想象，联想的基础在于某一相关事物，我们可以把它看作灵感的来源。系列图标的设计往往有统一的灵感来源，比如海底世界系列图标、甜品系列图标、可爱动物系列图标，统一的灵感来源使图形表现出统一的时空背景。

在图 5-45 中，这组图标设计灵感来源于欧洲元素，饱含着浓浓的复古情怀。图标采用三维软件绘制，统一采用平视角度展示，光源来自左上方，是典型的拟物化设计。图标的形状统一为反圆角矩形，还有统一的边框样式，色调古朴而稳重。

图 5-45　手机系列图标设计——罗马记忆

在系列图标设计中,必须保证视觉的平衡,即使色相丰富,也要在明度或纯度上协调统一。图5-46中的这组图标设计主题是“星空”,色彩相对丰富,但是以蓝紫色调为主,有些许的扁平化风格。图标的形状统一为圆角矩形,图标底部有风格统一的斜线包边装饰,渐变及内发光也使这一系列图标在形式上更加统一。

图5-46　手机系列图标设计——星空

图5-47是中国风系列图标设计,视角表现为俯视,光源来自正上方,材质上主要采用木质纹理,灵感均源于中国传统元素,掌中乾坤(浏览器)、一叶知秋(日历)、天工开物(设置)、暗夜萤火(手电筒)……带我们品味深厚的文化。

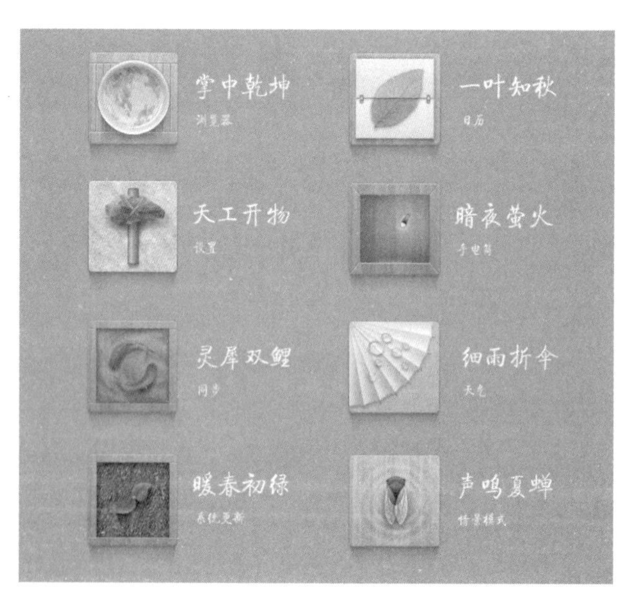

图5-47　手机系列图标设计——华晓

在系列图标的设计中，色彩的选择、色彩氛围的掌控、图标的样式和大小都需要规范。如果是有规定形状的外框，就严格统一标准。如果系列中的每个图标形状不同，也应当限定高度与宽度的范围。在色彩上应当交相呼应，一色多用的方法经常在系列图标设计中使用。利用主题色调来统一色彩也不失为一种好方法，色彩在界面中的使用规律同样适用于系列图标的用色。

三、启动图标

启动图标是 App 给用户的第一印象，一定要抓住用户的眼球，让用户在应用商店第一眼看到它的时候就有想要下载的冲动。启动图标可以是夸张的，可以是可爱的，也可以是神秘的。总之，设计师有责任让它变得充满魅力。如果启动图标的视觉效果不够美观，可能就吸引不了很多只看“颜值”的用户。

设计启动图标时，建议大家先在速写本上或是利用数位板在电脑上进行草图创作。正式制作之前先画草图并不是增加负担，而是为了提高效率，少走弯路。把想到的点点滴滴的方案都记录下来，有些可能需要深入研究，有些则可以直接放弃。还是那句话，好设计是改出来的。所以接下来要不厌其烦地反复推敲，不断修改。画草图的过程可以使你对整个设计更有感觉，具体说就是更有兴趣、信心、把控力。如果不绘制草图，直接进入正式制作，极有可能导致制作过程不那么顺利，各种不确定情况会让你束手无策，难以施展才能。

在草图设计阶段，要扫描在纸上绘制的草图，将其导入软件里，进行更细致的制作。软件能够使我们所绘制的图标尺寸与预期的分毫不差，在对齐、对称、复制等方面也为我们提供强大的支持。目前，技术的问题都不是问题，大家可以通过学习攻破技术难关，通过使用各种软件基本上能够达到我们设想的效果。常用的图标绘制软件有 Adobe Photoshop、CorelDRAW、Adobe Illustrator 等，还有 3ds Max、Autodesk Maya 等三维设计软件。软件的选择主要是由设计师的使用习惯以及作品设计要求来决定的。软件只是完成设计师构想的一种工具，最终呈现出的图标视觉效果才是最重要的。

启动图标的设计主要有以下几个步骤：

（一）了解产品

启动图标是产品的形象，因此一定要体现出产品的精髓，考虑到产品的主要功能、主要特色、主要消费群体。在这一阶段还可以参考前期调研的资料，力求让图标有着直观的形象，与产品紧密地联系在一起，对竞争产品 logo 的分析与借鉴也必不可少。相关的成功产品是如何与大众沟通的？它们的亲和力是怎样体现的？分析和探讨这些问题，能够帮助我们少走许多弯路。当然，一味模仿是不可取的，用户对于“山寨”的东西总是有些嫌弃的。

只有取其情感交流的精髓而独创外在之形式，才可能让自己的设计更胜一筹。

（二）元素选择

1. 准确隐喻

图标构成元素的选择是图标设计成败的关键环节，它肩负着图标表意的主要责任，元素选择不准确，就会造成理解障碍。正确的元素选择会让用户直观、准确地理解图标含义，主动消除用户疑虑，给用户良好的体验感。我们在应用商店中会看到几十个相机类应用，其中80％以上都采用相机镜头为元素进行再设计，如图 5-48 所示。这就是非常恰当的设计元素，以至于众多设计师宁愿在经典的夹缝中寻求生路，也不愿意另辟蹊径。

图 5-48　以相机为元素的图标设计

启动图标元素的选择要做到隐喻准确，符合大多数人认知的元素才是最佳选择。前期可以做相关调研工作，不能凭自己的想象揣摩用户的心理。尤其是针对较大用户群体的产品，不能只考虑部分用户的喜好，而是要综合考虑多数用户的需求，选择具有大众认知和审美的元素。不要选用容易产生歧义的元素，争取让用户看到图标元素时，就自觉联想到该应用的主要功能。比如看到以钟表为元素的图标时，大家都会不约而同地想到时间和闹钟功能。因为钟表是大家在生活中司空见惯的物品，在人们心中钟表与时间之间已经建立了密不可分的联系。这样的元素放在界面中是再合适不过的了。

2. 少胜于多

有时启动图标的设计元素一个不够用，需要多个元素。设计者应当在数量上有所控制，一般元素不要超过三个，越少越明确，元素过多会让图标变成小幅图画，显得杂乱。另外，如果选择两种或两种以上的元素，一定要有主次之分，不可平均分配，要通过体积、色彩、位置等凸显主要元素，次要元素辅助表意，切不可喧宾夺主。图 5-49 是两款地方性医疗应用软件的启动图标，左图使用元素较多，有文字、十字、楼房、手臂；而右图只使用了十字和地名首字母两种元素。通过对比可以发现，使用较少元素的图标更为醒目，且方便记忆。

智慧医疗

医院通

图 5-49　两款医疗应用启动图标对比

3. 巧用文字

在图标设计中能用图形说明的不要用文字，尤其是那些只起辅助作用的说明性文字。因为图标面积很小，字符多，字号就小，会影响辨识度，让人无法看清，这就毫无显示的意义了。所以，如果文字短小则可以考虑作为主要设计元素；如果太过繁杂，最好还是放弃使用文字，使用简单有效的图形，英文的首字母、中文的首字也是目前的热门设计元素。比如手机淘宝的“淘”图标，它已经不是一种描述性文字了，而是品牌的符号。目前这种使用首字的应用有很多，如图 5-50 所示。但也需要注意文字的设计感，毫无设计地利用首字必然会让设计落入俗套。

手机淘宝

返利

大码美衣

美图秀秀

图 5-50　以文字为主要元素的启动图标设计

（三）色彩的选择

启动图标的主色彩最好与界面主色彩保持一致，以营造一种统一的色彩氛围，强化产品的整体性。此时，如果界面的整体视觉设计已经完成，那么图标色彩的选择就不难决定了。若界面中色彩单纯统一，那么启动图标也可以用一种色彩表现；若界面色彩以一种为主、多种为辅，那么图标也可以这样搭配。总之，启动图标的色彩搭配要考虑到界面整体的色彩设定，还有图标自身的对比度与美观性。

图 5-51 至图 5-53 是一款活动招募类软件“攒人儿”的启动图标设计过程，该软件的主要功能是让活跃度高的用户发布活动邀请，游客或活跃度较低的用户在浏览首页时，可以快速

精准地找到其感兴趣的活动，并迅速参加到面对面的交流活动之中。

图 5-51 “攒人儿”启动图标手绘草图

图 5-52 “攒人儿”启动图标设计演化过程

图 5-53 “攒人儿”启动图标

设计思路从“人”开始，两个“人”字的组合空出的一个定位图标的形状，激发了设计师的进一步想象，最终将定位图形与两个人形相结合，形成了一个看似张开双臂的友好形象。在色彩上选择了该应用的主题色彩——红色，在鲜艳醒目的同时体现了热情、积极、充满活力的理念。由于图形由线条组成，视觉冲击力不够强烈，因此做了反向处理，白色的图形在红色的背景上更加醒目。

四、工具栏图标

工具栏图标是用户进入 App 后进行各种交互时使用的小图标，比如分享、查找、扫一扫等各种功能，利用小图标可以让表述简洁化，节省时间和空间。移动应用三大平台的系统都各自有一套规范的工具栏图标，大部分常用功能都包含在内，但是针对不同的应用常常还是会找不到合适的工具栏图标，这时就需要重新设计。

工具栏图标相对于启动图标，需要更加简洁的图形语言表述。因为工具栏图标有很多个，有层级的概念，而且只能占据更小的面积；而启动图标只有一个，可以相对丰富。工具栏的图标不是为了装饰界面，而是为了引导用户完成操作，所以必须体现非常严谨的对应关系。

我们可以在网上下载一些免费的工具栏图标，这对学习来说是不错的选择。从优秀的工具栏图标设计中我们可以感受到图形的简化，以及它遵循的方法和设计理念。下面是几种常见的工具栏图标形式。

（一）用线条勾勒

线条是表现造型最常用的元素。用单线勾勒，就是先将图形元素简化，再用线条勾勒其轮廓，这样就形成了简化后的图形。线条的粗细与图标、背景的对比度有一定关系。线条越

图 5-54　用线条勾勒的工具栏图标

细,图标和背景的对比度就应该越大,这样才能让图标在界面中显得醒目。用线条勾勒的方式可以让整个图标给人一种简洁、轻快的感觉。

(二)用剪影诠释

除了用线条勾勒,用“面”的形式来表现工具栏图标更为常见。剪影是图形平面化的主要形式,也是一种高度概括的表现方式,它在保留表达目标的基础上进行合理删减。简单地说,就是简化图形。“将所选图形平铺,不做任何修饰和效果,诸如高光、渐变、反光、投影,只需保留最重要的细节,不必要的地方一概删除,直接表达所需要表现的对象。”

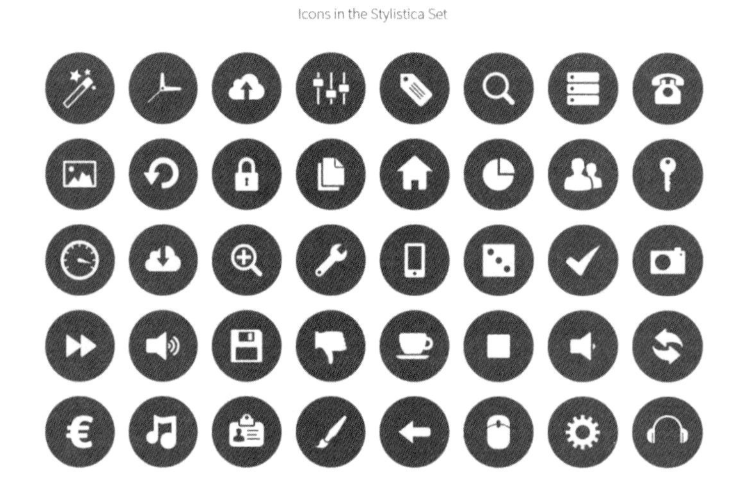

图 5-55 用剪影诠释的工具栏图标(来自 dryicons.com)

首先,不管是用线条勾勒还是用剪影诠释,都是高度概括图形的表现方式,最终都要将图形几何化、符号化。对于直接表达的表现对象,要充分利用三角形、矩形、圆形等几何图形完成从具象到抽象的转化。其次,就是要系列化,细节样式要统一,对于线条的宽度、线条拐角是直角还是圆角、圆角的弧度是多大、图形的角度和方向,都应当有严格的规范。

要使图标形式统一,除了造型之外,色彩的统一也很重要。一般情况下,工具栏图标的颜色都是单色的,除了常用的各种明度的灰色,应用的主题色也是不错的选择,这样有利于整个界面颜色的协调统一。也有一些 App 的工具栏图标分组使用了不同的颜色,这种搭配对设计师的专业水平要求较高,运用得不好,容易使整个界面陷入混乱。

“攒人儿”的工具栏图标采用单线勾勒与剪影相结合的方式,如图 5-56 所示,根据类别与层级的不同,有些是圆形图标,有些是圆角矩形图标,还有些保持了拟物后的原本轮廓。色彩选用了该应用的主题红色。

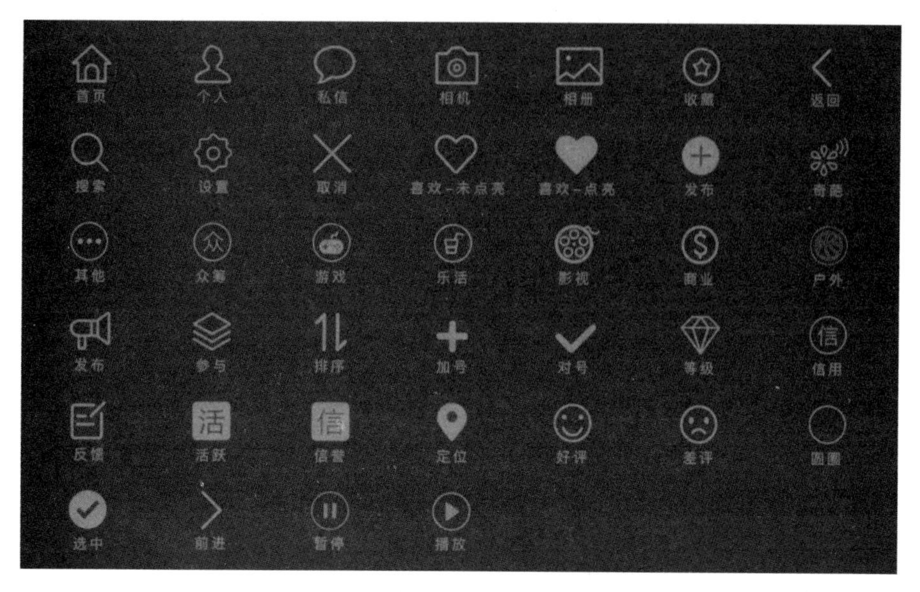

图 5-56　“攒人儿”工具栏图标设计

第六节　特殊界面设计

一、启动界面

当我们打开一个手机应用时，通常不是首先看到该应用的主界面，而是会先进入品牌形象页，或几页广告，或新版本的功能介绍，我们把它们叫作启动界面。启动界面替代了原本转圈圈的等待图标。程序的运行需要一个过程，但枯燥的等待会让人产生放弃的想法，启动界面让我们的等待变得有趣甚至有价值。启动界面是一个很好的广告位置，用户只要点开应用就会看见，如果感兴趣可以点击了解，没有耐心的用户也可以点击跳过。首次打开应用时，启动完成后还会有一些关于操作方法的介绍，以便用户更快地熟悉操作环境与操作方法，比如一些隐藏的标签页如何打开，点击与长按某个按钮的区别是什么，等等。

我们可以这样理解，启动画面就是覆盖整个屏幕的一张图片，在程序加载完成后隐藏。以下是手机产品启动界面设计的两种常见方式。

（一）使用产品 logo 和宣传口号

启动画面使用产品 logo 是目前常见的设计形式。有时是静态图像，有时是动画演示。这种方式很自然地加强了品牌宣传，配合宣传口号的展示，可以增进与用户的情感交流，从而增强用户的品牌认同感。除了以上元素，应用版本、版权、进度条有时也作为辅助元素出现。图5-57是京东的启动图标与启动界面，品牌形象、logo、“多快好省”的口号组合成了简单明了的启动界面，大面积的品牌色彩让整个界面更加统一。图5-58是去哪儿旅行启动图标与启动界面，在启动界面中将启动图标做了反向处理，广告语“总有你要的低价”充满了诱惑，等待瞬间变成期待。

图5-57 京东启动图标与启动界面

图5-58 去哪儿旅行启动图标与启动界面

（二）营造产品的情调氛围

启动画面持续的时间不过几秒，但设计师可以抓住这宝贵的几秒钟时间来营造产品氛围，这种氛围应当与产品气质相一致，通过一张画面去诉说一个故事或一种情怀。微信的启动画面就是选用了一张人类最近一次在太空中远眺地球的景象，如图5-59所示。作为一种人际沟通工具，这张图表达出了人类内心的孤独，以及地球家园的美好。整个画面营造出的孤寂氛围与进入首页之后的喧闹形成了鲜明的对比，这也许正是设计师的用意所在。

二、登录、注册界面

登录、注册是许多软件都需要完成的环节，但它们也属于特殊界面的一种，与其他界面的关联性不强，视觉上可以相对独立，但是风格上还是要与其他界面统一，比如整体界面是扁平化风格，那么登录、注册界面就不该是拟物或手绘风格。图5-60、图5-61是两款软件的登录界面。

图 5-59 微信启动图标与启动界面

图 5-60 Petsmos 登录界面设计

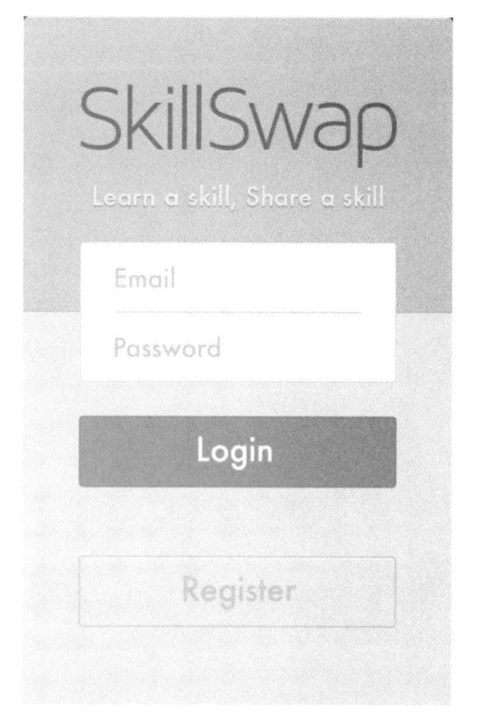

图 5-61 SkillSwap 登录界面设计

三、引导与帮助

对于新安装的程序，人们总是迫不及待地去体验，那么作为主人的程序也应当表现出对客人的欢迎，新用户初来乍到，主动引导会让新用户感到心里暖暖的，从而建立对应用的好感。一些复杂的功能更需要引导用户去体验，引导的方式可以是标志提示，也可以是文字提示。一般来说，引导帮助只在初次使用的时候自动显示，反复出现会使用户产生厌烦情绪。

思考题

1. 说说手机界面排版与纸媒有什么不同。
2. 谈谈你喜欢的界面设计风格。
3. 自己动手设计一套统一主题的图标。
4. 分析任意两款不同应用工具栏图标的异同。
5. 选择一款你正在使用的手机应用，为它重新设计一个启动界面。

第六章　移动产品原型设计之 Axure RP

本章要点

1. 理解原型交互设计流程
2. 理解交互设计中的事件、用例、动作的关系
3. 动态面板的嵌套、动态面板与内部框架的综合应用
4. 原型测试与原型共享方法

使用 Axure RP 的目的是使设计师可以快速制作高保真原型，以便让使用者可以在目标设备上像使用真实产品一样测试带有交互效果的线框图。[①] Axure RP 可以使静态的线框图变为动态的，这可以使决策层减少很多不可预见的风险投资。

第一节　Axure RP7.0 的交互基础

一、界面介绍

本小节将带读者熟悉 Axure RP7.0 的软件界面，并为其掌握 Axure RP7.0 强大的制作高保真原型的能力打下坚实的基础。

软件工作环境如图 6-1 所示：

①菜单栏；②快捷工具栏；③站点地图面板；④部件面板；⑤母版面板；⑥页面制作区面板；⑦页面属性面板，包括页面注释、页面交互和页面样式；⑧部件交互和注释面板；⑨部件属性和样式面板；⑩部件管理面板。

---

① 温馨提示：当遇到想用的功能但又找不到在软件的哪个位置时，可以尝试按“右键”或查看“属性面板”，有时候问题会得到解决。

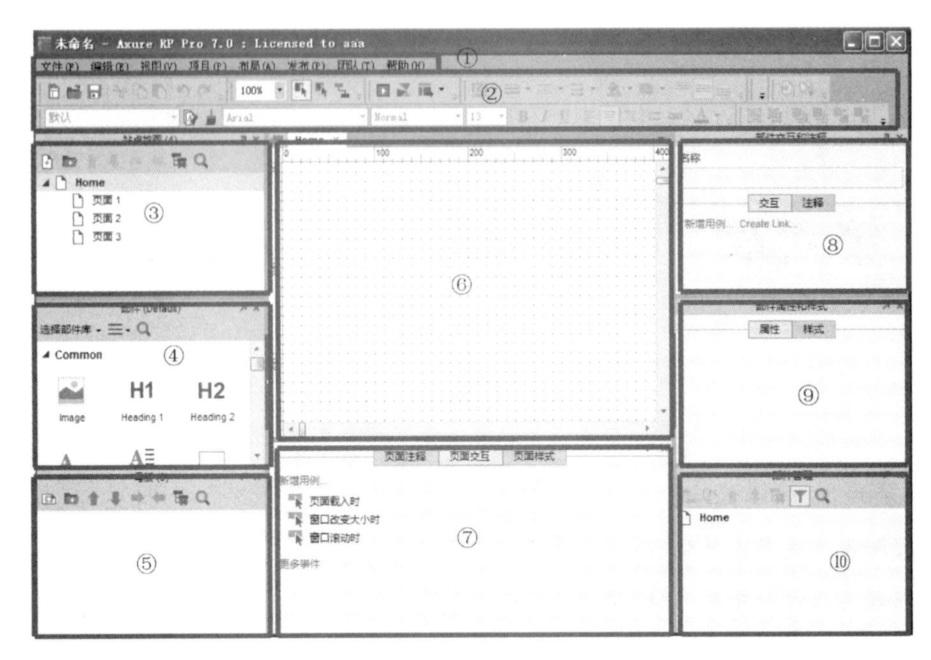

图 6-1　软件工作环境

用户可以根据需要选择显示或不显示以上面板,也可以自己在“菜单栏”的视图选项中进行自定义操作,可以通过勾选或取消勾选来显示或隐藏相应的面板,如图 6-2 所示。

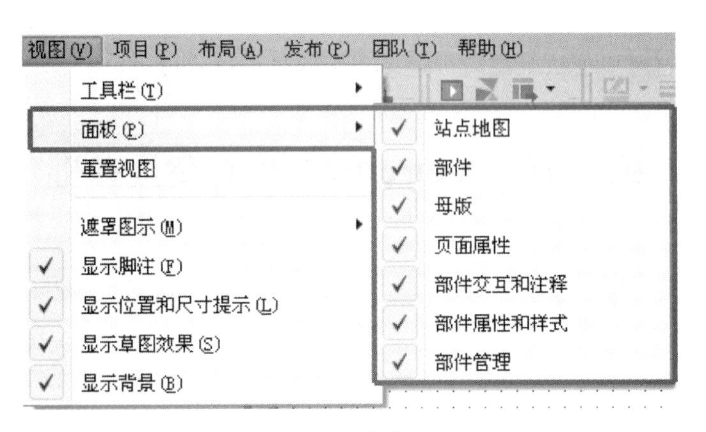

图 6-2　面板

二、部件面板扩展

原型页面由各种部件组成,要添加部件,只需将用到的部件拖放至页面制作区即可。不过部件面板只有 Default.rplib 和 Flow.rplib 两个库文件供用户使用(如图 6-3)。对用户来说,还会需要更多的常用部件,例如菜单导航类、图标窗体类、按钮窗口类、日历及文本模板类、页面布局及控制条类、表格及手机类,网站常用部件、图表和表格部件、社交网络元素库、

Android 手机外壳及 UI 组件库、Android 组件库、iPhone 手机及图标库等，所以需要对部件面板进行扩展，以满足设计需要。我们可以下载并导入第三方部件库，或管理自己的自定义部件库，如图 6-4 所示。

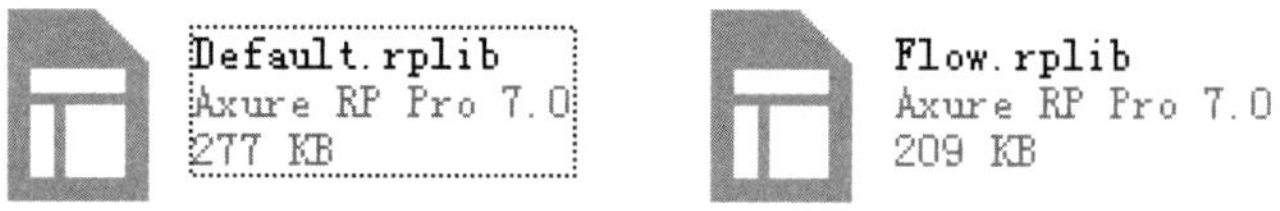

Default.rplib
Axure RP Pro 7.0
277 KB
Flow.rplib
Axure RP Pro 7.0
209 KB

图 6-3 扩展前的部件库文件

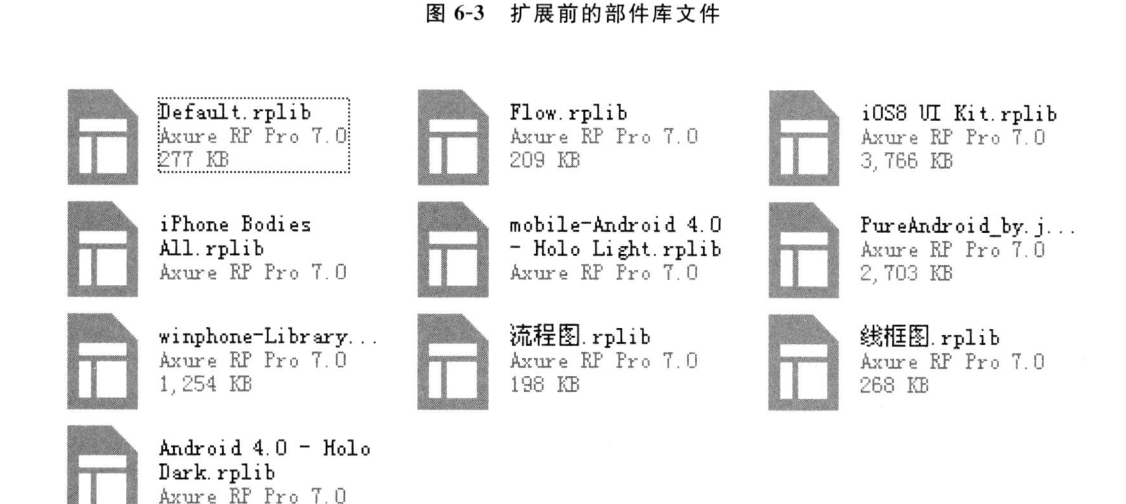

图 6-4 扩展后的部件库文件

部件库文件安装方法如下：

假如我们将 Axure RP7.0 安装到了 D:\Program Files\ 目录下，则将准备安装的 *.rplib 部件库文件拷贝至以下目录即可：

D:\ProgramFiles\Axure\Axure RP Pro7.0\DefaultSettings\Libraries

拷贝完成后重新启动 Axure RP7.0，就会看到部件面板增加了很多可用部件。

三、原型设计制作流程

在讲原型设计制作流程之前，有必要介绍一下 Axure RP7.0 制作区的坐标系统（如图 6-5 所示），该系统和我们以前学过的坐标系统是有区别的，即以(0,0)为中心点，Y 轴方向向下为“＋”，向上为“－”，X 轴方向向右为“＋”，向左为“－”。

从图 6-5 中可以看出，在制作区域内，部件坐标(x,y)均为正，要是超出制作区域就为负。例如，部件 A 的坐标为(100，－100)，这就说明该部件在 Y 轴方向上超出了制作区域。使用坐标定位部件的好处是可以准确定位部件的位置。

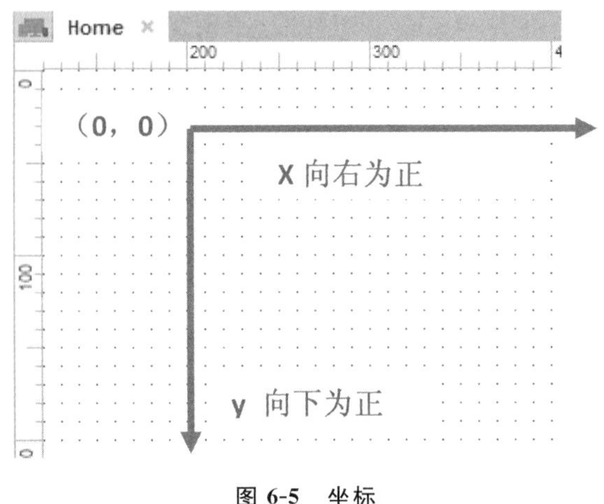

图 6-5　坐标

为了让读者快速了解如何制作出一个可交互的高保真用户体验原型，就需要让其首先了解原型制作流程，如图 6-6 所示。

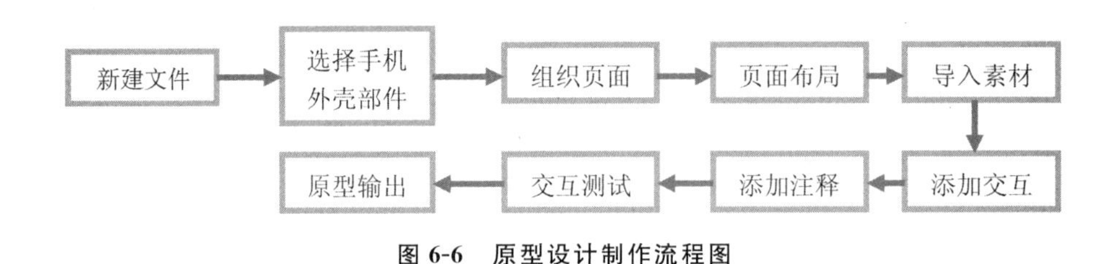

图 6-6　原型设计制作流程图

Step1：新建文件

新建的文件名为 *.rp 文件，rp 后缀表示这个文件是 Axure RP7.0 的源文件。

Step2：选择手机外壳部件

在部件面板中选择需要使用的手机外壳，并将其拖放到制作区，一般常将其放置到(0，0)点，然后点击工具栏，即锁定按钮，锁定后再对其他部件进行操作时，就不会受到影响了。

Step3：组织页面

根据中保真原型中的设计，将所有页面在站点地图中进行组织，清晰反映页面的层级关系，如图 6-7 所示。

Step4：页面布局

对每一个页面进行布局，按预先设计放置图标、图片、标签等部件。

Step5：导入素材

通过部件导入预先设计好的图标、图片和标签等，必须提前将所有素材按分类存入不同的文件夹中，如图 6-8 所示。

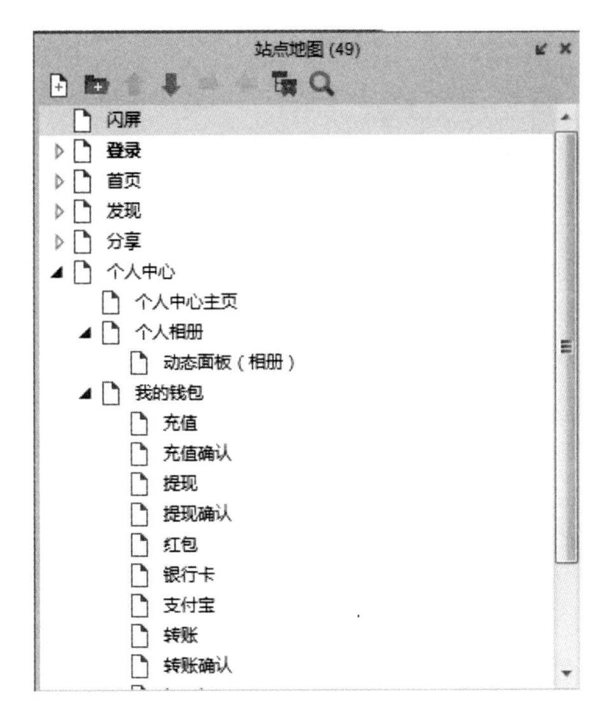

图 6-7　产品站点地图

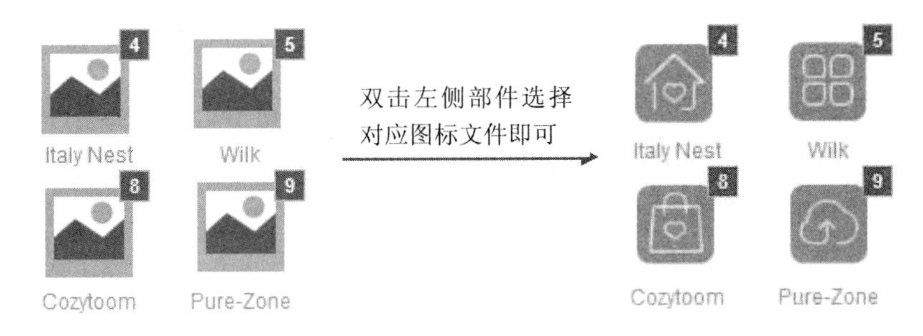

图 6-8　导入素材

Step6：添加交互

用来将静态线框图转换为可交互的 HTML 高保真原型。可以在页面与页面之间、部件与部件之间、页面与部件之间添加交互。添加交互的流程如图 6-9 所示。

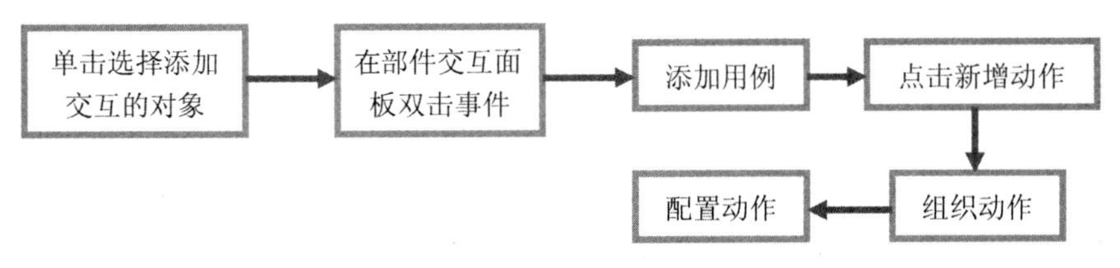

图 6-9　添加交互流程示意图

Step7:添加注释

为每一个部件或每一次交互添加注释,目的是更好地进行项目合作,让合作者也能很容易看懂制作的原型。

Step8:交互测试

按下快捷键 F5 或者点击工具栏的图标 ,即可快速在 IE 端预览原型,直到原型交互正确。

Step9:原型输出

点击工具栏图标 ,可以生成 HTML 文件,也可以发布到 AxShare。AxShare 是 Axure 官方推出的免费的云托管解决方案,该方案提供了与他人分享原型的简单方法。可以在 AxShare 官网创建一个账户,上传原型到 AxShare,操作简单,用户可以自主完成。

四、原型交互基础

本节是 Axure 交互入门的基础,理解并掌握事件、用例和动作之间的关系,有助于由浅入深地进入软件的交互世界,深刻理解交互的过程并做到举一反三。在 Axure 中创建交互(Interactions),包含以下三个模块:事件(Events)、用例(Cases)和动作(Actions)。创建的交互是由事件触发的,用例组成了一个个事件,事件是用来执行动作的。

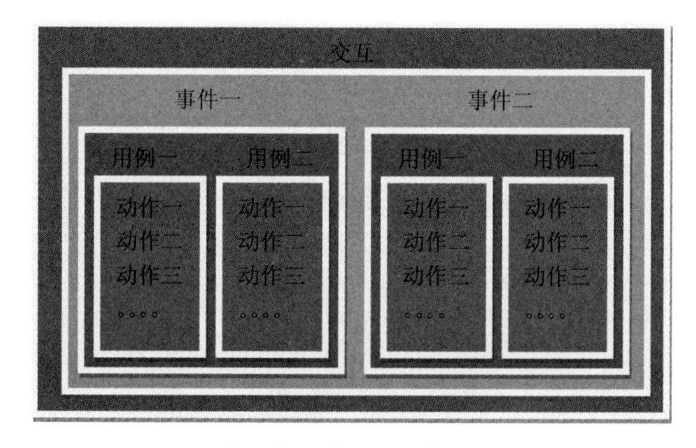

图 6-10　模块关系图

三个模块关系如图 6-10 所示:一个产品的交互包含多个事件;一个交互事件包含一个或多个用例;一个用例包含一个或多个动作。

(一)事件

所谓的"事件",从字面意思上讲,就是"做一件事情",那么什么时候做这件事情呢?为了方便理解,我们可以把事件(Events)理解为"什么时候"。从交互的角度来理解,"什么时候"可以理解为鼠标事件(当鼠标有动作时)、文本事件(当文字改变时)和页面事件(当页面加载时)。

简单来说，就是我们可以给两类对象添加交互，一类为我们设计的产品页面(线框图)，页面的交互行为是可以自动触发的，例如当页面启动加载时；一类为页面内部的所有部件，部件的交互行为一般是由用户直接触发的，并非自动触发，例如用户点击或滑过某个按钮或改变某个文字，具体如图 6-11 所示。

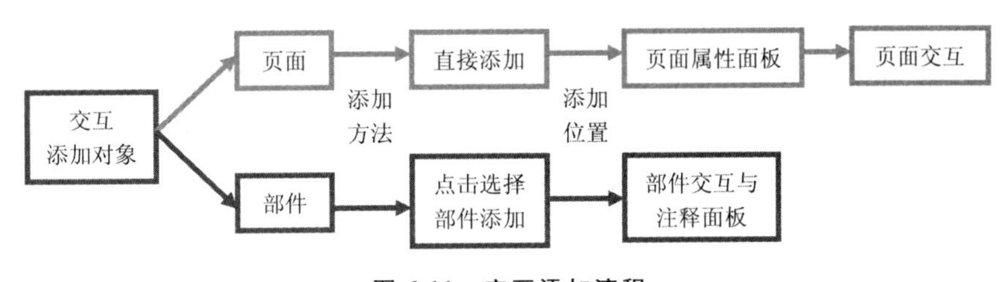

图 6-11　交互添加流程

页面交互中的页面事件主要包括：

(1)页面载入时：当页面启动加载时。

(2)窗口大小改变时：当浏览器窗口大小改变时。

(3)窗口滚动时：当浏览器窗口滚动时。

(4)单击鼠标左键时：当在页面上的任何部件上单击左键时。

(5)双击鼠标左键时：当在页面上的任何部件上双击左键时。

(6)单击鼠标右键时：当在页面上的任何部件上单击右键时。

(7)鼠标移动时：当鼠标在页面上移动时。

(8)键盘按键按下时：当键盘上的按键被按下时。

在部件交互中部件事件主要包括：

第一类：动态面板部件

(1)鼠标单击时：当鼠标在动态面板上单击时。

(2)动态面板状态改变时：当动态面板的状态发生改变时。

(3)开始拖动动态面板时：当动态面板开始被拖动时。

(4)拖动动态面板时：当动态面板处于被拖动的过程之中时。

(5)结束拖动动态面板时：当拖动动态面板动作结束时。

(6)向左滑动时：当向左侧滑动动态面板时。

(7)向右滑动时：当向右侧滑动动态面板时。

(8)载入时：当动态面板随着一个页面的加载被载入时。

(9)更多事件：更多的交互方式，读者可以举一反三。

第二类：文本类部件

（1）文字改变时：当单行文本框或多行文本框中的文字被添加、改变或删除时。

（2）获取焦点时：当鼠标在单行文本框或多行文本框上点击时。

（3）失去焦点时：当鼠标离开（可以理解为在文本外区域点击后）时。

第三类：形状图片类部件

（1）鼠标单击时：当鼠标单击部件时。

（2）鼠标移入时：当鼠标移入部件时。

（3）鼠标移出时：当鼠标移出部件时。

（4）更多事件：更多的交互方式，读者可以举一反三。

以上多种类型的交互方式，需要我们根据实际情况来添加，以便达到交互设计的目的。

（二）用例

从图 6-10 的模块关系图中，可以大体地了解用例。用例是对动作设置条件的，这个条件可以没有，也可以为多个，根据不同的交互需求而定。也就是说，事件与用例的关系为一对一或一对多。

综上分析，用例通常用于以下两种情况：

（1）每个交互事件包含一个用例，且是直接执行的，不需要任何的逻辑判断条件，如图 6-12 所示。

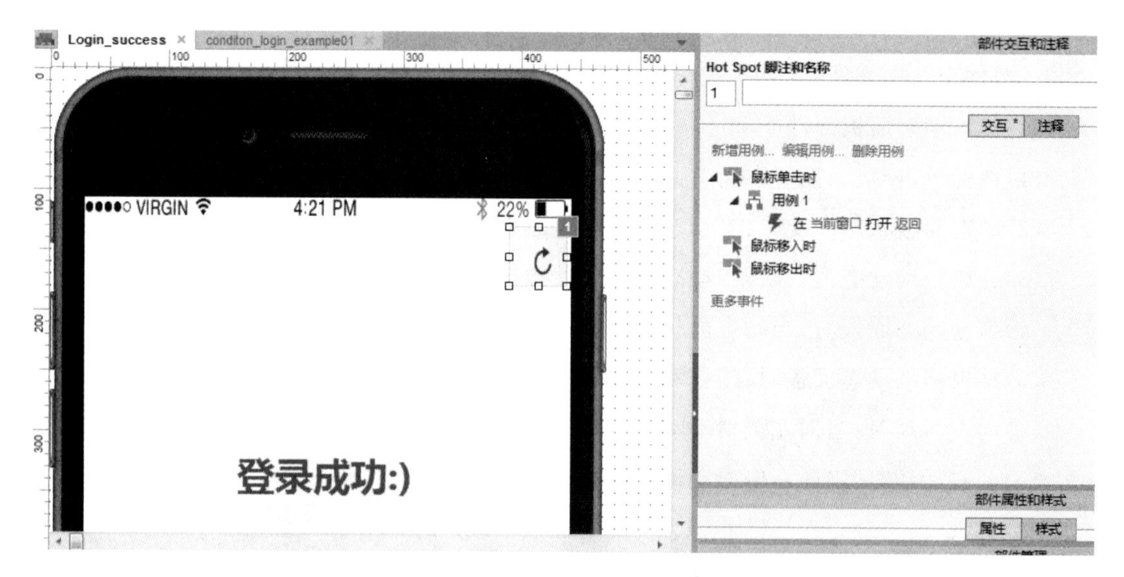

图 6-12　一个事件对应一个用例

(2)每个交互事件包含多个用例，需要用逻辑条件来判断需要执行的具体的交互，如图 6-13 所示，逻辑条件判断为 If 语句的嵌套(If...Else If...)。这将在第五小节“交互基础实例”中详细讲解。

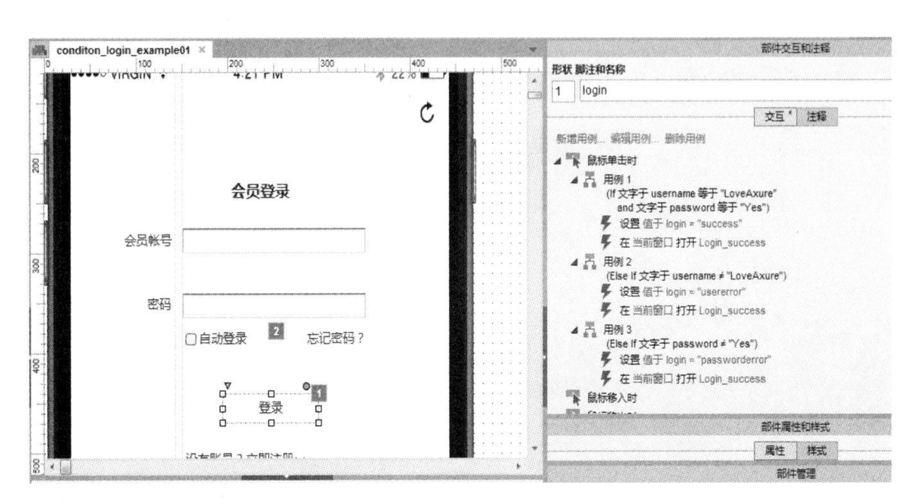

图 6-13　一个事件对应多个用例

添加多个用例的方法如下：

Step1：点击要添加交互的部件 A。

Step2：在部件交互与注释面板中通过双击左键打开一个事件，进入图 6-14 所示的界面，如果不加任何条件，则可以直接添加动作；如果要添加条件，则需点击“新增条件”按钮。

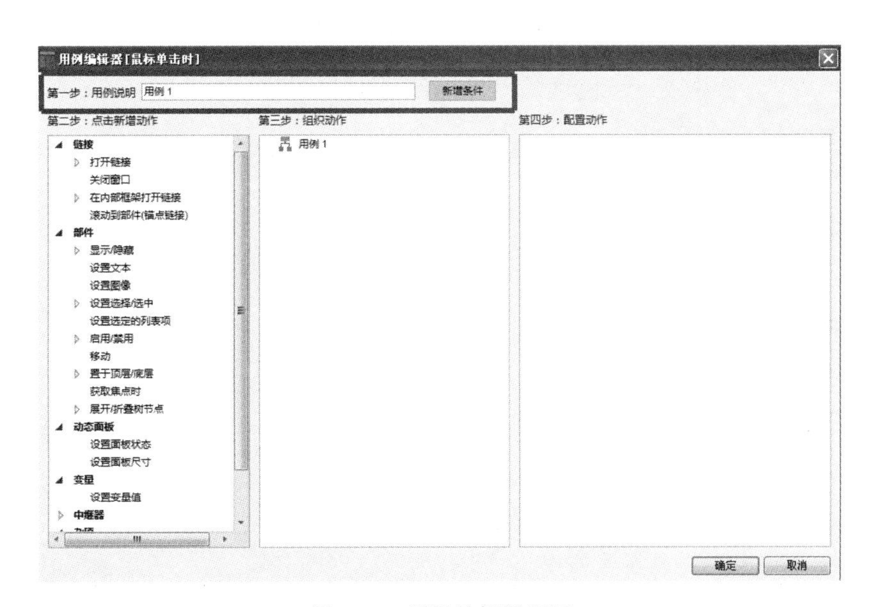

图 6-14　用例编辑器界面

Step3:根据需要添加条件即可,之后进入图 6-15 所示的条件生成界面。

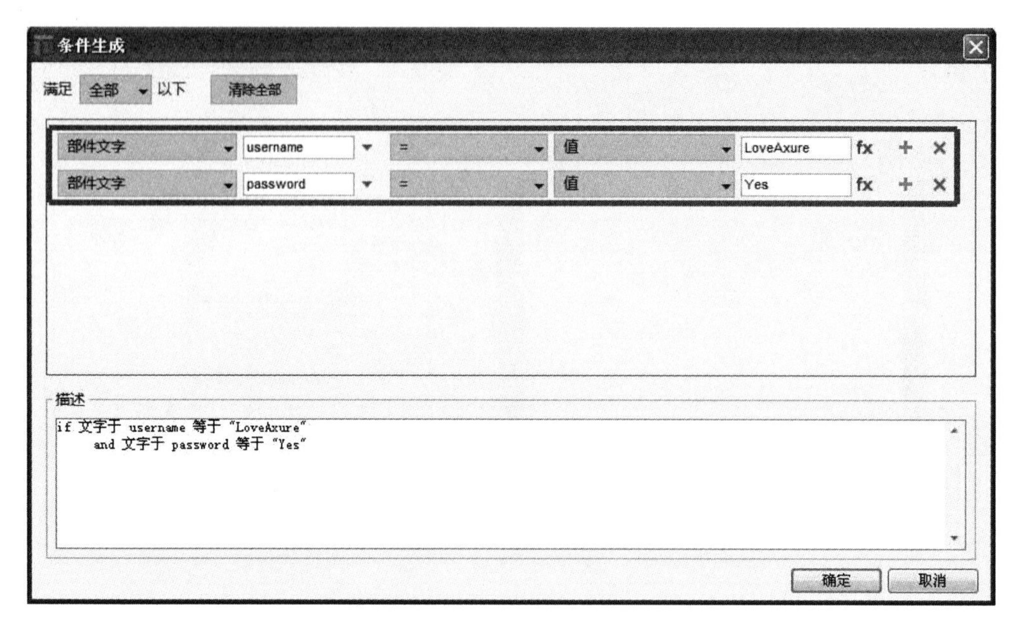

图 6-15　条件生成界面

Step4:添加完成后,点击“确定”按钮,如图 6-16 所示。

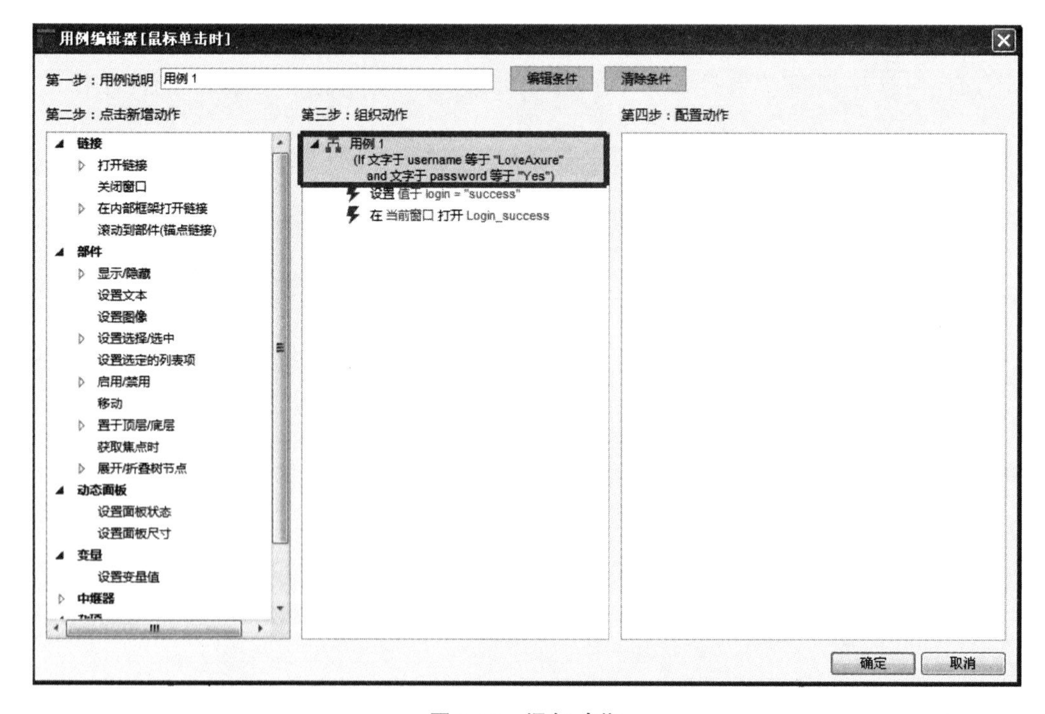

图 6-16　添加动作

Step5：为第一个用例添加完动作后，点击“确定”按钮，则第一个用例添加成功。继续添加第二个用例，点击图中的蓝色文字“新增用例”（如图 6-17），则又进入 Step2 中的界面，只是这个时候用例说明里面的名称变成了“用例 2”，接下来，继续执行 Step3、Step4 和 Step5。在 Step2—Step5 之间循环执行操作，则可以添加多个用例。

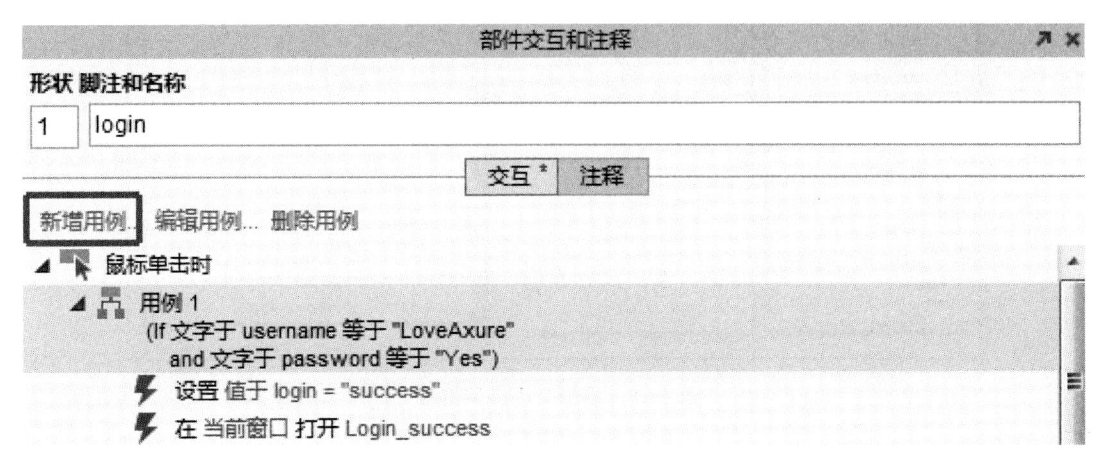

图 6-17　新增用例

（三）动作

动作是由用例定义的对事件的响应。Axure RP7.0 支持六类动作：链接、部件、动态面板、变量、中继器、杂项，每一类动作中的具体动作，将在后面逐步再做详细讲解。

用例中对动作的添加和配置，分三步完成，分别是“点击新增动作”“组织动作”“配置动作”，如图 6-18 所示。

① 点击新增动作：点击由事件触发的相应动作，可以添加多个动作，多个动作从上到下依次在“组织动作”区域显示，执行的顺序也是从上到下逐个执行。

② 组织动作：组织添加的所有动作的执行顺序，执行顺序可以更改，点击图 6-19 中的动作，则出现右边的图，可以通过点击“动作上移”或“动作下移”来调整动作的执行顺序。

③ 配置动作：对动作进行详细的设置，简单来说，就是对哪个对象执行选定的动作、怎么执行。

这三步完成后，点击“确定”按钮，即完成了对一个用例的动作添加。

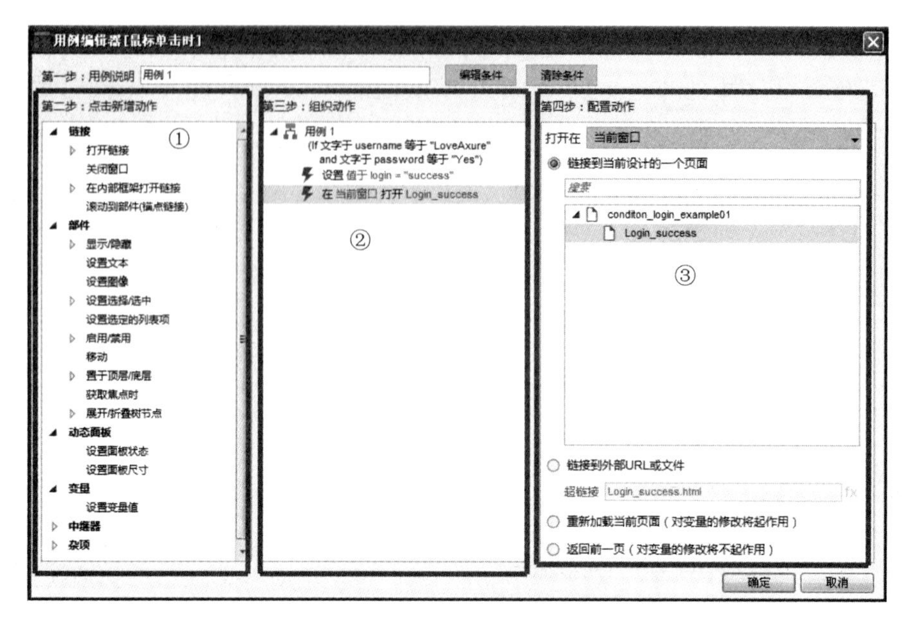

图 6-18　添加交互典型流程

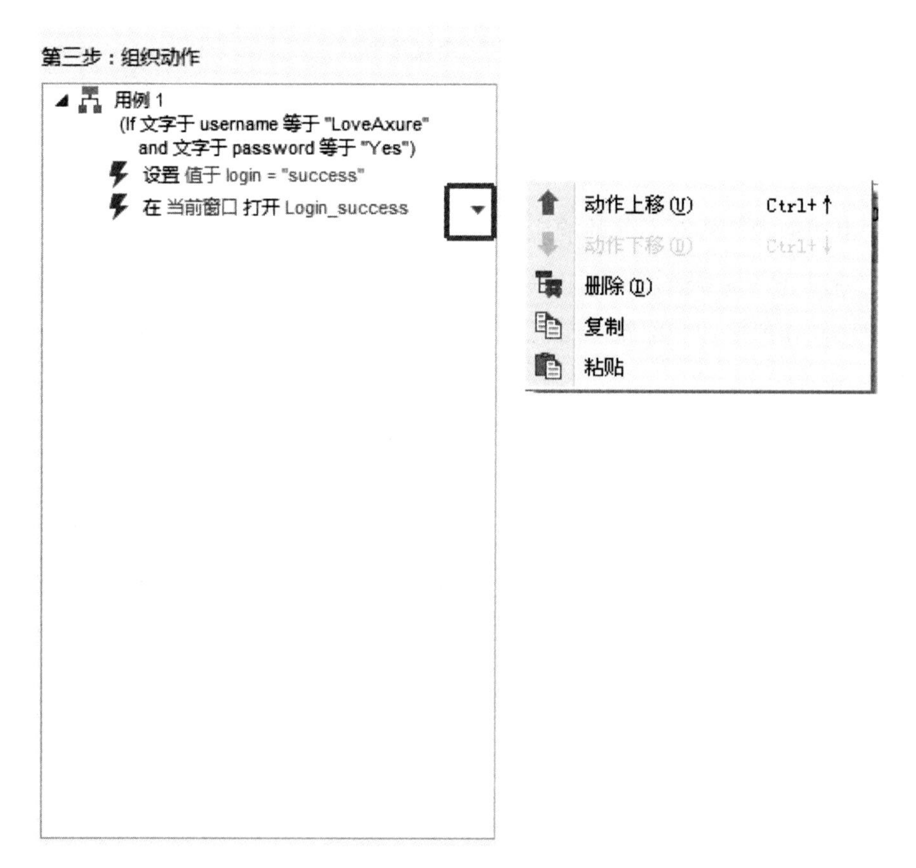

图 6-19　组织动作

五、交互基础实例

实例名称：用户登录

实例介绍：制作一个会员登录的界面，要求输入预先设定的会员账号和密码，点击登录按钮，如果账号和密码正确则登录成功，否则显示账号或密码错误的提示。

关键点提示：

(1)本实例的"事件"是点击登录按钮，"用例"是判断账号和密码，"动作"是在当前窗口打开相应链接。

(2)需要用到的部件是文本框、文本、形状按钮、热区部件，对应的部件图标如下，部件库的位置在：▷ **Default >** 。

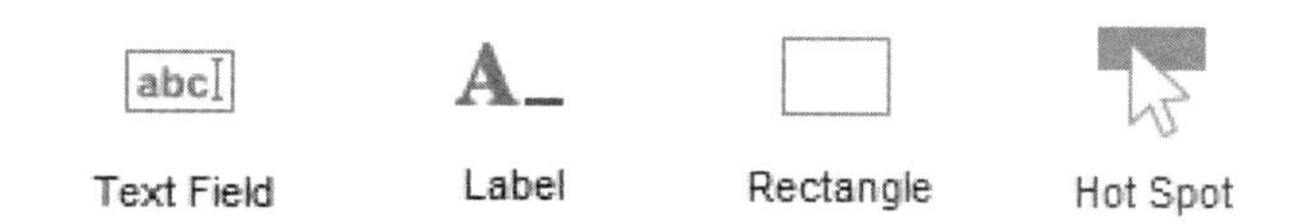

(3)点击"登录"按钮时，要判断账号和密码的正确性，从而执行不同的动作。如果信息正确，就会打开登录成功页面，否则会打开登录失败页面。

(4)热区部件的应用主要有以下几步：

Step1：用户登录主页设计。在 iPhone Bodies 部件库中，将 iPhone 5s 的外框拖到用户登录主页制作区，并锁定，如图 6-20 所示。

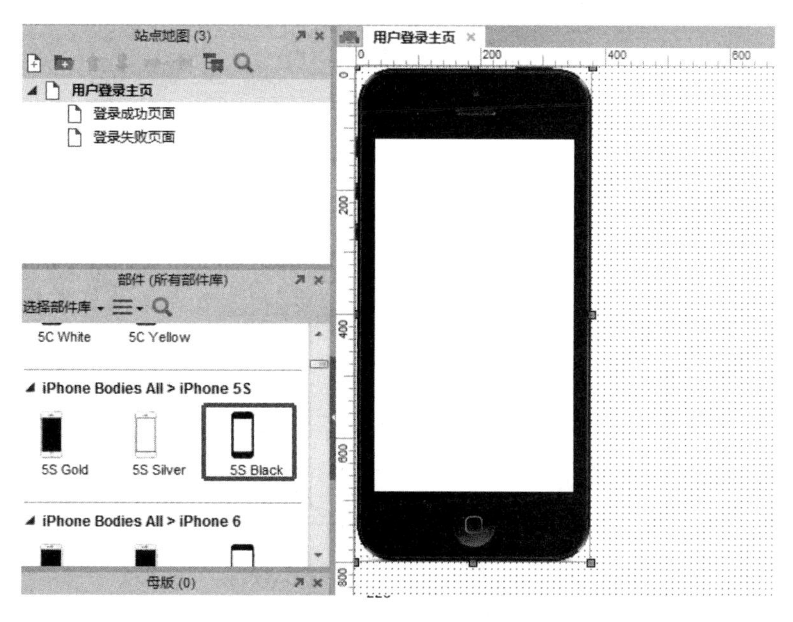

图 6-20　选择手机外壳

Step2:界面布局。分别将要用到的部件拖入设计区(状态栏和导航栏是扩展部件库的部件),将会员账号输入文本框命名为“username”,密码输入文本框命名为“password”,登录按钮命名为“login”,如图 6-21 所示。

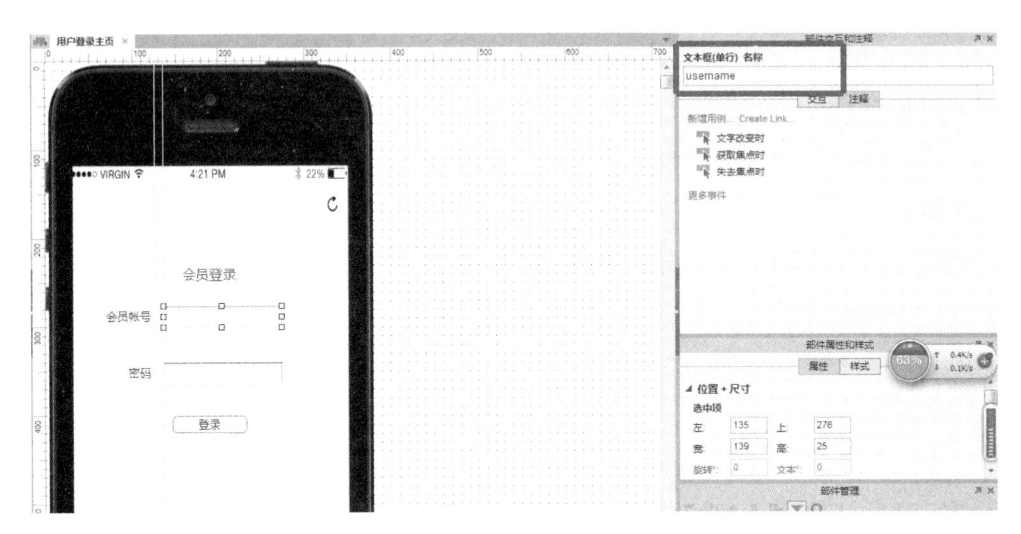

图 6-21　主界面布局和部件命名

Step3:设计登录成功页面和登录失败页面的布局,如图 6-22 所示。

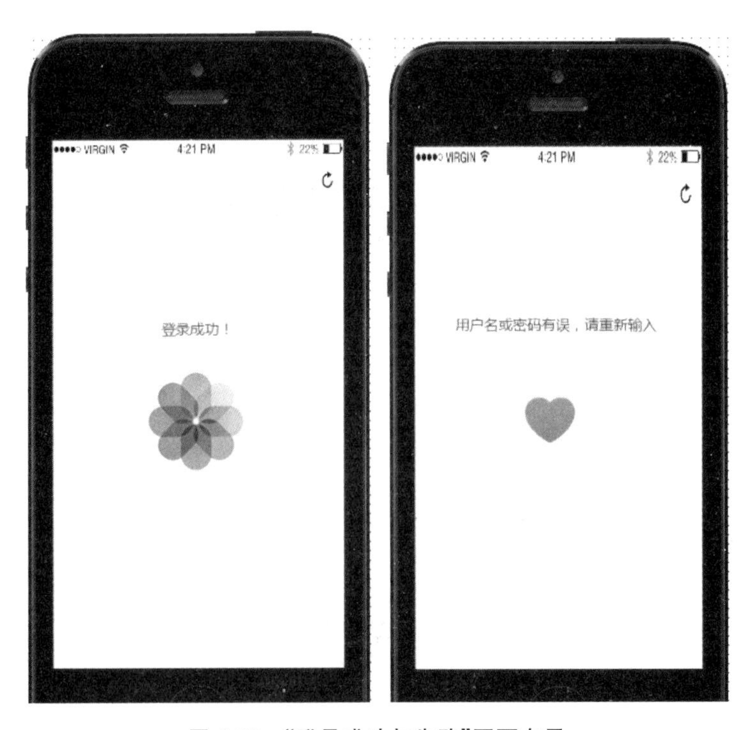

图 6-22　“登录成功与失败”页面布局

Step4：在用户登录主页（图 6-21）点击“登录”按钮，并在右侧的部件交互面板中双击“鼠标单击时”事件，进入图 6-23 所示的界面，此时点击“新增条件”按钮。

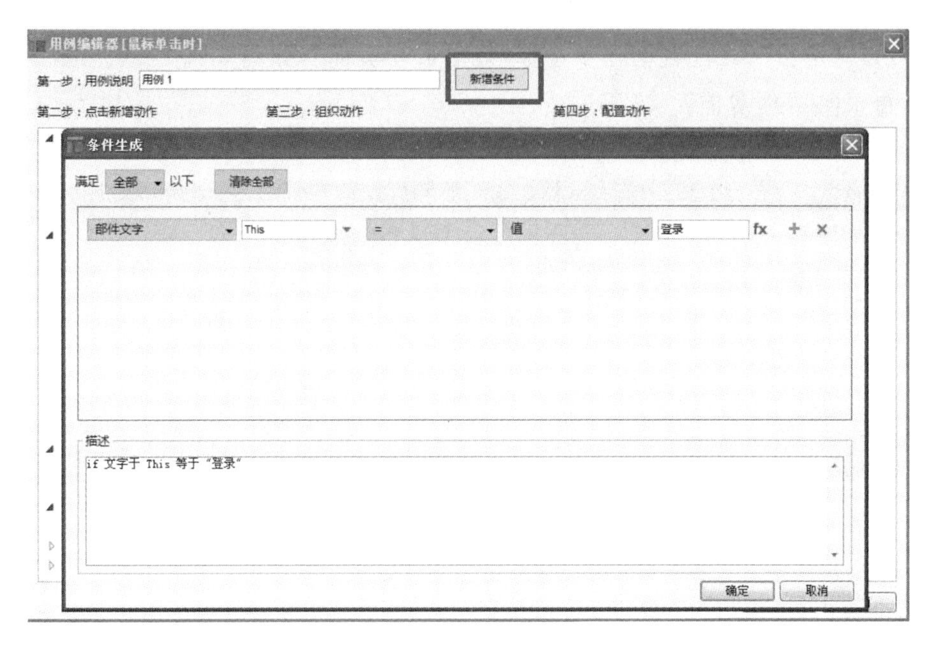

图 6-23　新增条件

Step5：设置条件为部件“username”＝“LoveAxure”并且“password”＝“Yes”，如图 6-24 所示，然后点击“确定”按钮。

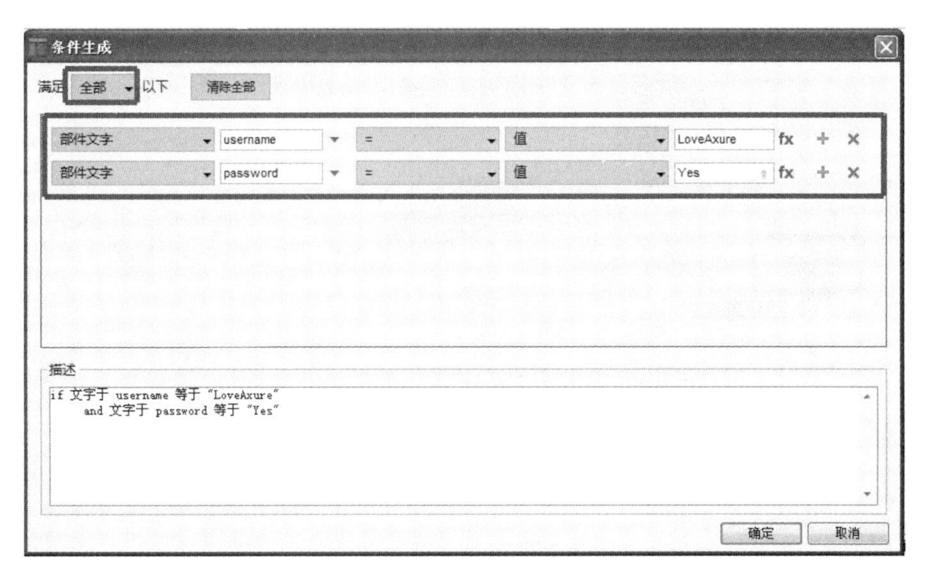

图 6-24　添加条件

提示：因为是用户登录实例，所以我们认为用户已经申请好了账号，并预设了密码，即会员账号为“LoveAxure”，密码为“Yes”。

Step6：如果上面两个条件都满足，则在当前窗口打开登录成功页面，所以选择新增动作“链接”→“打开链接”，在配置动作中选择“登录成功页面”，如图6-25所示。最后点击“确定”按钮，显示图6-26界面。

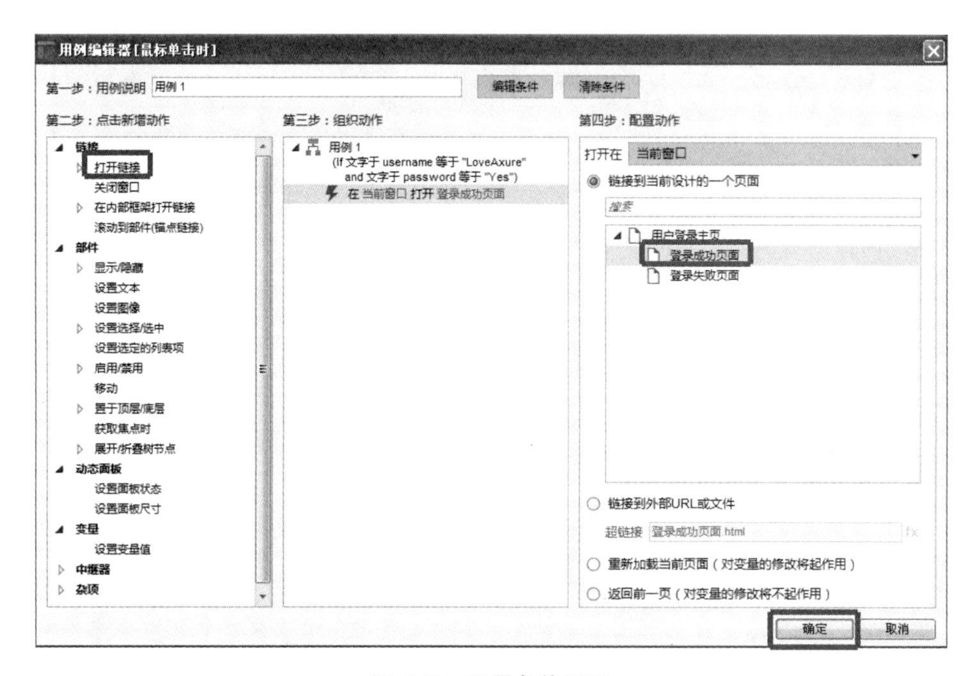

图 6-25　配置条件页面

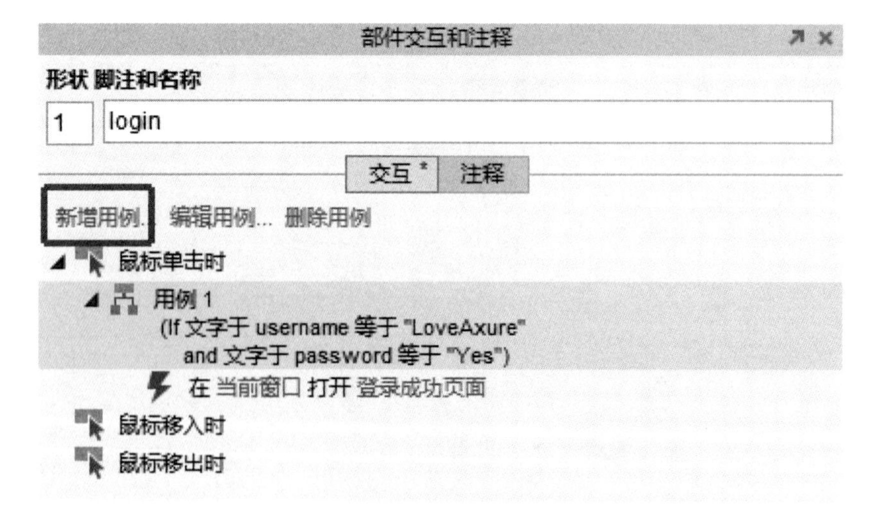

图 6-26　新增用例

Step7：如果账号或密码有误，则打开登录失败页面，所以还需要增加用例进行判断，点击图 6-26 中的“新增用例”，设置条件为部件“username”≠“LoveAxure”或者“password”≠“Yes”，只要有一个条件不满足，则打开登录失败页面。

注意：图 6-27①处应由“全部”切换为“任意”，任意的意思是满足两个条件中的任何一个。

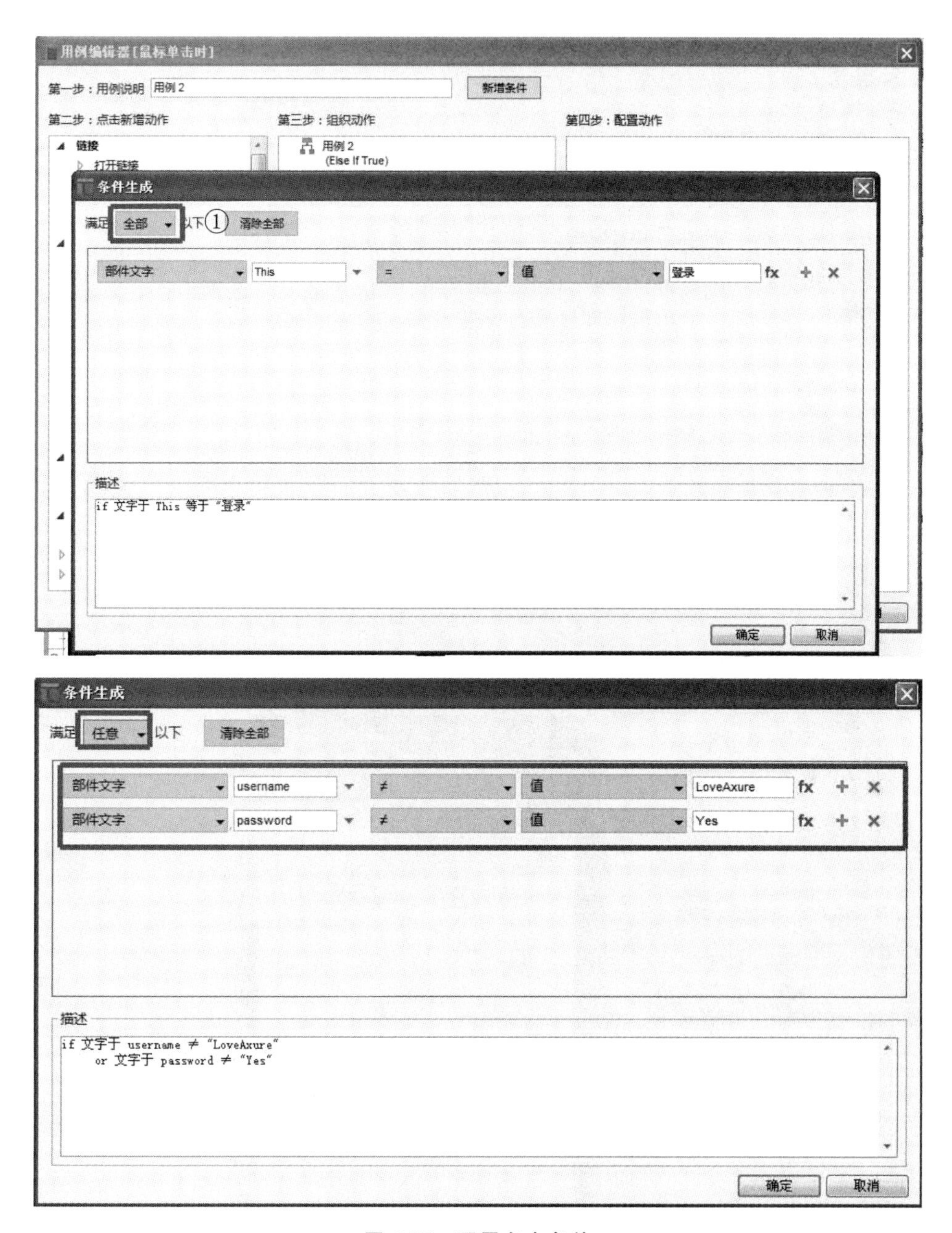

图 6-27　配置多个条件

Step8：选择新增动作“链接”—“打开链接”，在配置动作中选择“登录失败页面”，最后点击“确定”按钮，显示图 6-28 界面。

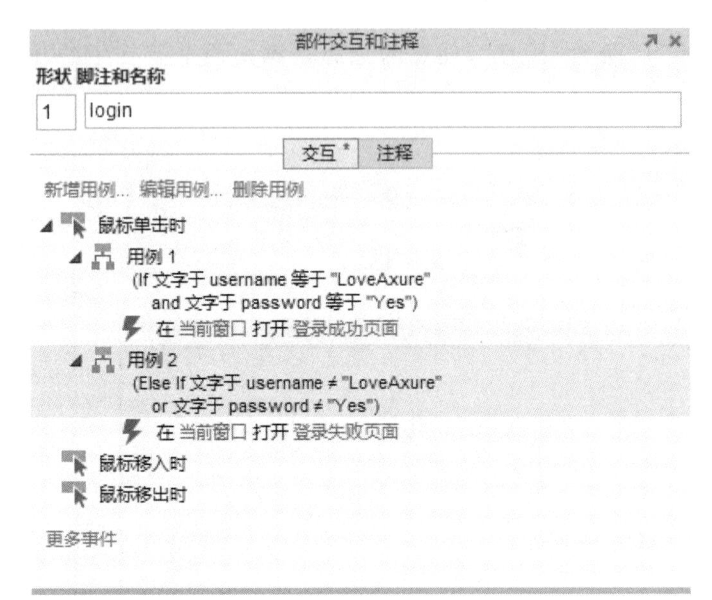

图 6-28　添加完条件后的页面

Step9：当进入登录失败页面后，设置从“登录失败页面”到“用户登录主页”的链接。如图 6-29 所示，为导航栏图标↻添加一个热区部件（热区类似于按钮，也就是说，热区所占的区域为按钮区域），点击热区。

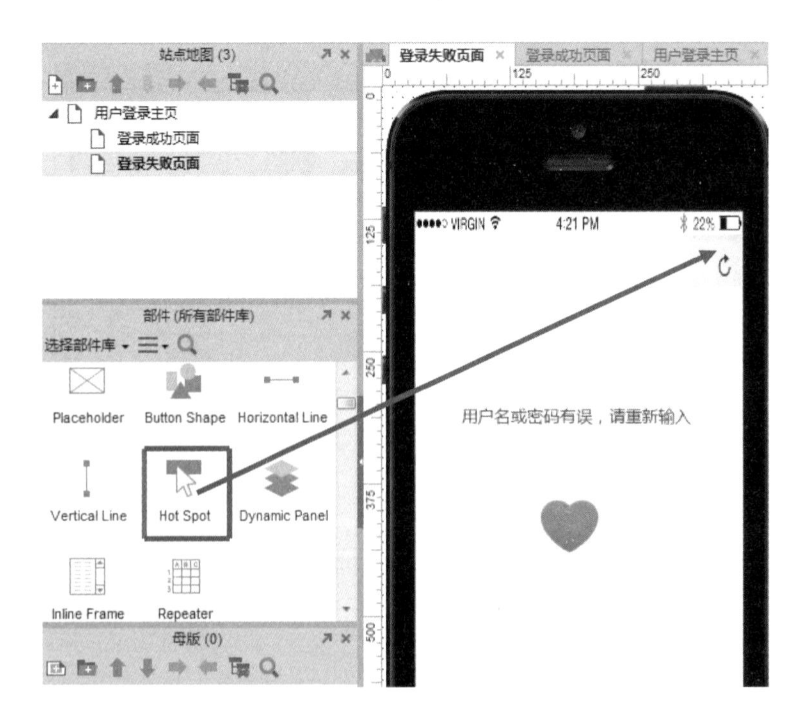

图 6-29　热区

Step10:点击“鼠标单击时”事件,此处不需要增加用例条件,之后点击“打开链接”,如图6-30所示。

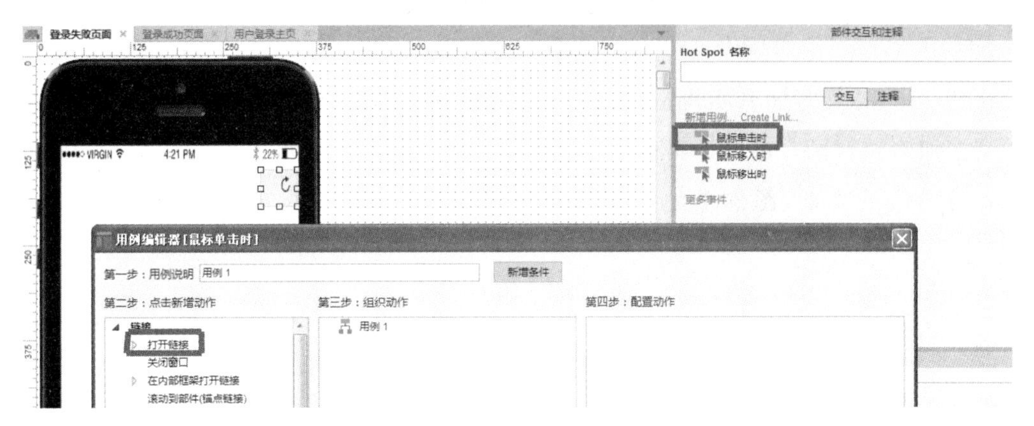

图 6-30　用例编辑器

Step11:在配置动作区域点击“登录失败页面”或“返回前一页”,结果是一样的,如图6-31 所示,然后点击“确定”按钮。

注意:“返回前一页”的意思是现在的页面是通过哪一个页面跳转过来的,那么就返回到哪个页面。

图 6-31　组织交互动作

Step12：按下快捷键 F5，则可以预览此实例。至此，该实例就完成了。

第二节　流程图

在 Axure 中，流程图其实也是页面。页面有两种类型：流程图页面和线框图页面（线框图页面即为正常的产品设计页面）。流程图是由一些图框和流程线组成的，其中，图框表示各种操作的类型，图框中的文字和符号表示操作的内容，流程线表示操作的先后次序。

一、为什么要使用流程图

千言万语，不如使用一张图，图能更好地表现设计的过程和方法，让人一目了然。使用流程图的原因如下：

（1）可以清晰地表达不同页面间的交互和层级关系。

（2）可以清晰地表达多个用例的逻辑关系。

（3）可以清晰地表达对任何事件过程和步骤的描述。

（4）方便与客户或合作者进行沟通与交流。

二、创建流程图

为了便于识别，流程图的习惯表达是：

（1）▢圆角矩形表示“开始”与“结束”。

（2）□矩形表示行动方案或动作。

（3）◇菱形表示逻辑判断。

（4）▱平行四边形表示输入与输出。

（5）箭头代表逻辑执行工作流方向。

在部件库中，我们只需要将用到的部件拖入工作区域即可。流程图部件和别的部件不太一样，它的每一条边都有一个连接点，主要用于连接部件。当连接部件时，两个部件的连接点会自动连接起来。流程如图 6-32 所示。

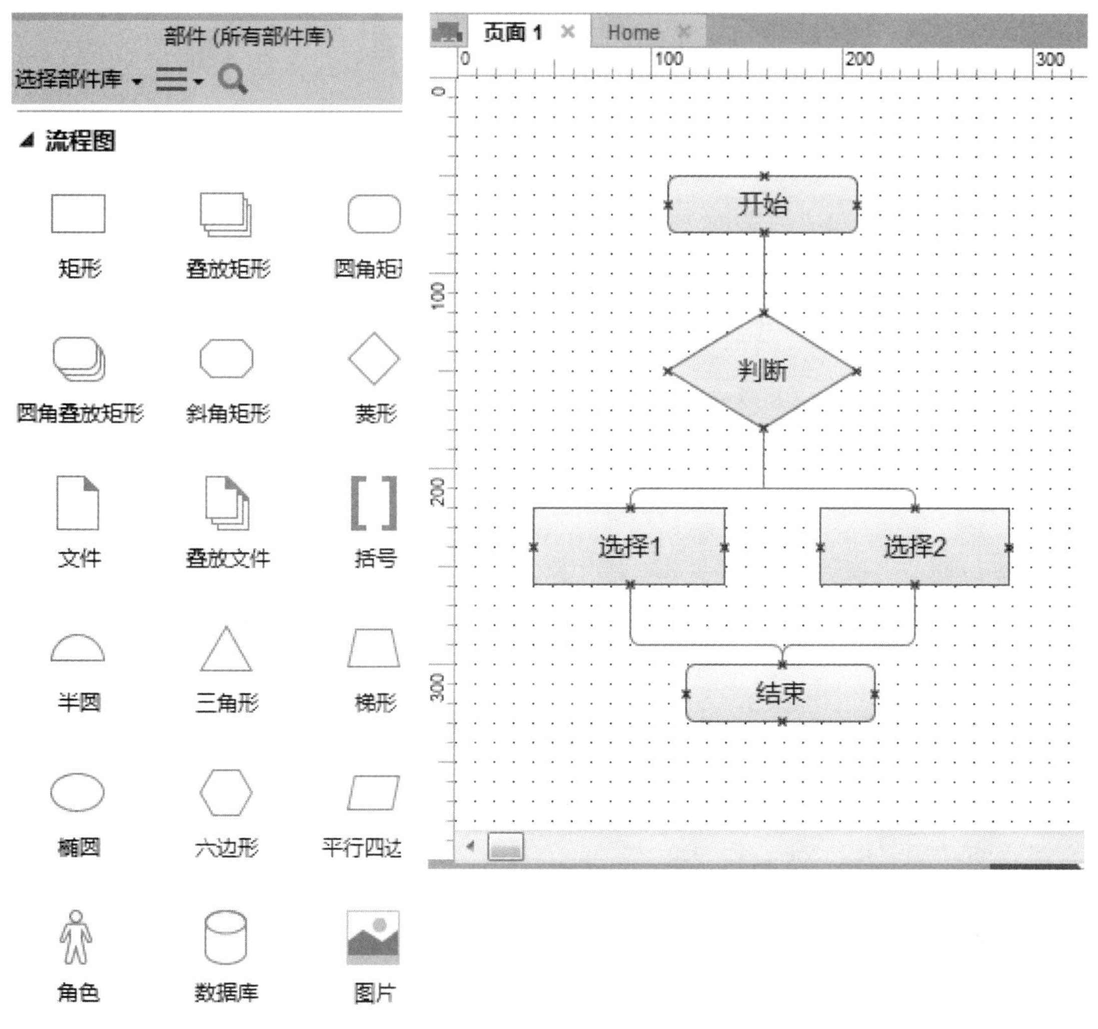

图 6-32　流程图示意(1)

如何连接两个部件呢？点击工具栏上的 100% ，就可以轻松地在两个部件之间建立连接，而且软件可以自动捕捉连接点。若要让连接线带箭头或改变连接线的箭头形状，则要先选择连接线，再在工具栏中选择箭头形状 ，可以选择自己喜欢的任意箭头模式，如图 6-33 所示。

在默认状态下，流程图是在页面中完成的，那如何将页面类型改为流程图呢？在页面上单击右键后会出现“图标类型”选项，点击之后再选“流程图”，这时会发现页面属性图标由 页面 1 变为 页面 1 (如图 6-34)，也就是说，我们可以通过图标看出该页面到底是线框图还是流程图。

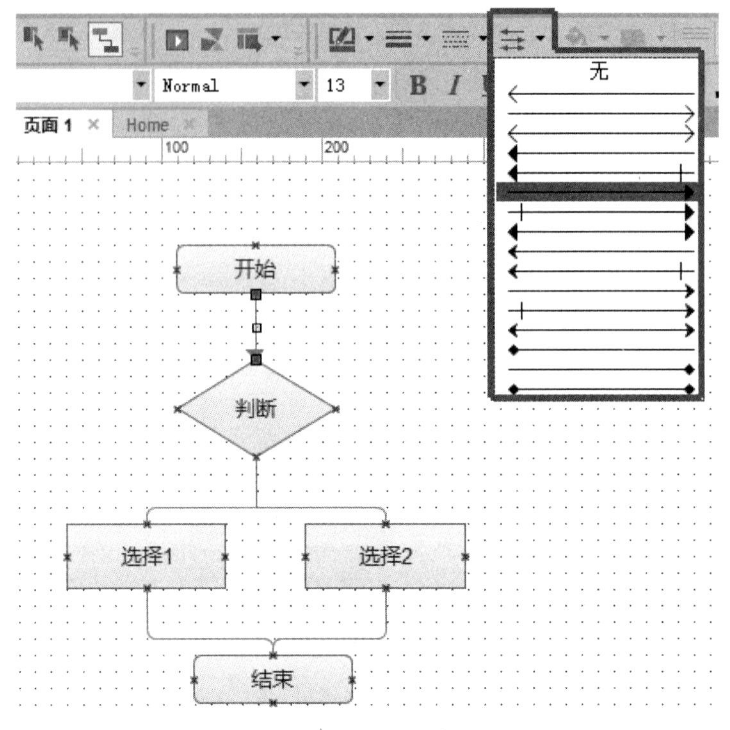

图 6-33　流程图示意(2)

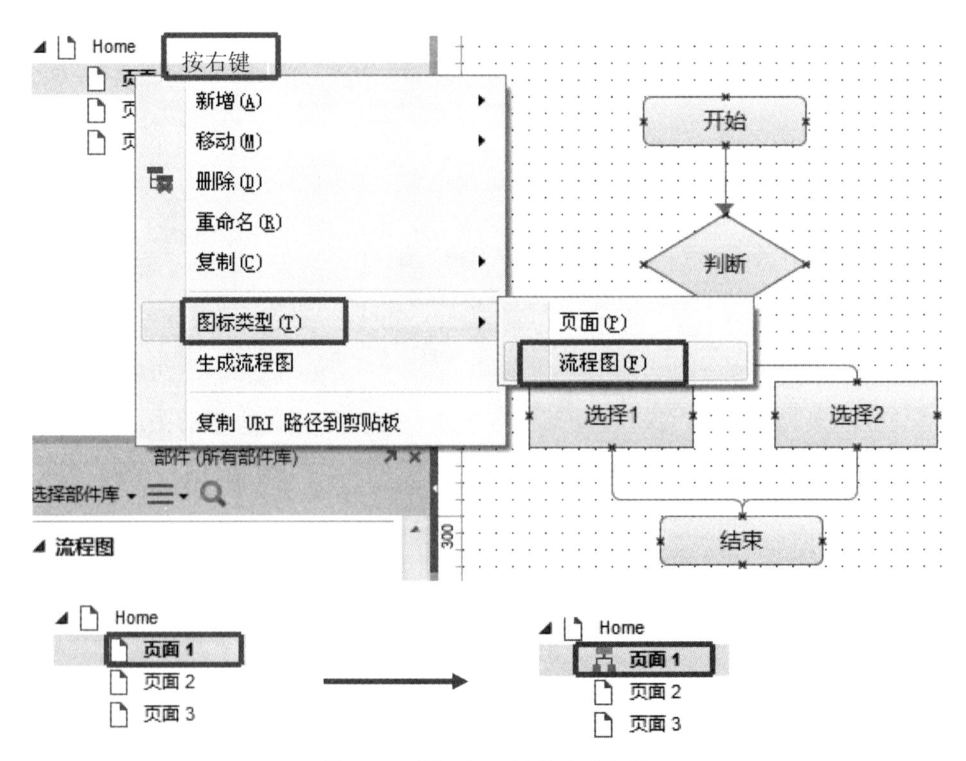

图 6-34　更改页面属性为流程图

三、添加参照页

所谓参照页就是流程图上的每一个部件形状所对应的实际页面，即当点击流程图中的形状后，将跳转到相应的页面上，无须添加任何交互事件。

添加参照页的流程如下：

Step1：点击流程图上的某个形状。

Step2：在形状上单击右键打开“参照页”界面。

Step3：选择相对应的页面，并点击“确定”按钮，完成添加。

如图 6-35 所示，流程图中的“开始”对应“用户登录主页”页面，也就是说，为形状“开始”添加了一个参照页“用户登录主页”，此时当我们点击流程图中的“开始”形状时，就会自动跳转到“用户登录主页”。

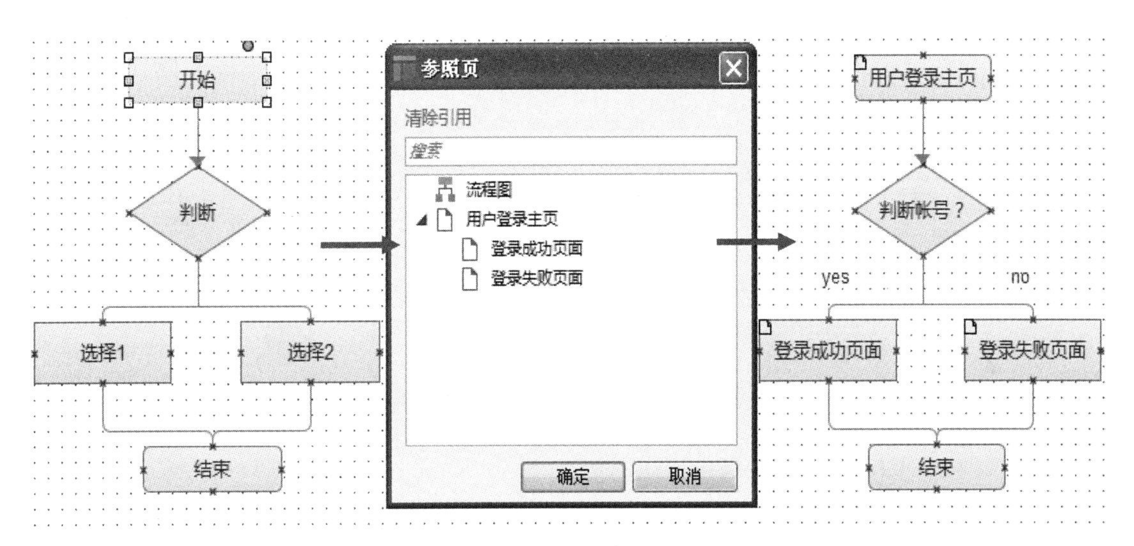

图 6-35　添加参照页

四、自动生成流程图

生成基于站点地图层级关系的流程图的流程如下：

Step1：打开想要生成流程图的主页面。

Step2：选择想要生成流程图的子页面（如果需要，则选择子页面；总之，需要哪个页面就打开并选择相对应的页面）。

Step3：单击右键，选择“生成流程图”，在弹出的对话框中，选择水平生成或者垂直生成。

Step4：点击“确定”按钮完成。

注意:图 6-34 中的流程图是自己画出来的,图 6-35 中的流程图是根据已有页面系统自动生成的。

第三节 动态面板高级应用

本节主要介绍设计高保真原型所需要的动态面板交互行为,动态面板是 Axure 中的重点,一定要掌握,并要做到灵活运用。学会举一反三,可以做出很多交互特效。如果对动态面板使用不熟悉的话,对原型的制作会有很大的影响。

一、动态面板控件

动态面板控件(Dynamic Panel)可以帮助我们实现高级的交互功能。动态面板包含多个状态(states),每个状态可包含一系列控件(可以理解为,一个动态面板状态是一个独立的界面,这个界面依附于动态面板)。任何时刻都只显示一个状态,如果没有交互控制,则默认显示第一个状态。整个动态面板可以被隐藏。配合交互事件,可以让动态面板的状态随着交互的要求进行隐藏、显示或切换。一般情况下,动态面板是和按钮或标签配合使用的,即当在按钮或标签上有鼠标动作时,就要对动态面板进行相应的交互设计。动态面板的使用和其他部件是一样的,只需要将其拖到工作区域即可。

动态面板部件的位置在◢ Default > Common 中,部件图标为  Dynamic Panel 。

(一)使用动态面板的优势

(1)可以对同一页面下多个动态显示的内容进行管理。

(2)可以减少设计的页面数。

(3)可以优化产品的设计。

(4)可以更灵活地进行交互设计。

(二)如何添加动态面板的状态

在线框图页面中,在动态面板控件上双击左键,可以打开一个动态面板状态管理器(Dynamic Panel State Manager)对话框,如图 6-36 所示,在对话框中可以进行创建、重命名、重新排序、删除和编辑动态面板的操作。

图 6-36 中的图标从左到右依次是:✚ 增加状态, 复制某一个选中的状态, 调

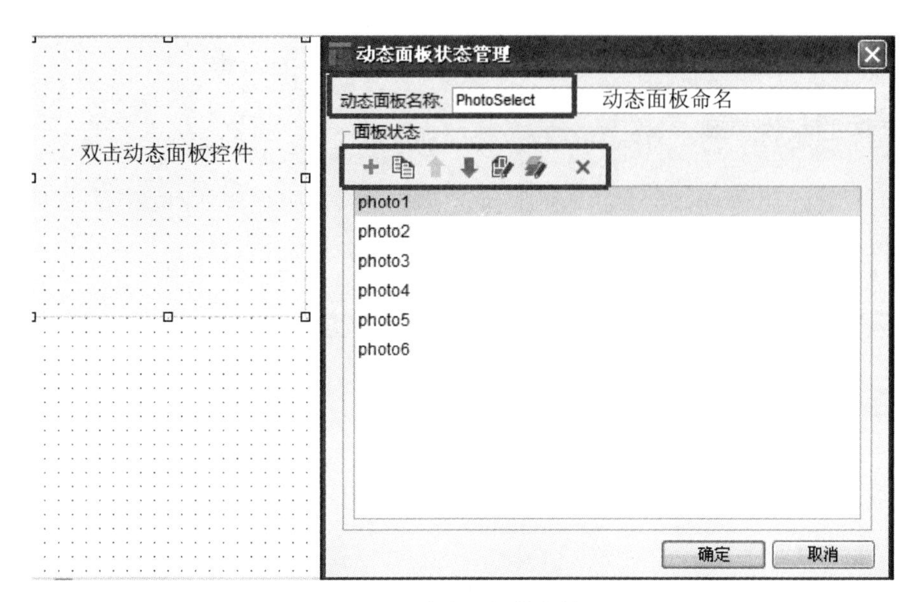

图 6-36　动态面板状态管理

整状态显示的顺序，编辑一个或多个状态，✕删除某一个选中的状态。

值得注意的是，动态面板的状态编辑区域是独立于当前设计的线框图页面。快速进入动态面板编辑页面的方法是双击图中选中的某一状态，例如我们要进入 photo4 状态编辑页面，则双击“photo4”即可，如图 6-37 所示。

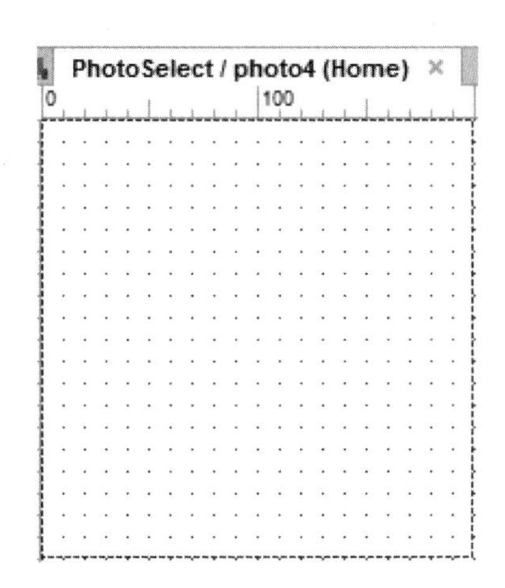

图 6-37　动态面板状态编辑页面

此时我们可以在虚线框内放置任意部件（像在线框图页面放置部件一样），但是不能超出此区域（此区域为动态面板的显示范围），超出此区域的部件或部件的一部分在发布后将是不可见的。

我们可以依次对 photo1—photo6 的所有状态进行编辑，但是动态面板在同一时间内只显示 photo1 的状态内容。

(三)动态面板的管理

动态面板管理器(Dynamic Panel Manager)提供了管理页面中所有动态面板的功能,可以在主菜单上选择“视图→面板→部件管理”来调出动态面板管理器。

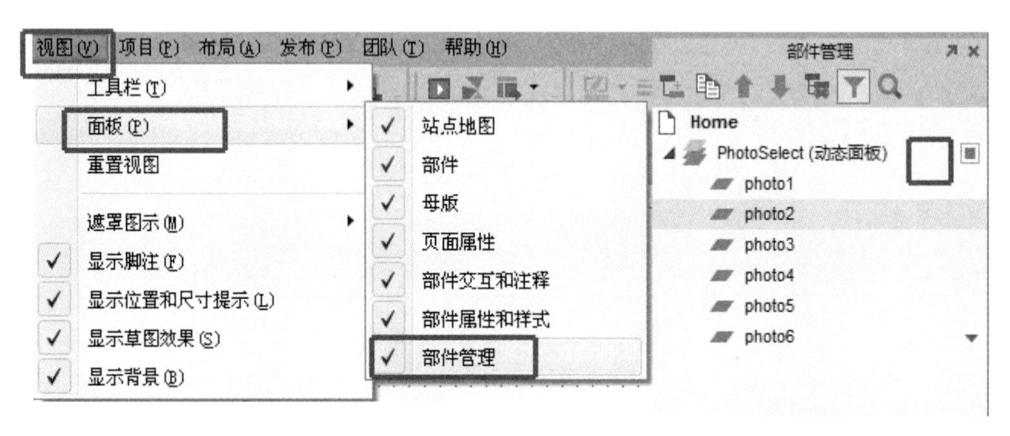

图 6-38 动态面板管理器

动态面板的状态可以通过动态面板管理器进行新增、移除、编辑。在动态面板名称或状态名称上单击右键,会弹出一个右键菜单,使用这个菜单可以进行新增、移除等操作。在状态名称上双击左键,就可以打开状态页面进行编辑,和图 6-37 所示的进入的编辑区域是一样的。

另外,为了更方便地设计线框图,动态面板管理器还提供了暂时隐藏或显示动态面板的功能。用鼠标点击动态面板名称右侧的小方块,可以在隐藏或显示状态之间切换;或者可以点击动态面板,然后单击右键,在“设为隐藏”和“设为可见”之间进行切换。

(四)动态面板的创建方法

动态面板的创建方法有如下两种:

第一种:先将动态面板部件拖放到设计区域并命名,在部件属性和样式面板中设置动态面板的大小,然后双击动态面板部件添加多个状态。

第二种:先设计内容区域,然后单击右键选择“转换为动态面板”,最后,再双击动态面板添加多个状态即可。

使用第二种方法创建的动态面板的每个状态,其设计区域在纵向上大小可以不一样,需要根据设计灵活调整。

二、动态面板的功能

动态面板是 Axure 的重点，主要有以下几个功能：

(1)设置显示/隐藏效果。

(2)设置滑动效果。

(3)设置拖动效果。

(4)设置多状态切换效果。

以上这些效果都在部件交互和注释面板里，我们选择动态面板后，屏幕上才会完整地显示动态面板的交互事件。交互事件主要有八个，我们还可以点击“更多事件”以显示更多，做出更加逼真的交互效果。事件列表如图 6-39 所示。

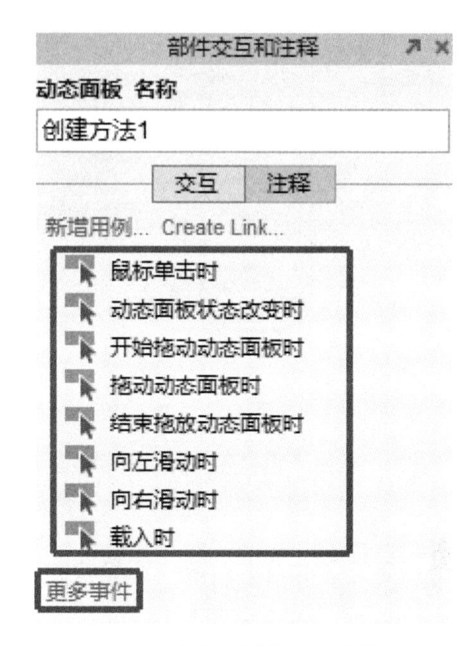

图 6-39　动态面板的交互事件

一般来说，与动态面板的交互，大部分都是通过按钮来触发的，只有一小部分是通过对动态面板的操作来实现的，图 6-39 中的事件都是对动态面板本身进行的操作，下面将简单地举几个情景案例来帮助学习者理解动态面板的交互，具体内容会在综合案例中进行详细讲解。

(一)显示/隐藏效果

情景：动态面板的初始状态为“隐藏”，当点击动态面板时，会显示动态面板的某个状态。

设置步骤：点击选中动态面板→鼠标单击时→动态面板(设置动态面板状态)→选择要显示的动态面板→勾选“显示面板(如果隐藏)”，如图 6-40 所示。

(二)滑动效果

情景：滑动效果多用于 App 启动时的闪屏效果，闪屏一般要么是自动运行的，要么是滑动的。

设置滑动闪屏的步骤：点击选中动态面板→向左滑动时或向右滑动时→动态面板(设置动态面板状态)→选择要设置的动态面板→选择状态(下一步)→勾选“从最后一个到第一个自动跳转”。

设置自动闪屏的步骤：点击选中动态面板→载入时→动态面板(设置动态面板状态)→

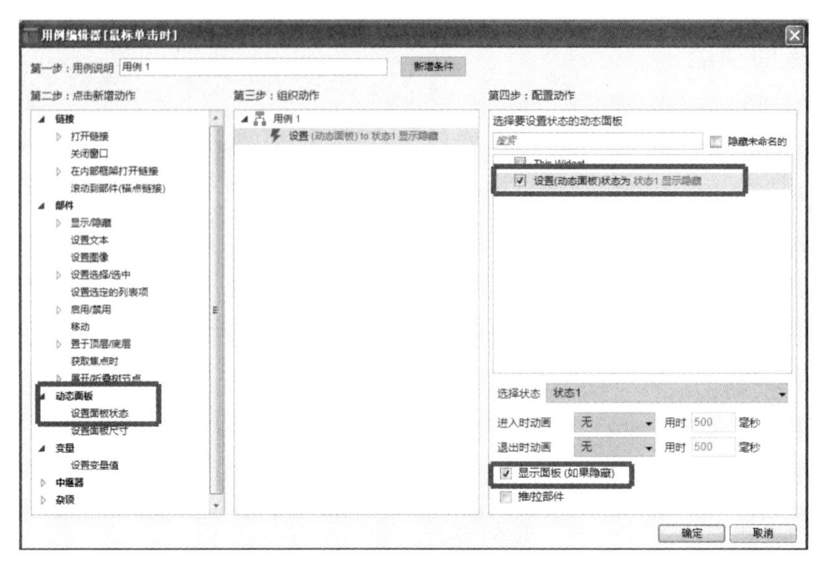

图 6-40　设置动态面板的状态

选择要设置的动态面板→选择状态(下一步)→勾选"从最后一个到第一个自动跳转"→勾选Repeat every　　毫秒→在框中填入循环的时间间隔。

提示：下一步的意思是进入动态面板的下一个状态；上一步的意思是进入动态面板的上一个状态。具体设置界面如图6-41所示。

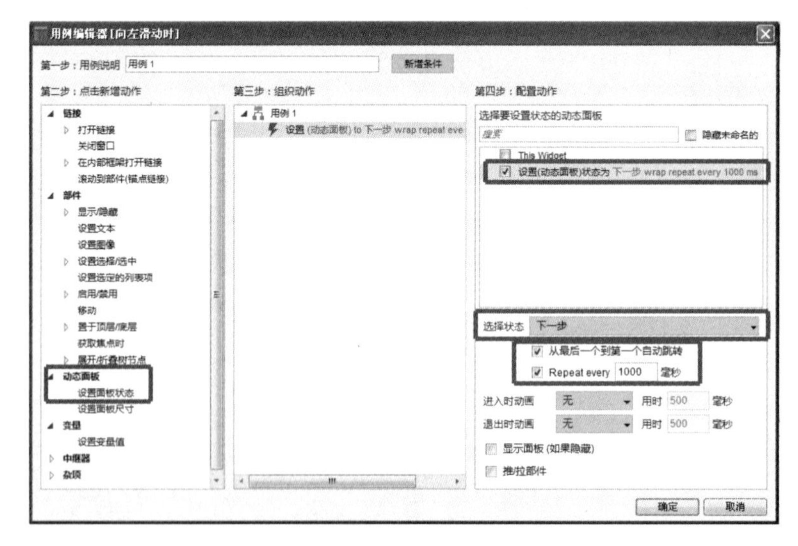

图 6-41　设置动态面板状态

(三)拖动效果

开始拖动时、拖动时和拖动结束时，这3个事件允许我们在拖动的每个阶段添加动态面板交互。

开始拖动动态面板时：发生在动态面板拖动动作刚刚触发时。

拖动动态面板时：发生在动态面板拖动的过程中。

结束拖动动态面板时：发生在动态面板拖动结束时。

情景 A：手机的滑动解锁功能。

情景 B：手机页面的纵向浏览功能。

情景 C：手机页面的横向换页功能。

(四)多状态切换效果

动态面板的不同状态能实现图片轮播效果、图形转动效果、文本切换效果等。多状态切换效果也是动态面板中用得最多并且最灵活的效果。

情景 A：Tab 标签。

情景 B：菜单。

Tab 标签多状态切换交互效果将在下一小节“实例”中详细讲解。

三、实例

(一)Tab 页签效果

介绍：Tab 页签动态面板可用于创建一个 Tab 页签。例如，Tab 有 3 个页签，则可以将这三个页签对应作为动态面板的三个状态，每一个状态代表一个打开的页签状态，然后在每个页签上设置一个交互动作，当点击某个页签时，就会切换到动态面板对应的某个状态。

关键点提示：

(1)本实例的“事件”是滑入 Tab 页签，“用例”不需要条件判断(即只有一个用例)，“动作”是显示相应动态面板的状态。

(2)需要用到的部件是文本部件、形状部件、热区部件、动态面板部件，对应的部件图标如下，部件库的位置在◢ Default > Common。

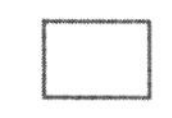

(3)当鼠标滑入 Tab 页签时，显示相应的 Tab 页。

最终界面显示效果如图 6-42 所示。

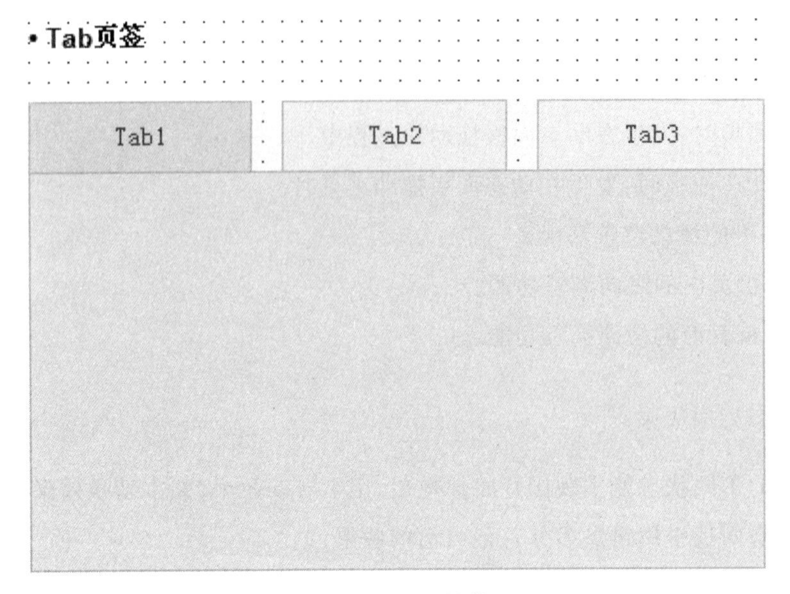

图 6-42 Tab 页签效果

Step1:在部件库中拖出一个文本部件,双击左键,该部件将内容改为“Tab 页签”,如果要更改其他属性,可以在部件属性和样式面板中设置,如图 6-43 所示。

说明:部件属性和样式面板功能非常强大,尤其是“交互样式”,学习者可以仔细把每个功能都研究一下,比较简单的设置,这里就不再赘述了。

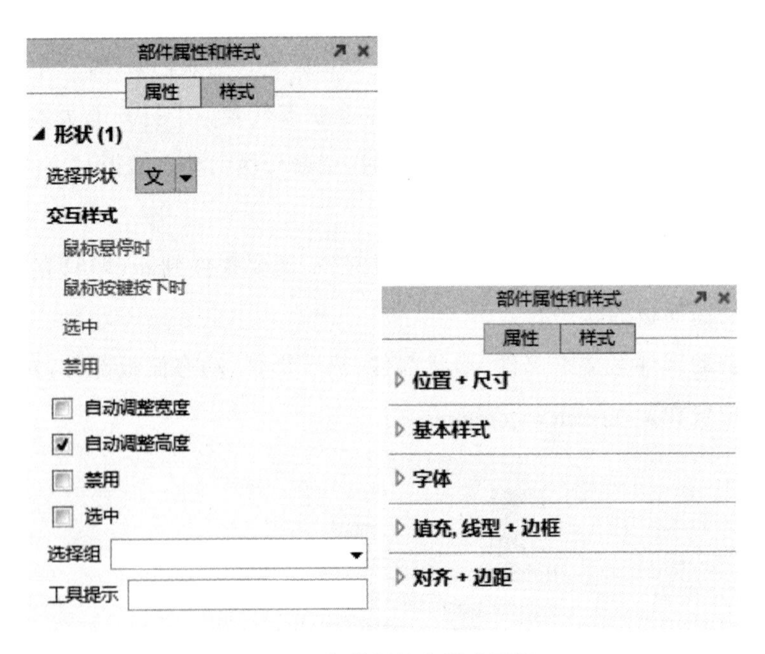

图 6-43 部件属性和样式面板

Step2：在部件库中拖出一个动态面板部件，在样式中设置面板大小为宽: 375 高: 235，并在部件交互与注释面板中将动态面板名称设置为“横Tab”，如图 6-44 所示。

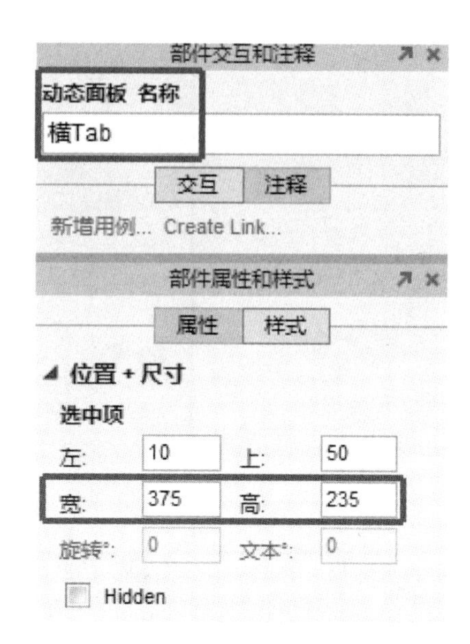

图 6-44　动态面板属性更改

Step3：双击动态面板，点击 + ，为动态面板设定三个状态，点击并将名称分别更改为“Tab1”“Tab2”“Tab3”，如图 6-45 所示。

Step4：双击“Tab1”状态，进入“Tab1”状态编辑区域，编辑后如图 6-46 所示，①和②两部分分别为形状部件，在形状部件上双击左键，即可添加文本“Tab1”。

注意：不能超过虚线框，否则在此区域外面的部分发布后将不显示。

图 6-45　设定动态面板状态

Step5：重复 Step4，编辑“Tab2”状态和“Tab3”状态，如图 6-47 所示。

Step6：此时动态面板的显示状态如图 6-46 和 6-47 所示，但是 Tab 页签是可以切换的。目前只显示 Tab1，Tab2 和 Tab3 均不显示（动态面板同一时刻只显示第一个状态），那么怎

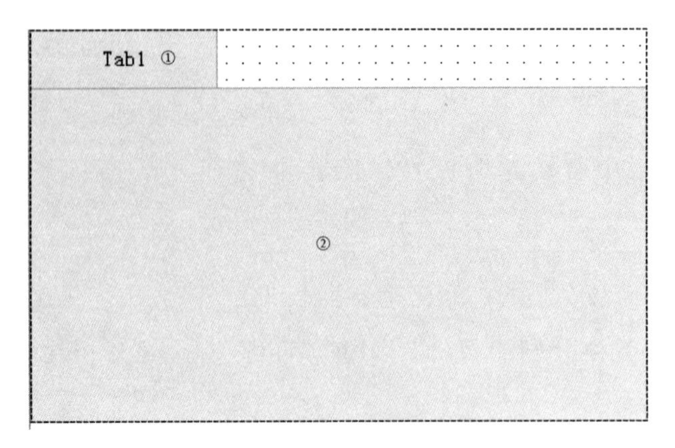

图 6-46 添加文本

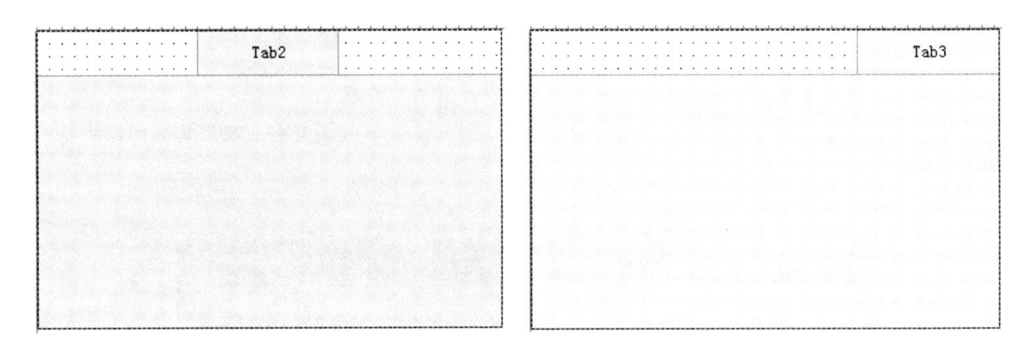

图 6-47 编辑 Tab 状态

么做才能同时显示 Tab1、Tab2 和 Tab3 呢？我们可以在图 6-48 中的矩形区域内分别放置三个矩形部件，将三个矩形部件分别命名为“Tab1”“Tab2”“Tab3”，并在动态面板上单击右键，设置显示顺序为“置于顶层”，具体操作如图 6-48 和图 6-49 所示。

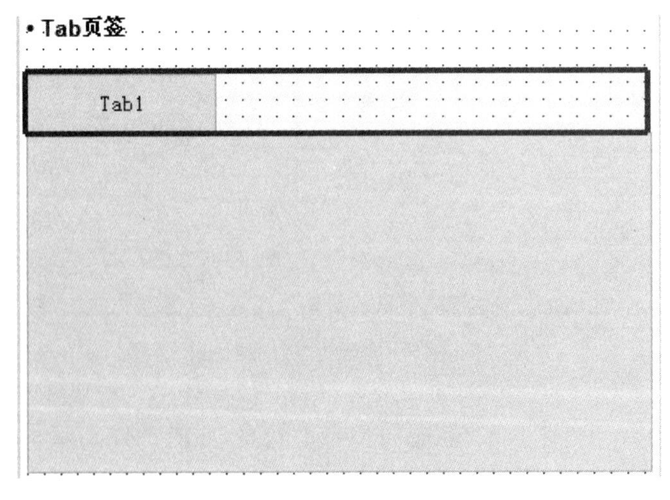

图 6-48 Tab 状态编辑界面

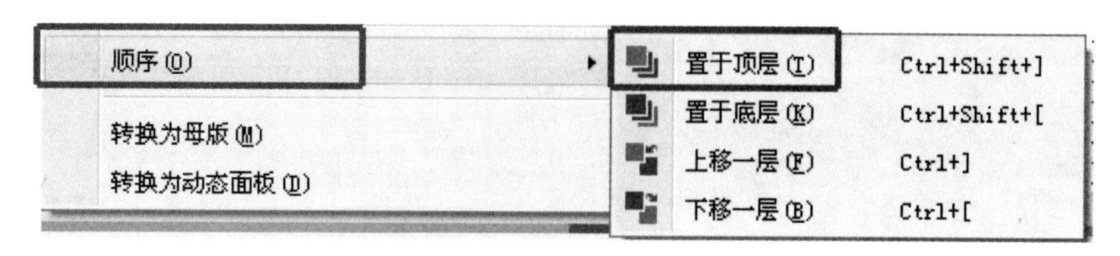

图 6-49 设置动态面板的显示层次

Step7:因为添加的三个矩形部件置于动态面板的下层,所以不能通过直接选择添加交互事件,要使用热区部件解决这个问题,在图 6-50 的①②③处分别添加三个名称为"Hot1""Hot2""Hot3"的热区部件。

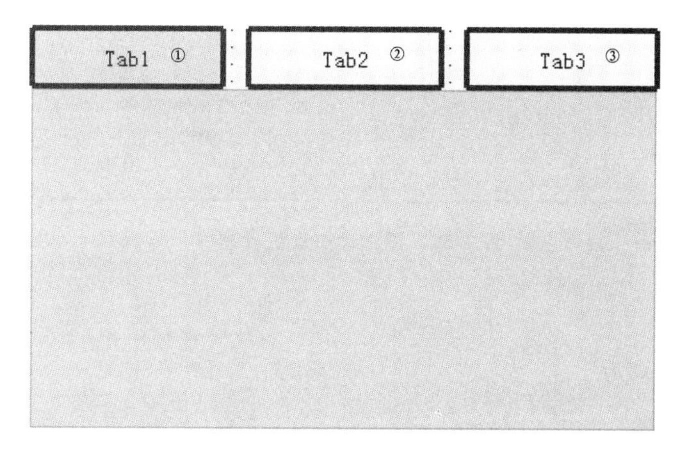

图 6-50 编辑后的 Tab 状态

Step8:选中"Hot1"热区部件,在部件交互面板中双击 鼠标移入时 事件,然后选择"设置面板状态"→勾选 横Tab(动态面板) ,并选择状态到"Tab1",点击"确定"按钮。然后重复此步骤,分别选中"Hot2"和"Hot3"部件,将动态面板状态设置为"Tab2"和"Tab3",分别如图 6-51 和图 6-52 所示。

Step9:按下快捷键 F5 或点击工具栏中的 图标,即可进行设计预览。

(二)图片轮播

介绍:图片加载时自动以 3 000 毫秒的速率循环播放。

关键点提示:

(1)本实例的"事件"是页面加载时,"用例"不需要条件判断(即只有一个用例),"动作"是动态面板的几个状态自动以一定速率按顺序显示。

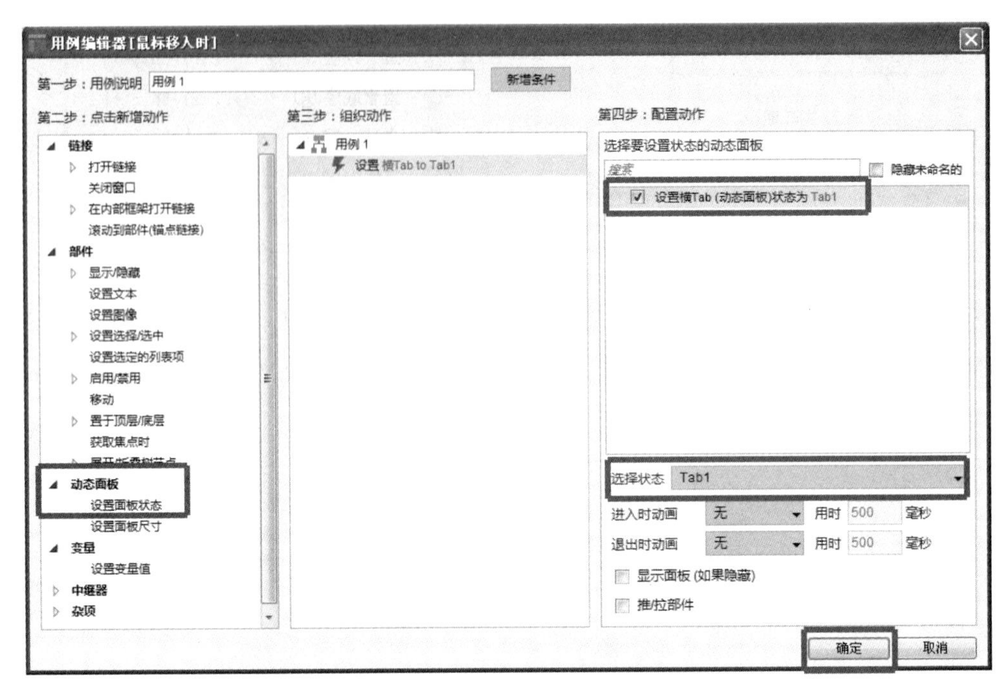

图 6-51　设置动态面板状态(1)

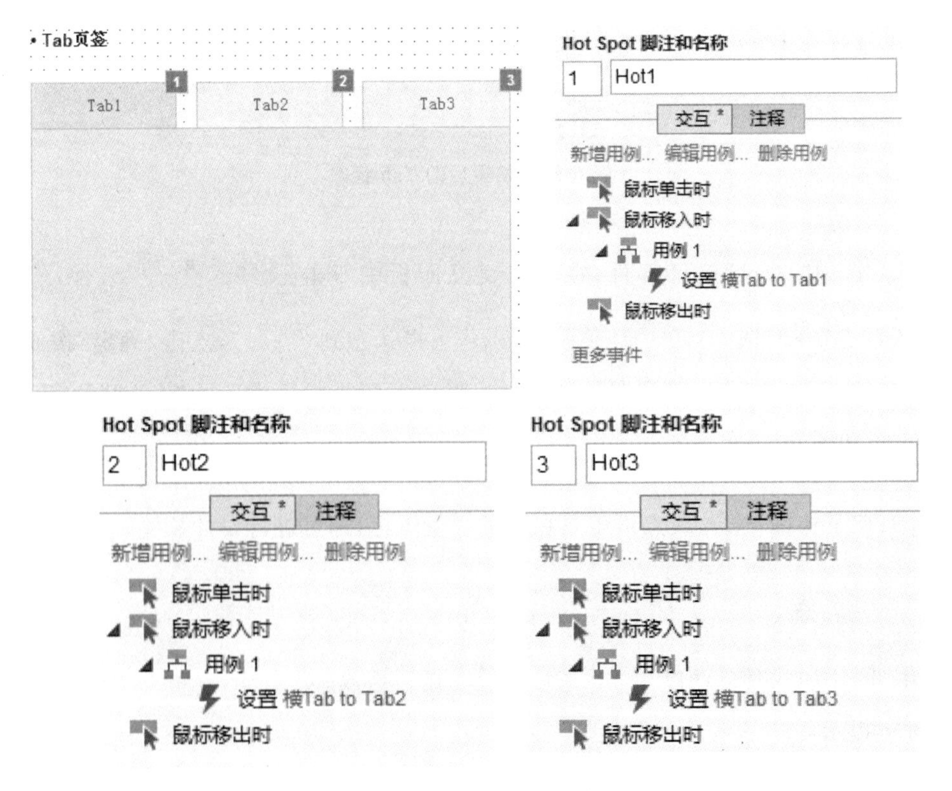

图 6-52　设置动态面板状态(2)

（2）需要用到的部件是图片部件、形状部件、动态面板部件，对应的部件图标如下，部件库的位置在◢ Default > Common。

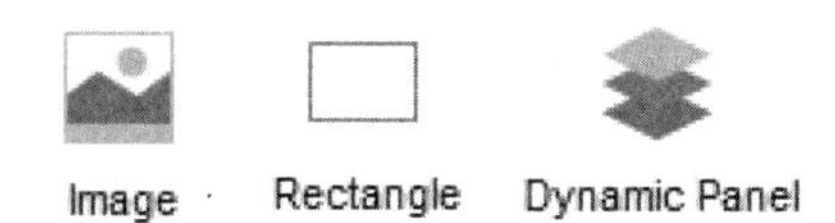

（3）设置三个动态面板，分别为放置多个图片的动态面板 Photo、放置随图片同频率循环播放的小圆点 Dot 和一个空的动态面板 Null。三个动态面板的关系是：空的动态面板 Null 由页面载入时触发自动循环，然后用 Null 触发动态面板 Photo 和 Dot 自动循环。

（4）本实例将使用创建动态面板的第二种方法，即先设计内容区域，然后单击右键，选择“转换为动态面板”。

以下 Step1 到 Step5 为创建动态面板 Photo 的过程，Step6 到 Step9 为创建动态面板 Dot 的过程。

Step1：拖动一个图片部件到设计区，并将图片部件大小设置为宽 600px、高 340px，双击图片部件后会出现打开图片的对话框，此时可以选择在此图片部件上显示的图片。

Step2：在图片部件上单击鼠标右键选择“转换为动态面板”，并命名为“Photo”。

Step3：在动态面板 Photo 上双击左键，出现动态面板状态管理界面，此时选择“状态 1”，点击 （复制图标），一直复制到“状态 6”，此时 Photo 动态面板一共有 6 个状态，每个状态都和状态 1 相同，按“确定”按钮，如图 6-53 所示。

图 6-53　添加动态面板状态

Step4：在部件管理面板中，将 Photo 动态面板中的 6 个状态的名称分别改为“photo1”“photo2”“photo3”“photo4”“photo5”和“photo6”，如图 6-54 所示。

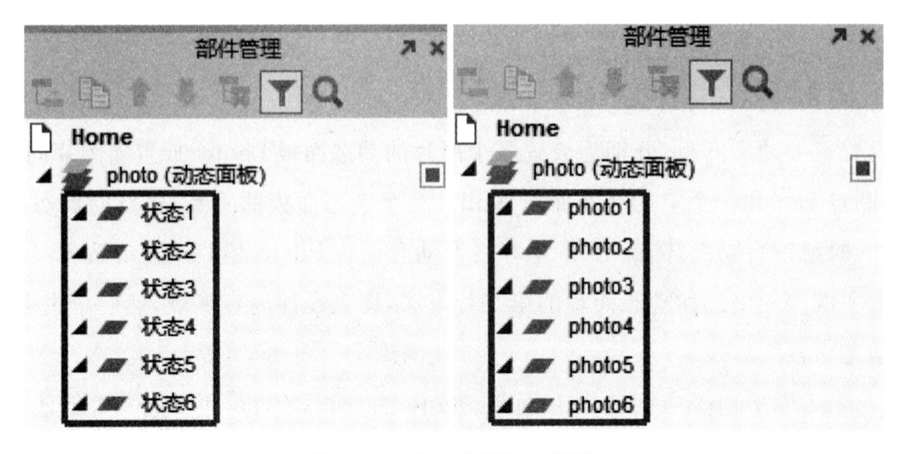

图 6-54　动态面板状态编辑

Step5：在部件管理面板中，分别双击“photo2”“photo3”“photo4”“photo5”和“photo6”5 个状态，进入相应的动态面板状态编辑页面，分别双击各个状态里的图片部件，将其更改为该状态所对应的图片。

Step6：将 1 个形状部件拖到设计区，然后再复制 5 个，并将形状部件进行倒圆角处理，即点击图标旋转，最终效果如图 6-55 所示。将图 6-55 中黑框区域内所有部件通过单击右键组合，并选择“转换为动态面板”，命名为“Dot”。

图 6-55　创建动态面板

Step7：双击动态面板 Dot，出现动态面板状态管理界面，此时选择“状态 1”，点击 (复制图标)，一直复制到“状态 6”，点击“确定”按钮。

Step8：在部件管理面板中，将 Dot 动态面板的 6 个状态名称分别改为“dot1”“dot2”“dot3”“dot4”“dot5”和“dot6”。

Step9：在部件管理面板中，分别双击“dot1”“dot2”“dot3”“dot4”“dot5”和“dot6”6 个状态。进入相应的动态面板状态编辑页面后，在“dot1”状态中，将第一个圈填充，方法为选中圈，然后在部件样式中进行形状填充 ，依次在其他状态中填充相应的颜色，如图 6-56 所示。

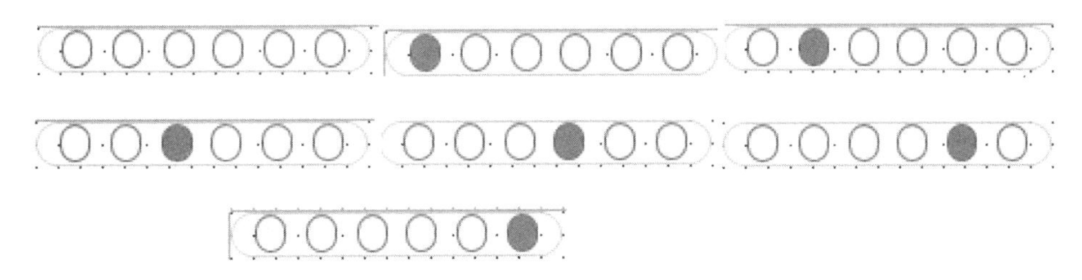

图 6-56　设置显示状态

Step10：将一个空的动态面板拖到设计区，命名为“Null”。此处需要注意的是，虽然为空的动态面板，但至少有两个状态才能让该动态面板的不同状态自动循环起来。

Step11：选中动态面板 Null，在页面交互面板中双击“页面载入时”，选择“设置面板状态”→勾选 Null 动态面板→选择状态为“下一步”→勾选“从最后一个到第一个自动循环”→勾选 ☑ Repeat every ［　　］毫秒，并填写 3 000 毫秒，即循环速率为 3 000 毫秒，如图 6-57 所示。此处“页面载入时”的意思是指当该页面在浏览器中初次加载预览时。

Step12：选中动态面板 Null，在部件交互与注释面板中双击“动态面板状态改变时”，然后点击“设置面板状态”→分别勾选 Photo 和 Dot 动态面板→选择状态为“下一步”→勾选“从最后一个到第一个自动循环”（此处可以不选择速率，因为 Photo 和 Dot 是由 Null 触发的，所以会默认保持和 Null 一样的速率）→对于 Photo，可以选择“淡入淡出”作为进入和退出时的动画，如图 6-58 所示。

注意：此处“动态面板状态改变时”指的是 Null 动态面板状态的改变，只要 Null 的状态一直在循环改变，就会触发 Photo 和 Dot 动态面板。

Step13：按下快捷键 F5 或点击工具栏中的 图标，即可进行设计预览。

图 6-57　设置页面载入时的交互

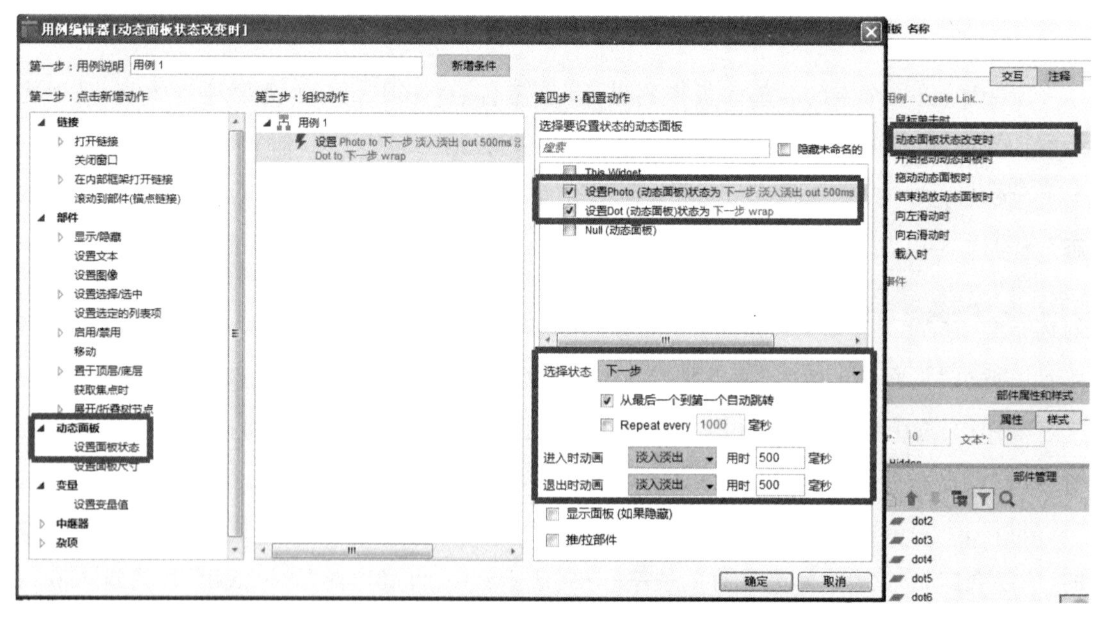

图 6-58　设置动态面板状态

第四节　内部框架应用

内部框架一般用于加载视频、本地文件、引用网页。Axure 里没有媒体控件，如果需要在原型中播放视频，就需要用内部框架来引用视频了。实际上，内部框架还有一个最大的特点，那就是将它和动态面板配合使用，可以滚动显示大于页面的内容并且不显示滚动条。这适用于移动终端平台，因为移动终端平台的屏幕相对小，具体应用将在后面的例子中详细讲解。

一、内部框架功能

其实说到底，内部框架的功能就是引用。什么是引用？就是我们给出一个框，在这个框里面显示其他页面上的内容。内部框架的效果必须在生成原型后才能显示出来。

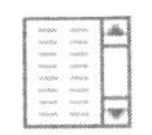

Inline Frame 是内部框架部件，位置在 ◢ Default > Common。

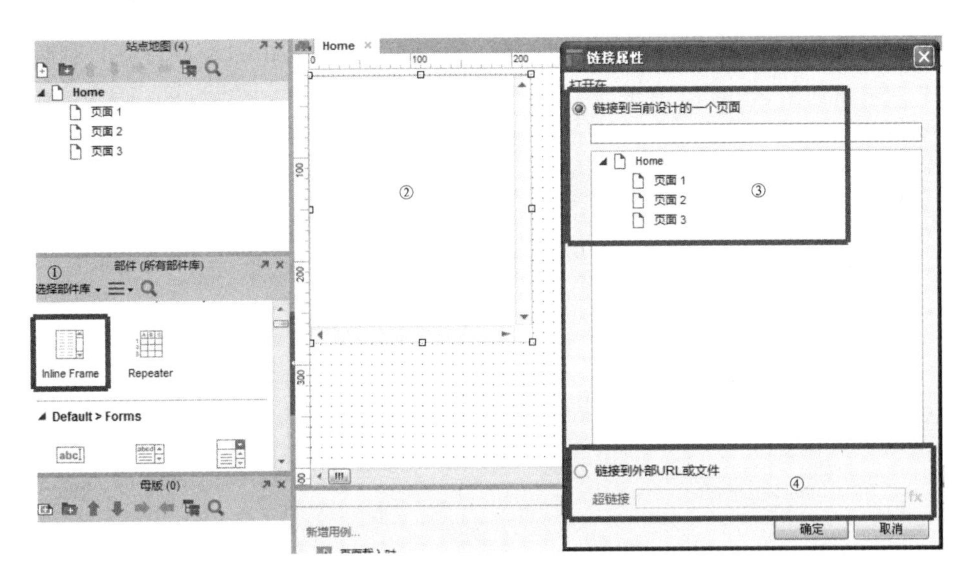

图 6-59　内部框架部件

对图 6-59 中各部分的解释如下：

①：内部框架（Inline Frame）图标。

②：将①拖入设计区域，此部分就是内部框架的样式，引用或者说要显示的内容将在虚框内呈现。

③:在②中双击左键后进入“链接属性”,此部分的功能是链接到当前设计的任何一个页面,也就是说,可以将设计的任一页面显示在虚框区域之内。

④:内部框架的另一功能,即可以链接到任何外部的URL或者本地文件。

综上,内部框架的主要功能有:

(1)链接到设计内部的任何页面。

(2)链接到任何外部URL,例如优酷或土豆的视频。

(3)链接到任何本地文件,重要的是给对链接地址,一般使用相对地址,即和设计的文件在同一目录下,这样源文件移动后也不会出现找不到链接的错误提示。

二、内部框架与动态面板综合应用分析

动态面板的特点是显示的内容在固定区域内,超出该区域的部分将不显示;如果要显示就会出现滚动条。但在移动终端平台中,本身屏幕就相对比较小,所以一般是不显示滚动条的。

内部框架的特点是内容超出显示区域后将在横向和竖向上显示滚动条。

通过分析以上两个部件的特点,我们不难想到,如果将内部框架置于动态面板内部,但是保持横向和竖向的滚动条在动态面板外部,就可以让任意长度、大小的内容自动实现滚动效果而不显示滚动条,如图6-60所示。

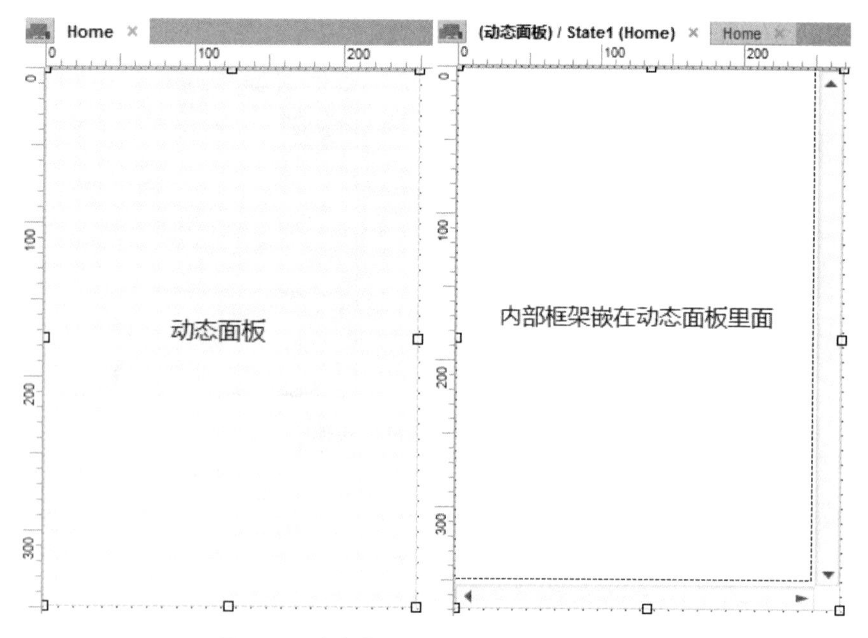

图6-60　内部框架与动态面板的综合运用

如果将动态面板属性设置为“从不显示水平和垂直滚动条”，内部框架属性设置为“显示水平和垂直滚动条”，且滚动条置于动态面板区域之外，那么发布后，滚动条在动态面板中就不显示。

三、实例

(一)使用内部框架链接视频

介绍：在内部框架中加载完整视频，同时视频是可以控制的。

关键点提示：

(1)本实例的“事件”是点击按钮，“用例”不需要条件判断(即只有一个用例)，“动作”是在内部框架中加载视频。

(2)需要用到的部件是图片部件、文字部件、内部框架部件，对应的部件图标如下，部件库的位置在◢ Default > Common。

  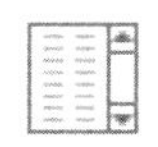

Image　Label　Inline Frame

(3)点击图标时，加载视频并播放。

(4)注意此时添加的视频链接为源链接，即文件本身的存储链接，而非网页链接。因为网页链接包含的不仅仅是视频本身，还有很多别的信息，所以要区分“源链接”和“网页链接”的概念。

在讲实例之前，以土豆网为例，先讲解获取存储在网络上的视频源链接的方法。

图 6-61　土豆网视频

Step1：打开土豆网，找到要链接的视频或者上传好要链接的视频。

Step2：已经找到了视频，如图 6-61 所示。

Step3：点击图 6-61 中的“分享”按钮后，出现图 6-62 所示的界面。

Step4：选择复制 Flash 地址，即可获得源链接(http://www.tudou.com/v/zUt1cYCYw94/&rpid=419267319&resourceId=419267319_04_05_99/v.swf)。

图 6-62　粘贴视频的源链接

下面开始讲解实例，实例 1 界面效果如图 6-63 所示。

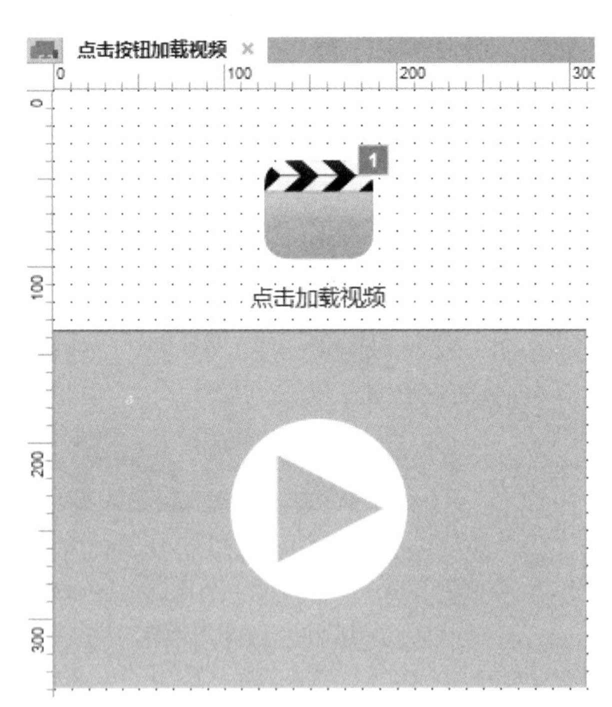

图 6-63　实例 1 效果展示

Step1：将一个图片部件和文本部件拖到设计区域，将文本设置为“点击加载视频”，在图片部件上双击左键选择提前准备好的素材图片。

Step2：将一个内部框架部件拖到设计区域，并命名为 Video。因为是在固定区域内播放视频，所以在内部框架 Video 的“滚动栏”上单击左键，选择“从不显示水平滚动条和垂直滚动条”，如图 6-64 所示。

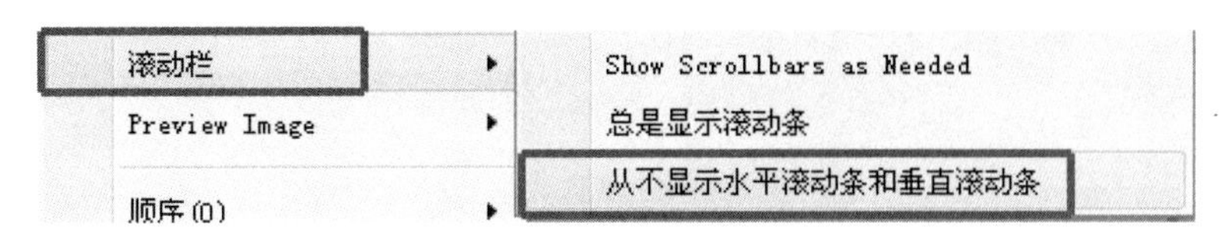

图 6-64　设置滚动栏状态

注意：此处选择“从不显示水平滚动条和垂直滚动条”，意思是不论内部框架里链接的显示内容有多大，都只显示框架本身的大小，不可以通过鼠标滚动或滑动调节。

Step3：点击图标→“鼠标单击时”→“在内部框架打开链接”→勾选“Video”内部框架→点选“链接到外部 URL 或文件”→在超链接处输入视频的源链接，点击“确定”设定完毕。设计过程如图 6-65 所示。

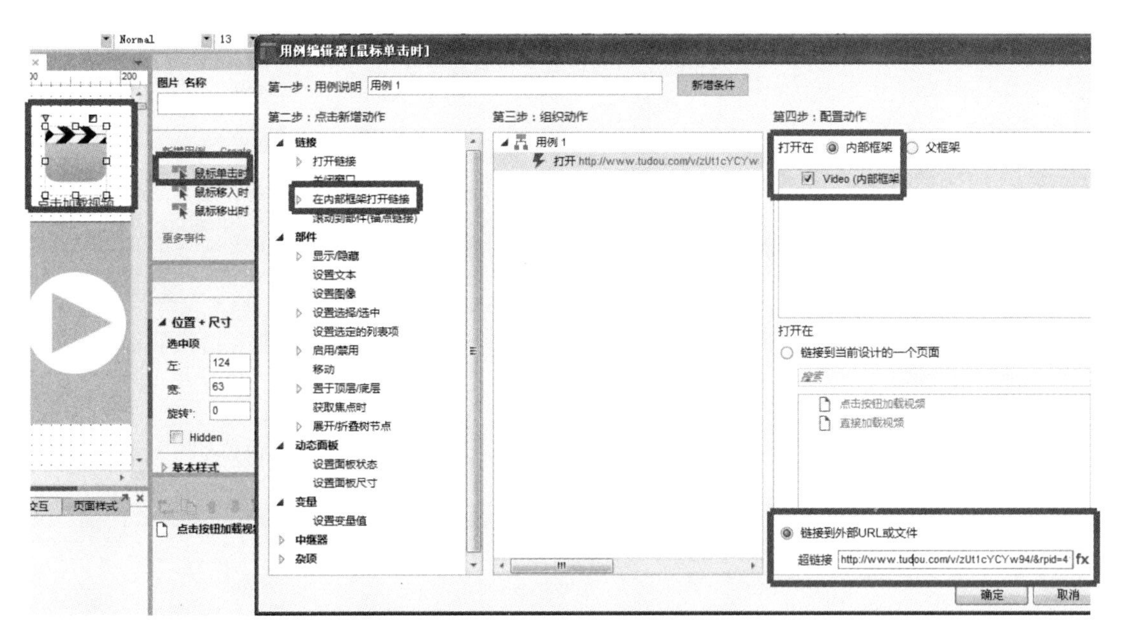

图 6-65　在内部框架打开视频链接

Step4：按下快捷键 F5 或点击工具栏中的图标即可进行设计预览。

如果我们要做“当内部框架加载时，视频自动在内部框架中播放”的效果，则在①处双击鼠标左键，然后点选“链接到外部 URL 或文件”，输入视频源链接即可，如图 6-66 所示。

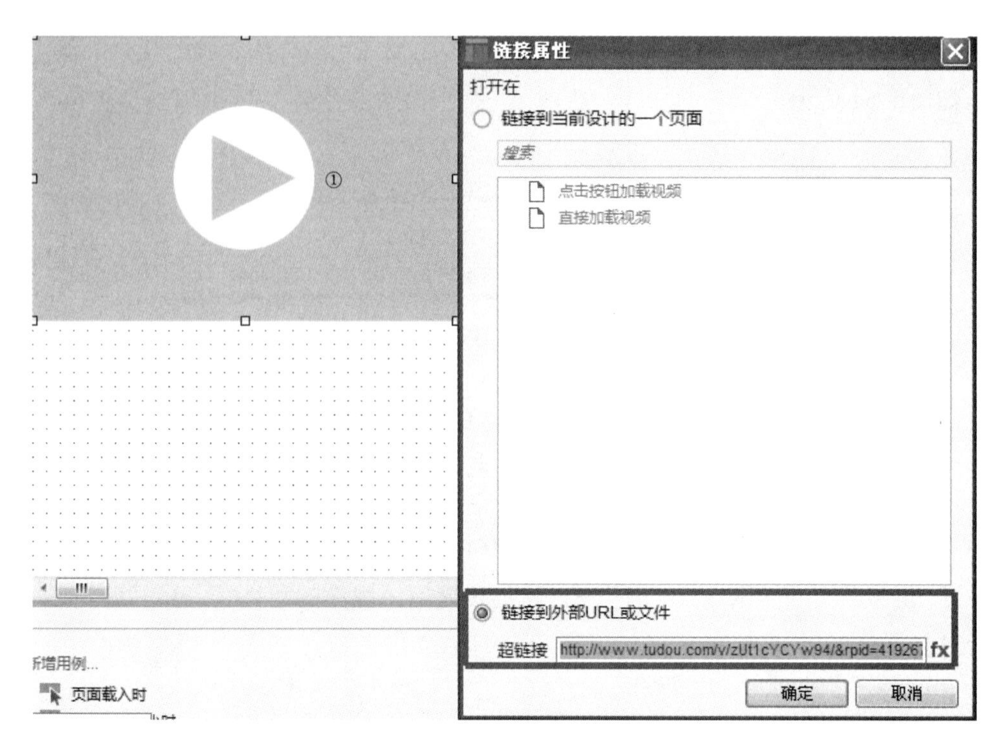

图 6-66　内部框架直接加载视频

(二)动态面板与内部框架的综合应用

介绍：实现长图的手部滑动或鼠标滚动效果。

关键点提示：

(1)本实例的“事件”是点击按钮，“用例”不需要条件判断(即只有一个用例)，“动作”是在内部框架中加载页面。

(2)需要用到的部件是图片部件、热区部件、内部框架部件、动态面板部件，对应的部件图标如下，部件库的位置在 ◢ Default > Common 。

(3)在动态面板内部放置一个内部框架部件，将动态面板属性设置为“从不显示横向和纵向滚动条”，内部框架属性设置为“显示横向和纵向滚动条”。此处动态面板的作用是设定内部框架的显示范围，内部框架的作用是滚动或滑动显示长图的内容，如图 6-60 所示的样式。学习者可以花一点时间好好理解这样设置的意义，这对后续的交互设计将有很大的启发。

图 6-67 为该实例效果，单击“首页”“用户交流”“我的”，将显示不同的内容，这些内容都可以滑动或滚动。

图 6-67　实例 2 效果展示

Step1：先设计主框架页面，整体布局如图 6-68 所示。①部分放置一个动态面板，命名为“显示”，该动态面板只有一个状态，进入该状态的编辑区域，放置一个内部框架，命名为“框架”，并将内部框架的滚动栏置于动态面板的虚线范围之外。在②部分放置三个热区部件，当按钮用。

注意：动态面板的默认状态是“从不显示横向和纵向滚动栏”，内部框架的默认状态是“总是显示横向和纵向滚动栏”，如要显示别的状态，则单击右键，在“滚动栏”进行设置。

Step2：此处要使用内部框架加载页面的功能，因为要加载 3 个不同的内容，即“首页”

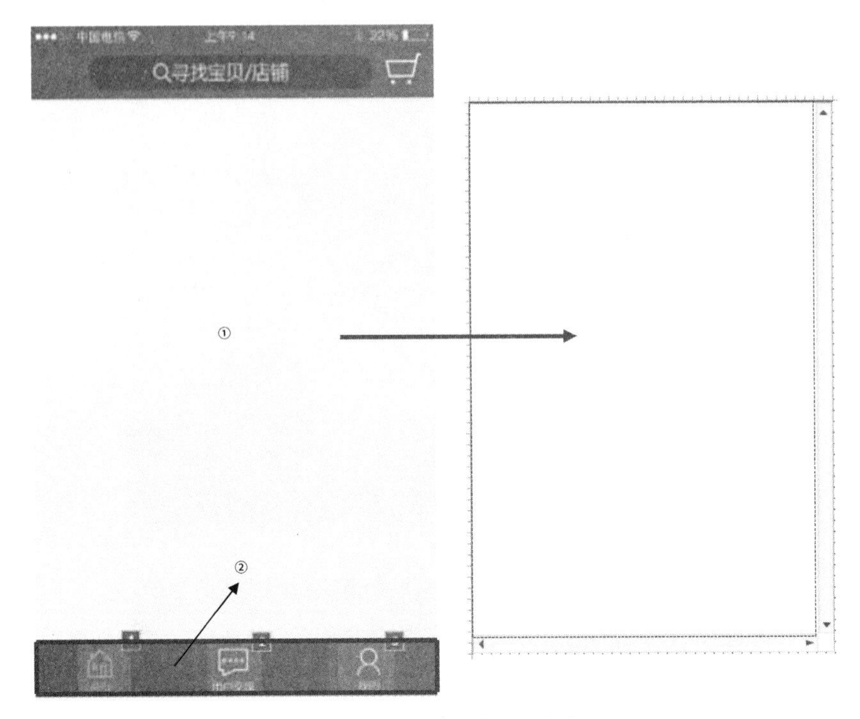

图 6-68　动态面板内嵌套内部框架

“用户交流”“我的”，所以再建3个页面，分别命名为“首页”“用户交流”和“我的”，3个页面如图6-69所示。

图 6-69　3个按钮对应显示的图片

Step3：返回到主框架页面，进入动态面板“显示”的编辑区域，双击内部框架，点选“链接到当前设计的一个页面”，并选择“首页”，然后点击“确定”按钮，如图 6-70 所示。这样做的目的是让动态面板的初始状态不为空，显示“首页”内容。

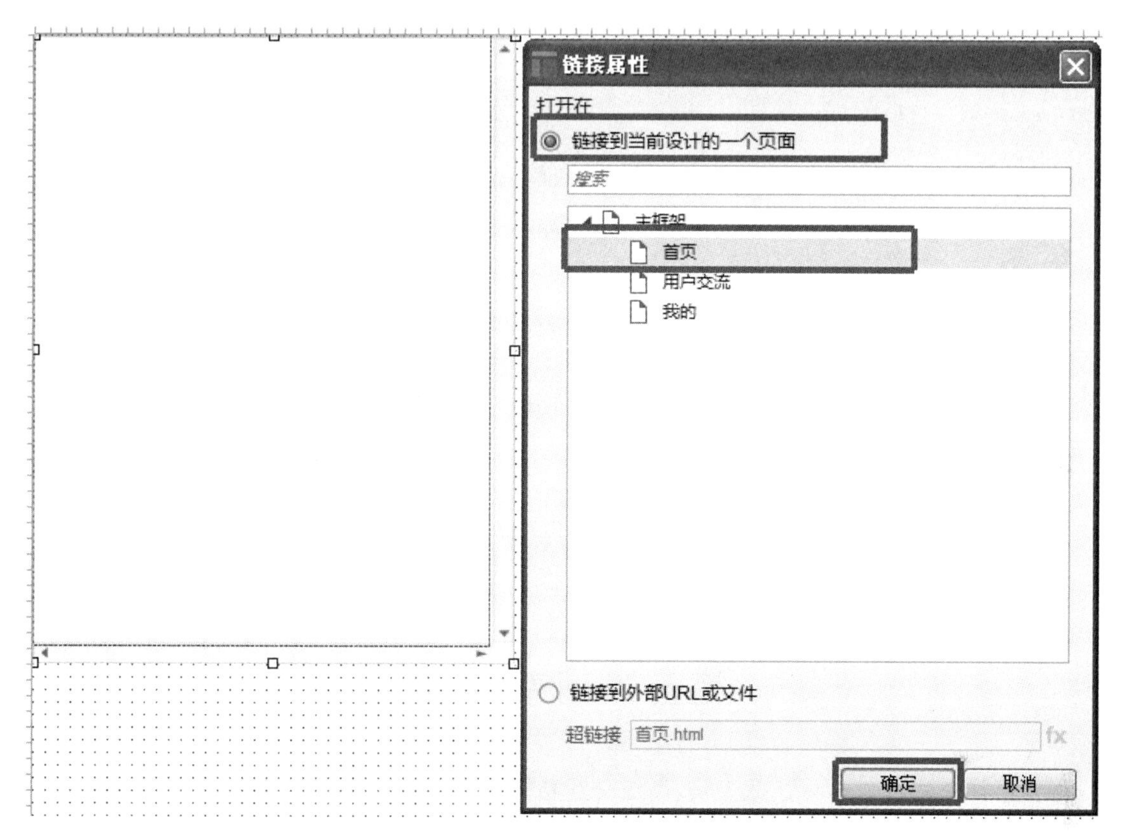

图 6-70　为内部框架配置初始显示的页面

Step4：点击主框架页面的 按钮，在“部件交互注释”面板上，双击“鼠标单击时”，然后点击“在内部框架打开链接”→选择名叫“框架”的内部框架→点选“链接到当前设计的一个页面”→选择“首页”→点击 “确定”按钮，如图 6-71 所示。

Step5：点击主框架页面的 和 按钮，和 Step3 的步骤相同，分别选择链接“用户交流”和“我的”页面。

Step6：按下快捷键 F5 或点击工具栏中的 图标即可进行设计预览。

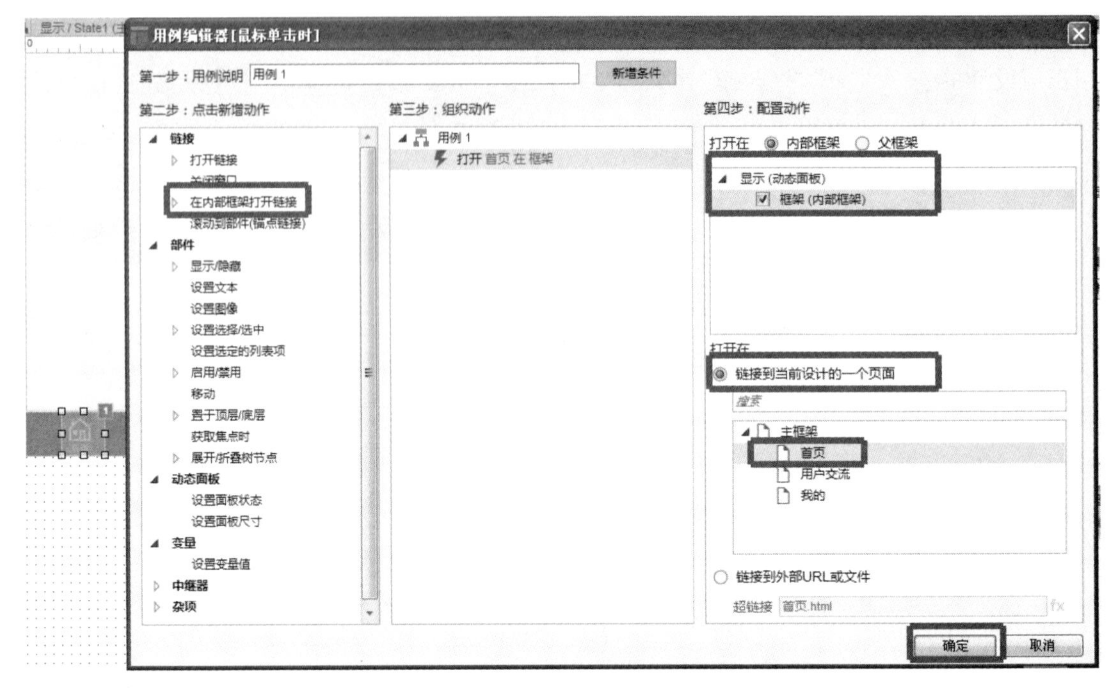

图 6-71　点击按钮时配置内部框架需要显示的页面

第五节　高级交互

要想轻松精通 Axure 这款工具，高级交互功能是必须学会的，这样才能随心所欲地制作出想要的任何交互效果原型。学过这一节后，必须掌握条件逻辑、熟悉部件的属性、理解如何设置和应用变量、如何使用函数等。

一、逻辑条件

我们讲多用例操作时提到过逻辑条件，逻辑条件会让我们的交互变得更加灵活。我们要做的工作就是添加逻辑条件和选择对象，这一操作相对比较简单。

可以在设计的任何交互中加入逻辑条件，条件可以基于原型中控件上输入的值，也可以基于某个变量值。

（一）If…Then…Else 逻辑语句

在 Axure 中不需要使用者自己编写语句，我们只需要设计清楚逻辑关系，然后根据逻辑关系进行逻辑条件的添加即可。在 Axure 中，用例、逻辑条件和语句的关系如图 6-72 所示。

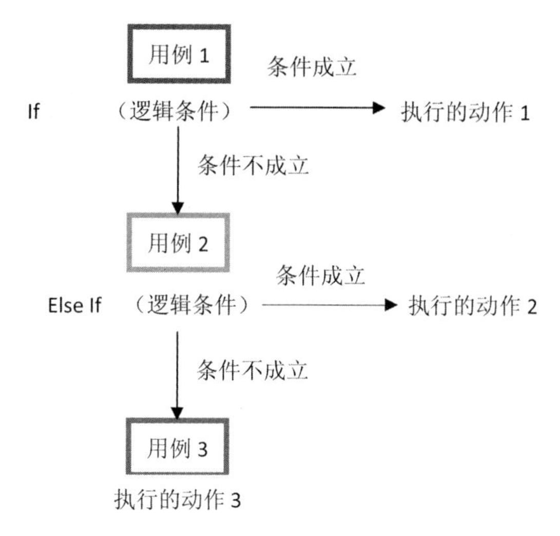

图 6-72 用例、逻辑条件和语句的关系

If...Then...Else 是最常见的逻辑语句，它的运用让交互变得更加简单，从图 6-72 中可以看出，Then 关键词是省略掉的，If 语句是可以嵌套的。在同一时刻，动作 1、动作 2 和动作 3 只能执行一个，也就是说，Axure 中的多个用例在同一时刻只能执行一个，要想执行满足条件的多个用例，则可以不使用 If 语句的嵌套。Axure 默认的是 If 语句的嵌套，而不是严格的顺序执行。

可以在部件和交互注释面板中，在用例上单击右键，选择“切换 If/Else If”，则可以将系统默认的 Else If 切换为 If，如图 6-73 所示。

这里 If 后面的逻辑条件可以是单独的一个条件，也可以为多个条件，多个条件的关系可以同时满足也可以只满足其中的一个。在多个条件中，用“and”或者“or”关键词来表示，例如 A and B，就是同时满足 A 条件和 B 条件；而 A or B，则是满足 A 或 B 中的任何一个条件。

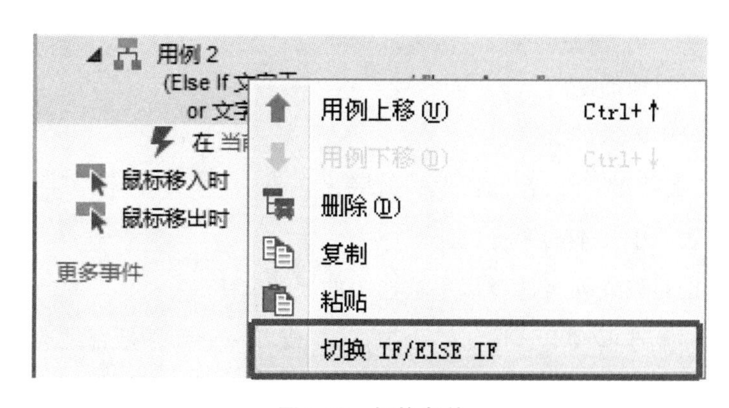

图 6-73 切换条件

(二)条件生成器

条件生成器就是添加条件的界面,可以添加一个条件,也可以添加多个条件,在条件生成器中可以设置多个条件之间的关系,并轻松创建条件表达式,如图6-74所示。

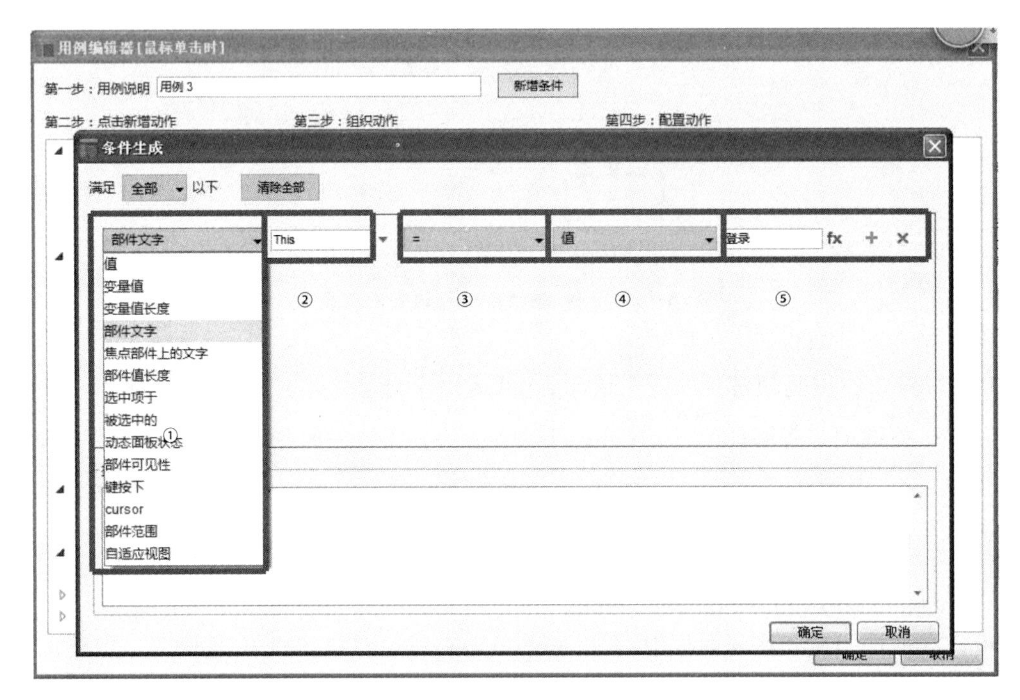

图6-74　条件生成器

图6-74中各部分的说明如下:

①为Axure中所有可用的条件列表,可以建立基于以下部件类型的值的条件。

值:文本/数字的值或变量。

变量值:存储在变量中的当前值。

变量值长度:变量值的字符数。

部件文字:表单中输入的文字。

焦点部件上的文字:光标所在部件上的文字。

部件值长度:表单中文本的字符数。

选中项于:下拉列表或列表选择框中被选中的项的文字。

被选中的:检测复选框或单选按钮是否被选中,或者一个部件是否是选中状态。

动态面板状态:动态面板当前显示的某个状态。

部件可见性:当前部件显示或隐藏。

键按下：按下键盘上的某个键。

cursor（光标位置）：拖拽某个部件时光标当前的位置。

部件范围：部件之间是否接触。

自适应视图：自适应当前的视图。

②为指定的部件，即判断某个部件的某个条件。

③为条件对比的类型，包括＝、≠、＜、＞、≤、≥、包含、不包含、是和不是。

④和⑤是要对比的指定部件的值类型和赋的值。

按下 + 增加多个条件，按下 × 删除某个添加的条件。

二、设置部件值

在交互过程中，可以动态地设置部件的值，以便让交互更加灵活。在 Axure 中可以动态地设置文本、图像、选择/选中和选定的列表项四类部件的值，这些在原型交互设计应用中比较常用，应很好地掌握。下文将以实例来讲解这部分内容，以帮助学习者理解和学习。

（一）动态设置文本

如图 6-75 所示，当鼠标在文本框中点击时，在文本框的右侧会出现提示文本“请输入用户名”；当鼠标离开文本框时，提示文本消失。将文本框部件命名为“input”，提示文本部件命名为“text”。

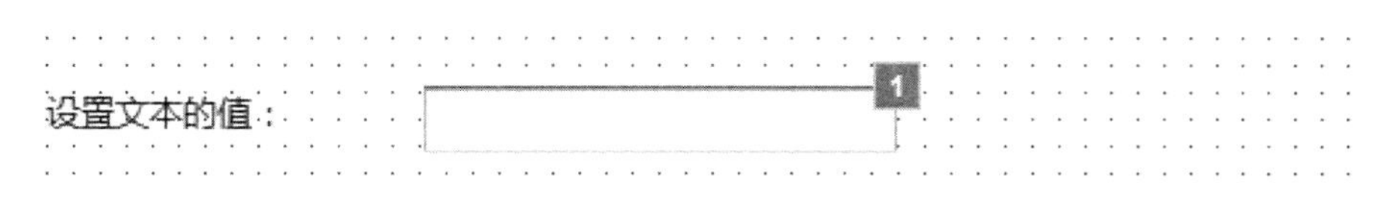

图 6-75　文本框

Step1：选中文本框“input”，在部件交互与注释面板中双击“获取焦点时”，点击“设置文本”→勾选“text”→设置文本值为“请输入用户名”，如图 6-76 所示。

Step2：选中文本框“input”，在部件交互与注释面板中双击“失去焦点时”，点击“设置文本”→勾选“text”→设置文本值为“”（注意此处什么都不输入意味着是“空”）。操作过程同 Step1，只需要将文本设置值“请输入用户名”删掉即可。

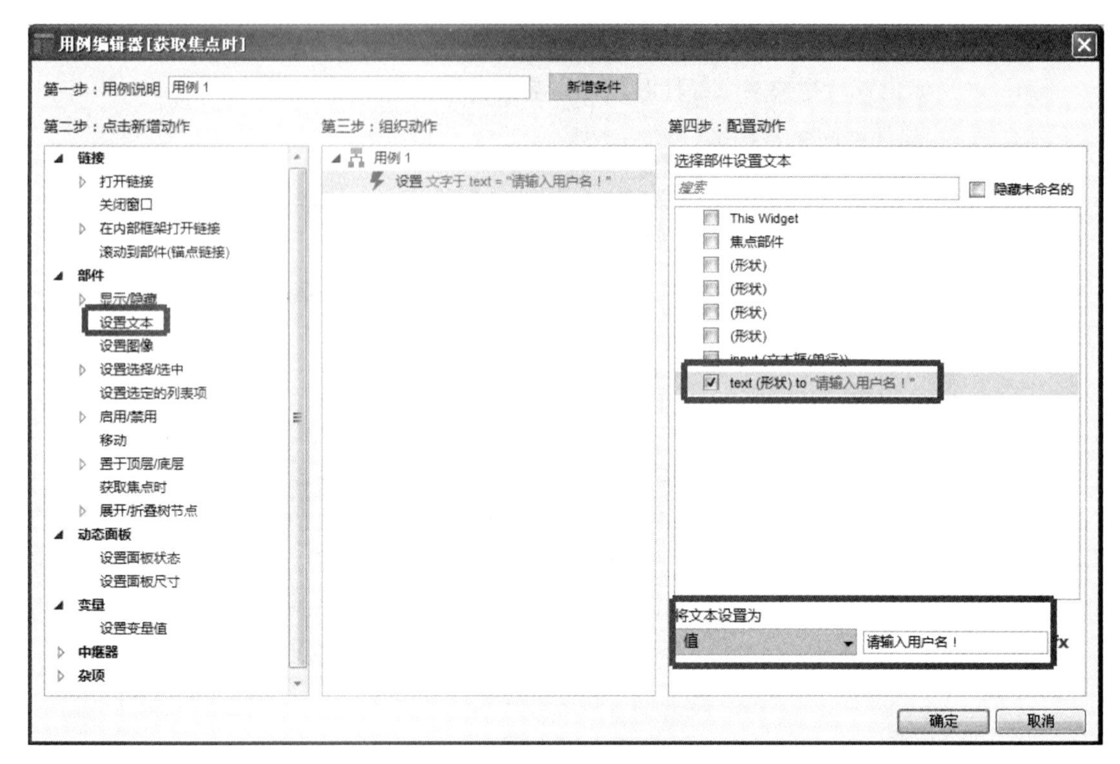

图 6-76　设置失去焦点时文本的显示状态

(二)动态设置图像

该动作可以动态更新页面中的图像。

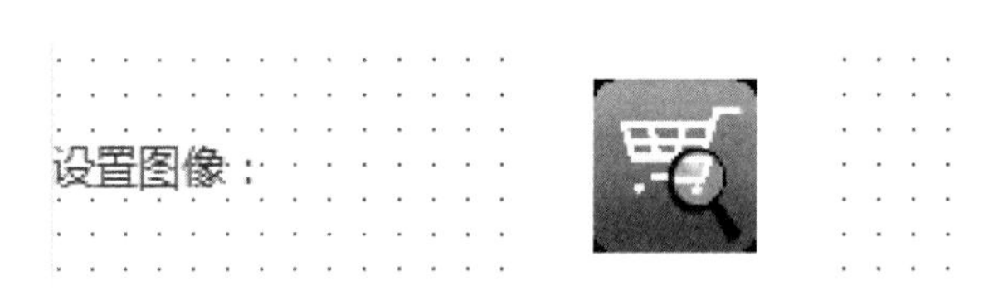

图 6-77　设置图像界面

对该图像进行 5 种状态的动态设置，即默认、鼠标悬停时、鼠标按下时、鼠标选中和禁用，在这 5 种状态下可以导入不同的图片，如图 6-78 所示。

除了在此处动态设置图像以外，还有一种更简单的设置方法，即在图像部件上单击右键，选择“交互样式”进行设置，如图 6-79 所示，此方法相对要更灵活一些。

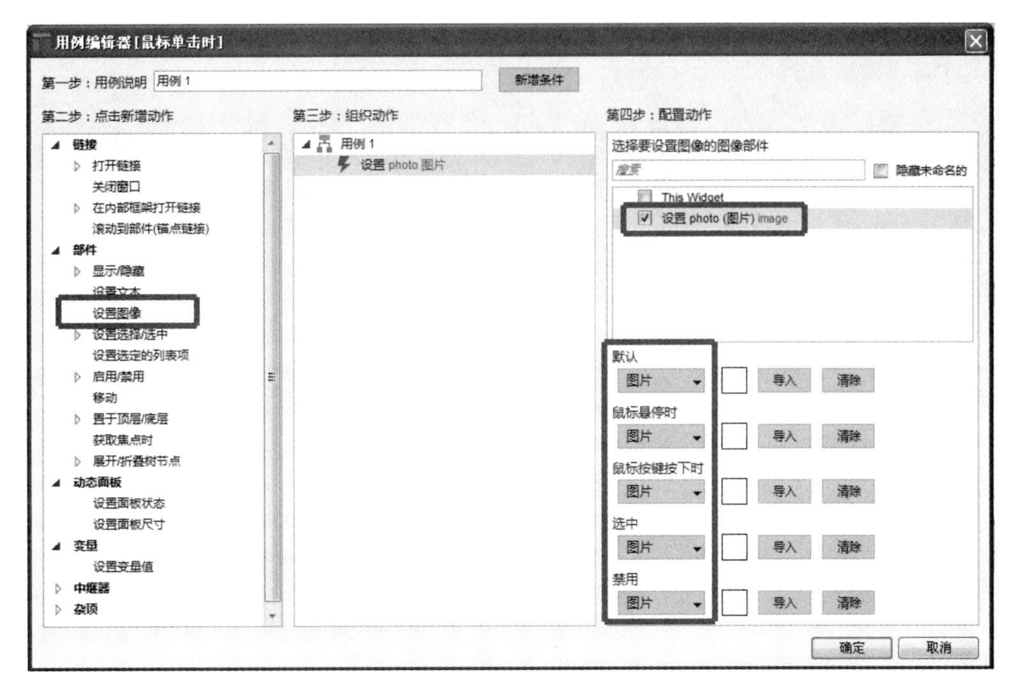

图 6-78　设置图像

设置交互样式
鼠标悬停时　鼠标按键按下时　选中　禁用
基本样式　默认
图片　导入　清除
字体　Arial
字体类型　Normal
字号　13
粗体　(click to toggle 粗体)
斜体　(click to toggle 斜体)
预览
确定　取消

图 6-79　设置图片按钮交互样式

(三)动态设置选择/选中

如图6-80所示,可以动态地设置一个部件为选中状态,或者检测单选按钮或复选框。

真(true):设置一个部件为选中状态。

假(false):设置一个部件为默认状态。

切换(toggle):在部件"选中"与"默认"状态之间切换。

图 6-80　设置部件的状态

三、菜单

菜单控件可以创建弹出菜单效果,可以是水平菜单,也可以是垂直菜单,当然,用Axure也可以创建出更炫的时尚菜单。可以直接拖动菜单部件到设计区域,默认情况下菜单带有3个菜单项,菜单部件在◢ **Default > Menus and Table**。

左侧为水平菜单,右侧为垂直菜单。

菜单部件的设置、编辑和交互方法如下:

（1）编辑菜单边距：选中菜单，单击右键，选择“编辑菜单边距”，如图 6-81 所示。

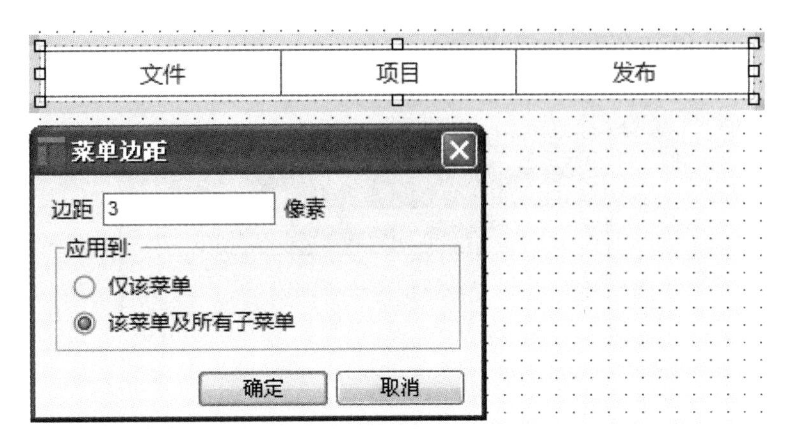

图 6-81 编辑菜单属性

菜单边距为菜单的边框宽度，这一选项可以应用到“仅该菜单”，也可以应用到其他子菜单，更改后的效果如图 6-82 所示。

图 6-82 更改后的菜单显示效果

（2）可以根据需要增加菜单和子菜单：选中菜单，单击右键，选择“在之后新增菜单项”或“在之前新增菜单项”，同时也可以删除菜单或子菜单，如图 6-83 所示。

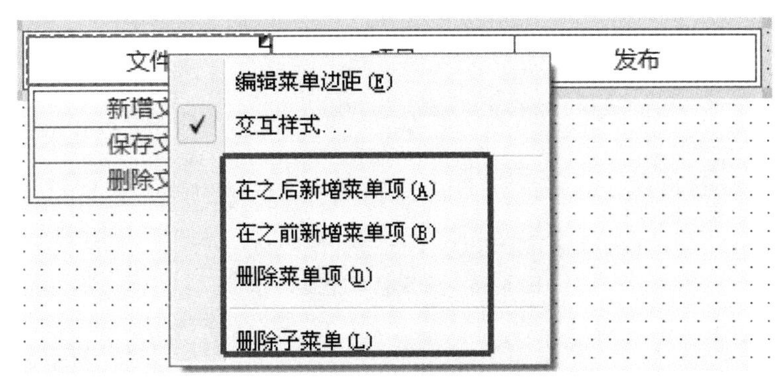

图 6-83 菜单编辑

(3)可以根据需要添加交互样式:选中菜单,单击右键,选择“交互样式”,可以设置“鼠标悬停时”“鼠标按键按下时”和“选中”三种鼠标状态下的各种属性,可以应用到“仅该菜单项”“仅该菜单”和“该菜单及所有子菜单”,如图 6-84 所示。

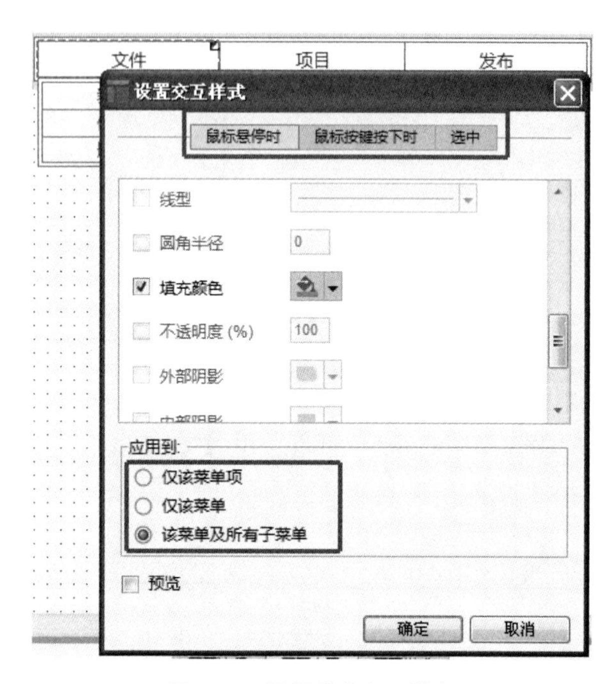

图 6-84　设置菜单交互样式

菜单项和菜单的区别是:菜单项指的是菜单中的某一项,例如“文件”就是一个单独的菜单项;菜单指的是所有菜单项但不包括子菜单。

(4)为菜单或子菜单添加交互:当点击某个菜单或子菜单时跳转到相应的页面或当前页面的某个状态,添加方法同按钮。例如,点击子菜单“新增文件”,在右侧交互与注释面板添加用例“鼠标单击”时,设置动态面板文件到“新增文件”状态,之后将显示相应的内容,如图 6-85 所示。

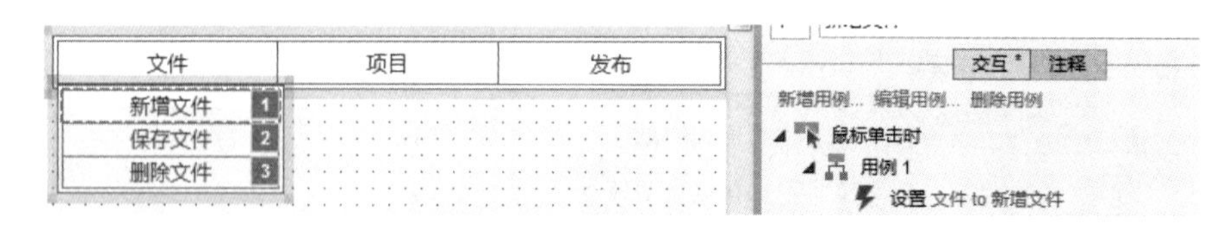

图 6-85　设置菜单交互动作

四、变量

当用户在原型中进行点击时,变量被用于在页面之间传递和存储数据,这样变量就能在页面之间保持下去。在 Axure 文件中最多可使用 25 个变量。变量可以在交互设计和逻辑条件中使用。简单来说，变量就是数据传递的桥梁，是页面和页面之间沟通的渠道。

(一)变量的管理

对整个项目原型中使用的变量进行管理，可以通过添加、删除和增加变量以及为变量排序等方式。管理变量在菜单栏的"项目→全局变量"中进行，里面显示了所有在该项目中用到的全局变量，如图 6-86 所示。

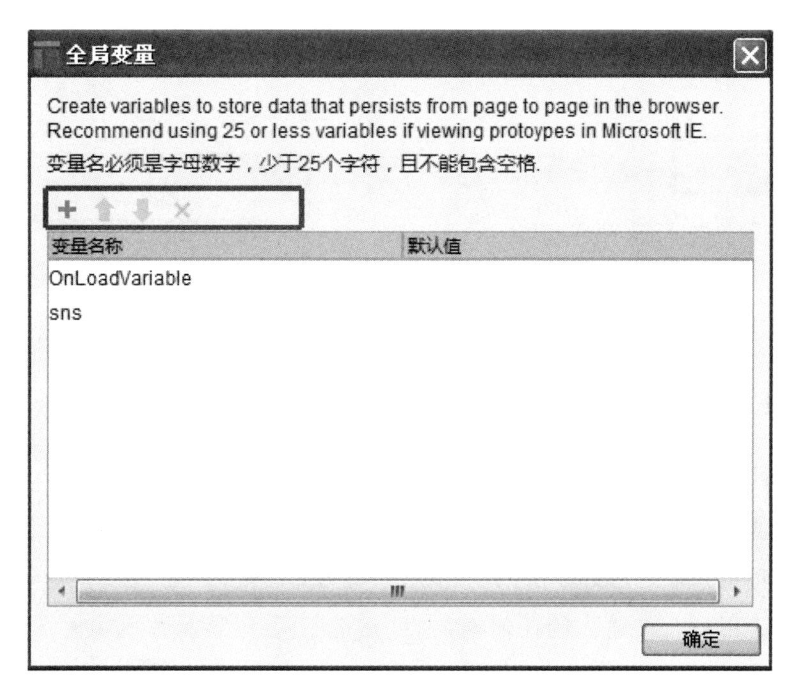

图 6-86　编辑全局变量界面

所谓全局变量就是在整个原型项目中该变量都有效，可以传递使用。

(二)变量的申请与设置

变量的申请可以在两个地方进行。一是可以在"全局变量"管理中通过点击进行变量的申请。变量的命名规则是：必须为字母和数字，要少于 25 个字符，且变量名里面不能包含空格。二是可以在添加交互的时候直接申请，直接使用。例如我们在对一个按钮添加动作后，要设置变量值，则可以直接在配置动作栏申请一个变量，并且直接使用该变量(即可以为该变量赋值)。

在未提前在变量管理中申请变量的情况下，申请并设置变量值，如图 6-87 所示。

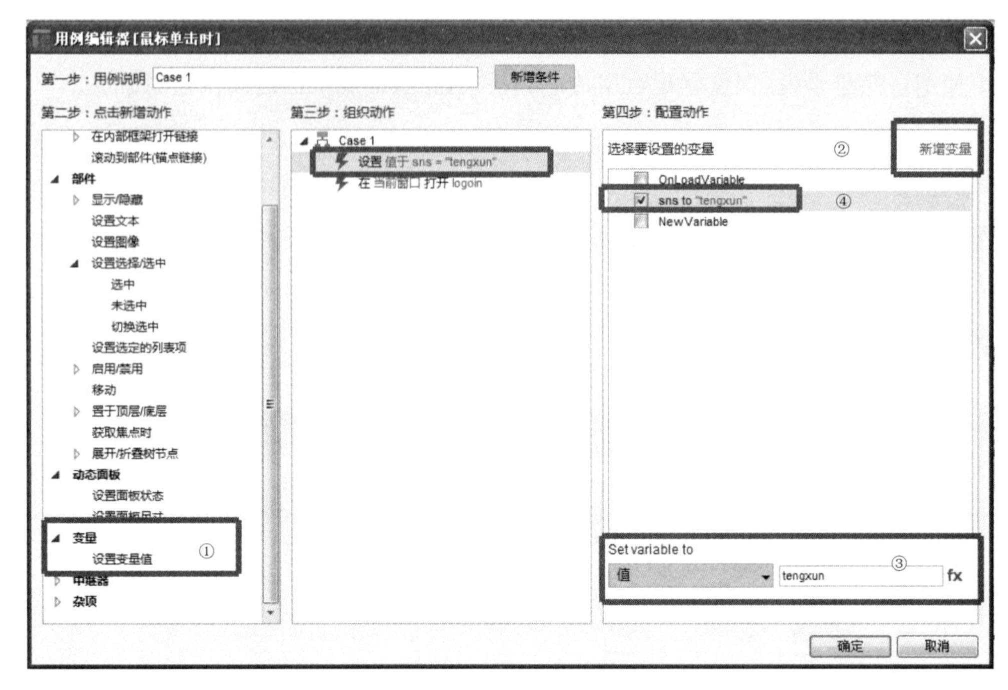

图 6-87 设置全局变量的值

①点击“设置变量值”动作。

②点击“新增变量”，即可进入变量管理面板，点击 + 即可快速申请一个变量。

③设置变量值，即设定变量在该动作后应当为哪个值。变量的值可以为用户直接输入的任何值，也可以等于另一变量的值、另一变量值长度、部件文字、动态面板状态等，具体如图 6-88 所示。

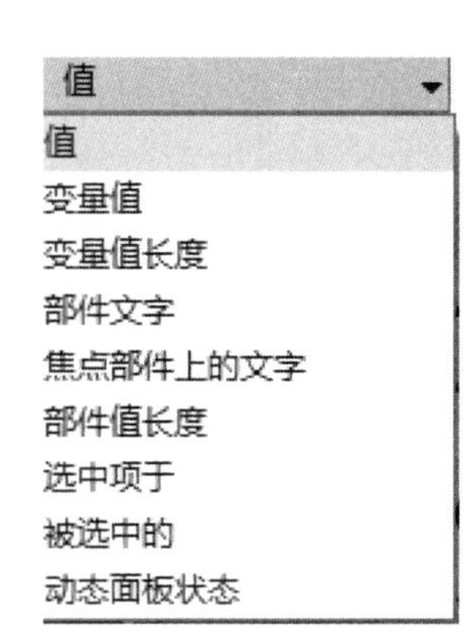

图 6-88 设置变量值

④设置后的变量值在此处显示。

(三)使用变量的时机

简单地说，在一个页面中要对另一个页面的某个部件动作或事件的状态进行访问时，就要把那个页面的部件动作或事件状态记录下来，然后在另一个页面把这个记录打开就可以了。记录就是记录数据，这些数据只要存到内存就会有记录。因此，要在内存中为这些数据分配一定的存储空间，这个存储空间就是变量，变量名为存储空间的名称。具体的变量应用过程如图 6-89 所示。图中清晰地表现了变量 VAR1 和 VAR2 是如何在页面 A 和页面 B 之间传递数据的。

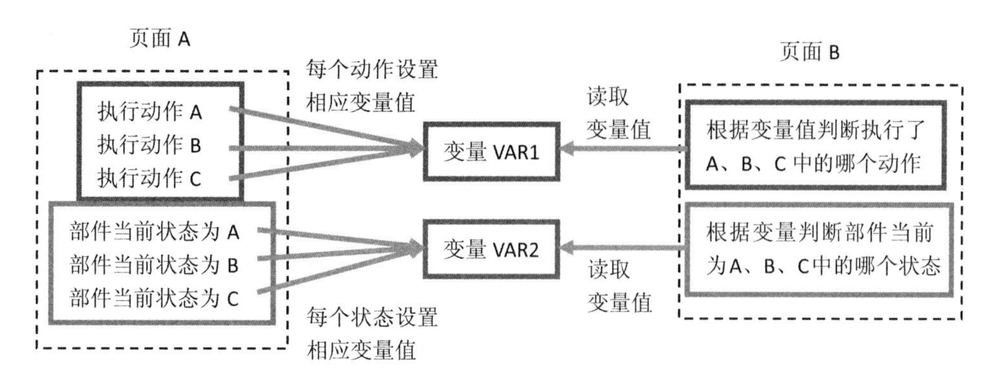

图 6-89　变量应用过程示意图

五、中继器

Axure RP7.0 以前的版本中没有中继器，在 Axure RP7.0 中，中继器是一个新的功能亮点，它就是一个数据集的容器，可以将它理解为带数据交互功能的“模拟数据库”。它是一款高级部件，用来显示重复的文本、图片和链接，通常使用中继器来显示商品列表、联系人信息列表、数据表或其他。

（一）中继器基础

中继器一共有 11 个动作，其中包括 6 个中继器动作和 5 个数据集动作。在原型制作中，它可以导入图片和数据；在交互上，它可以实现新增行、删除行、标记行、排序、筛选等。配合函数使用，中继器还可以实现更多高级交互效果，功能类似于数据库，非常方便、实用。

中继器部件 在 ◢ **Default > Common** 中。

下面我们将以建立一个图片墙为例，帮助学习者简要了解和理解中继器部件。

1. 初识中继器

把中继器部件拖入设计区后（如图 6-90），将其命名为“photorepeater”，默认状态下中继器部件显示内容为 3 行 1 列（如图 6-90），在任意处双击左键后（如图 6-91），出现了中继器面板（如图 6-92）。通过切换这三个标签，可以分别对中继器进行创建数据集、设置交互和设置中继器的格式的操作。

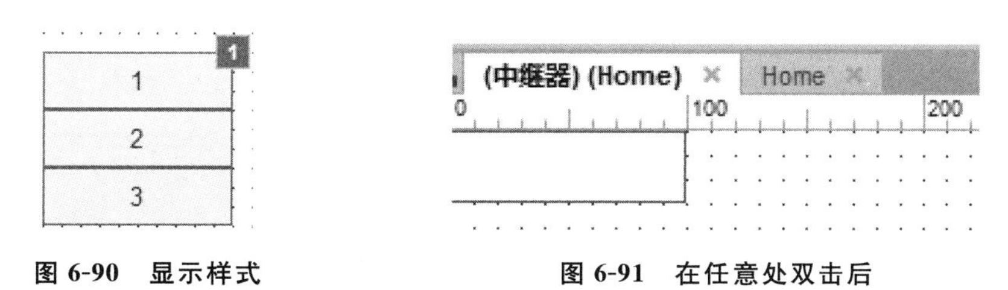

图 6-90　显示样式　　**图 6-91　在任意处双击后**

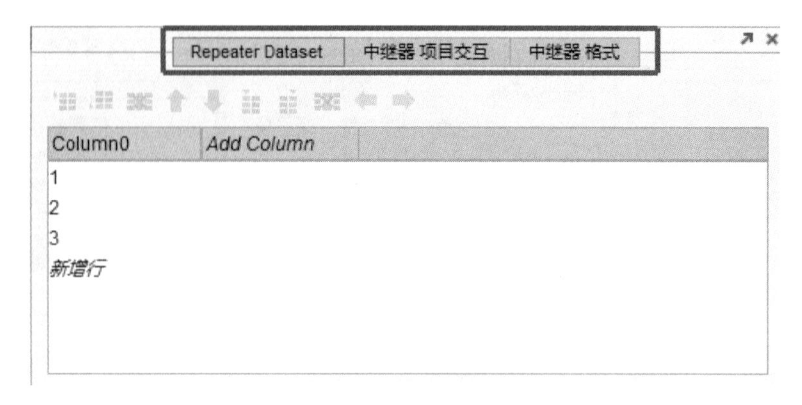

图 6-92　中继器属性

2. 编辑中继器的显示样式

我们可以将默认样式删除并重新设计。例如要显示图片墙，我们则可以将样式重新设计为图 6-93 那样，将中间的图片部件命名为“photo”。

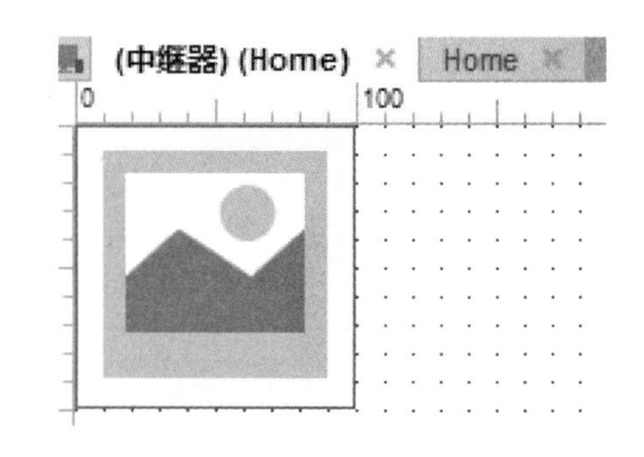

图 6-93　中继器样式设置

3. 创建中继器的数据集

目前中继器显示的内容只有一项，即显示图片，所以中继器的数据集只需要一列数据，且数据为图片，并要将列名改为“photocolumn”。图片墙要显示 8 张图片，所以需要将行数增加到 8 行，然后在数字上单击右键，选择“导入图片”选项，如图 6-94 所示。

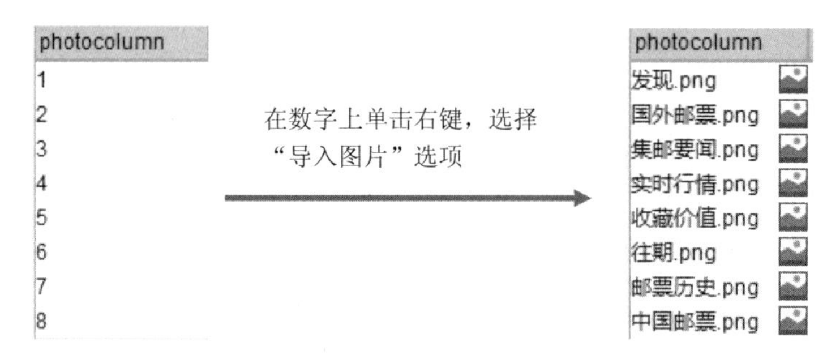

图 6-94　创建中继器的数据集

4. 设置交互

设置交互的目的是将中继器中的数据集与中继器显示样式中的部件关联起来。

默认状态是当中继器项目载入时的交互设置，如图 6-95 所示。此时我们要做的交互是将图片部件“photo”和数据集中的列“photoclumn”相关联。

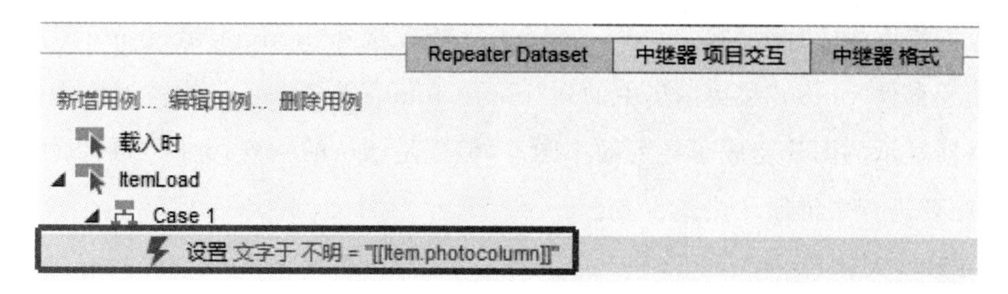

图 6-95　数据关联设置

方法是：双击图 6-95 中的黑框区域，在图 6-96 中，将设置文本动作删除，添加左侧的“设置图像”动作，并选择中继器“photorepeater”中的“photo”，在下侧的默认栏选择“值”。接下来点击“fx”进入图6-97，并单击“Insert Variable or Function”。

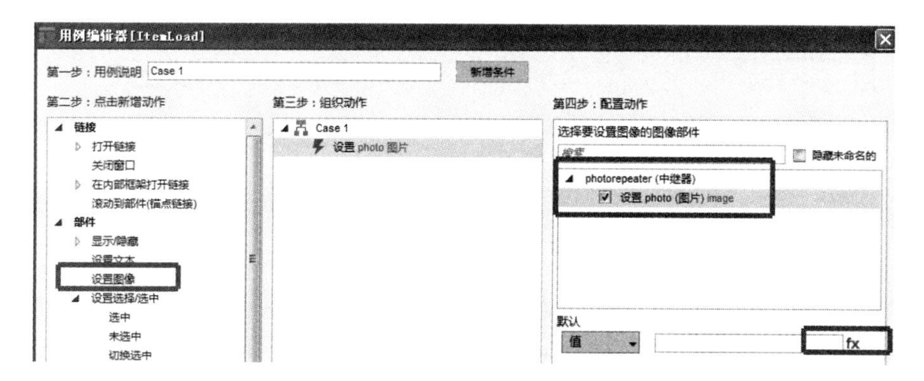

图 6-96　设置关联

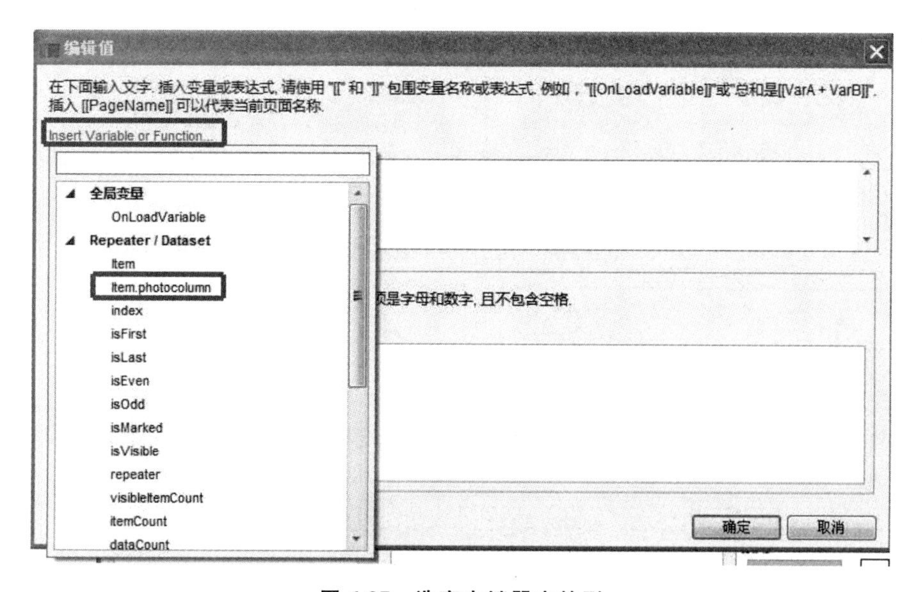

图 6-97　选定中继器中的列

因为数据集中的图片列名称为“photoclumn”，因此选择“item.photoclumn”（如图6-97），这样就将图片部件“photo”和数据集中的列“photoclumn”关联上了。这时返回中继器，我们会发现中继器显示的图片变成了导入的小图片，但还是默认的一列，此时如果以用户满意的方式显示，则要进行中继器的格式设置。

5. 中继器格式设置

此处可以设置图 6-98 中①②③④四个选项。

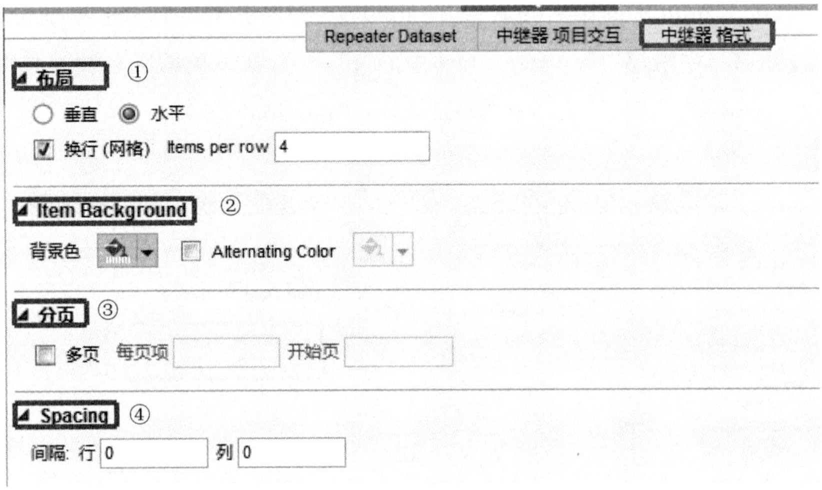

Repeater Dataset　中继器 项目交互　中继器 格式

布局 ①

垂直　水平

换行 (网格)　Items per row 4

Item Background ②

背景色　Alternating Color

分页 ③

多页　每页项　开始页

Spacing ④

间隔: 行 0　列 0

图 6-98　中继器格式设置

将图片墙设置为水平方向，每行显示 4 张图片，如图 6-99 所示。

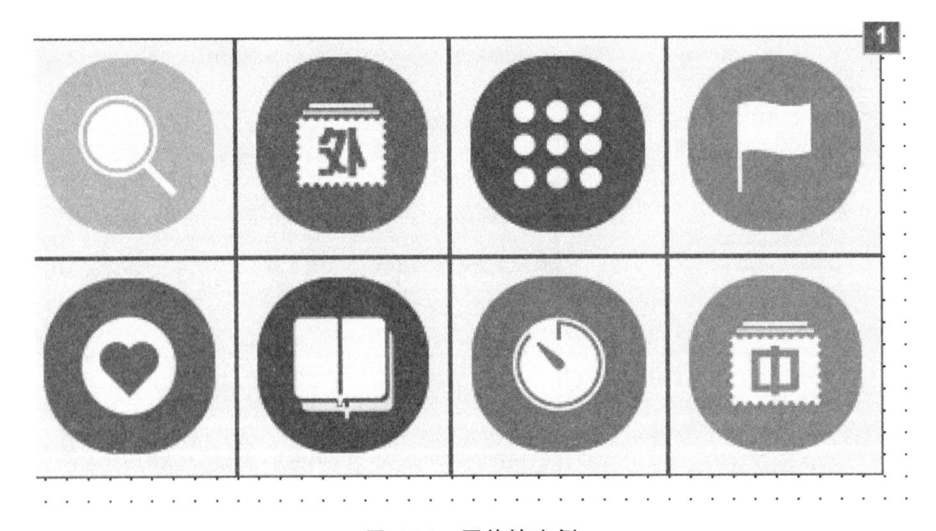

图 6-99　图片墙实例

（二）中继器动作和数据集动作

用例编辑器界面中与中继器相关的所有动作选项共 11 个，如图 6-100 所示。这些动作可以动态地改变中继器的数据集，从而在页面中动态显示不同的内容；也可以在页面上对显示的数据集进行删除、添加等操作。我们将用一个实例对中继器动作和数据集动作的用法进行说明。

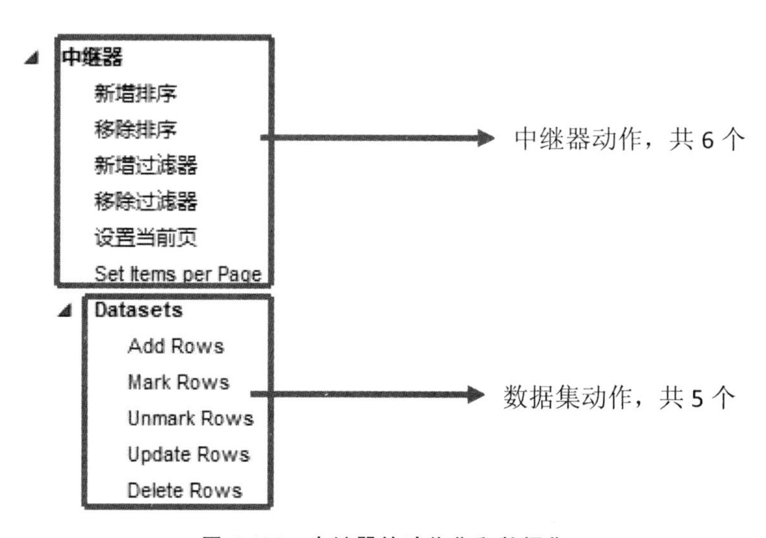

图 6-100　中继器的动作集和数据集

1. 中继器动作

（1）新增排序：可以对数据集中某个属性的数据按条件进行排序。

操作过程为：选择要排序的列名→在部件交互面板双击“当鼠标单击时”→选择“新增排序”→在①处设置排序选项→单击“确定”按钮完成，如图 6-101 所示。

图 6-101 中①处的选项的含义为：

名称：为新增的排序命名。

属性：选择要以哪个属性进行排序。

排序：选择按数字、文本或日期中的哪种方式进行排序。

顺序：选择是按照升序、降序还是在升序和降序之间切换进行排序。

（2）移除排序：删除已有的某个排序或删除所有排序。

在用例编辑器中，选择“移除排序”，并选择相应的中继器，在图 6-102 中进行操作，要删除哪个排序，只需要输入要删除的排序名称即可，或者也可以删除所有排序。

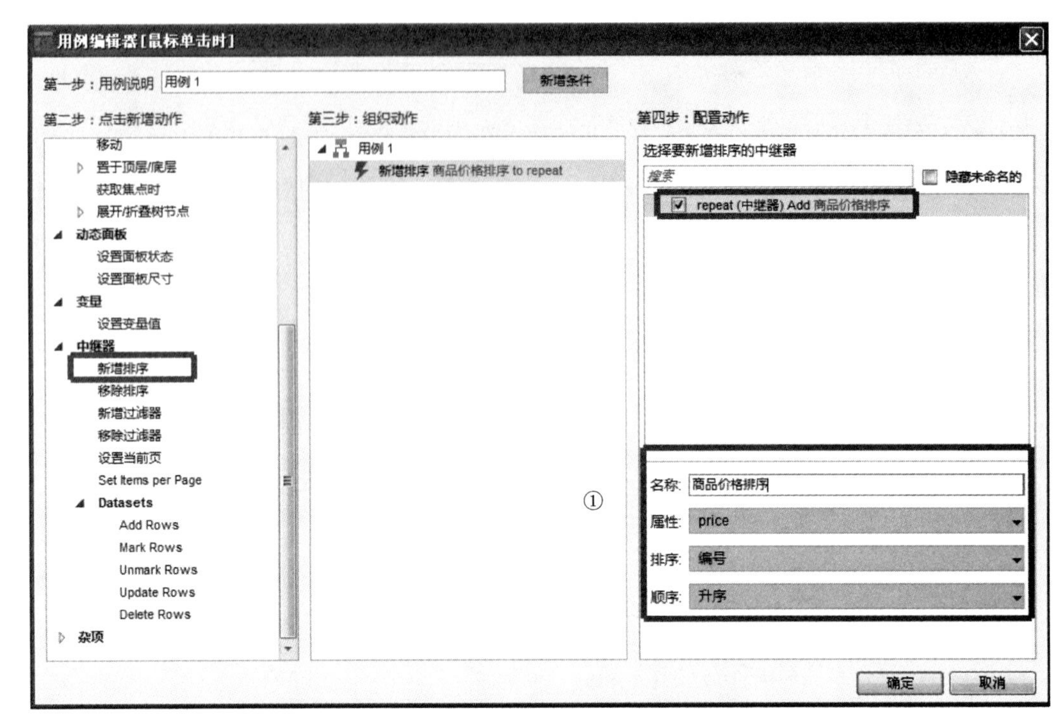

图 6-101　中继器的新增排序动作

移除所有排序

被移除排序的名称

图 6-102　移除排序选项

(3)新增过滤器：过滤器其实就是对已有数据集按照一定的规则进行条件筛选，并将筛选的数据显示出来。

需要注意的是，新增过滤器和移除过滤器要配套使用。也就是说，在新增一个过滤器的时候，首先要移除以前的过滤器，因为每次新增的过滤器在过滤数据的时候并不是在原始数据集里进行筛选，而是在上次筛选得到的数据里继续筛选。

例如，图 6-103 中，要筛选 8 元以下、8—10 元和 10 元以上的水果列表。单击要筛选的文字按钮，在右侧部件交互处双击“鼠标单击时”，出现图

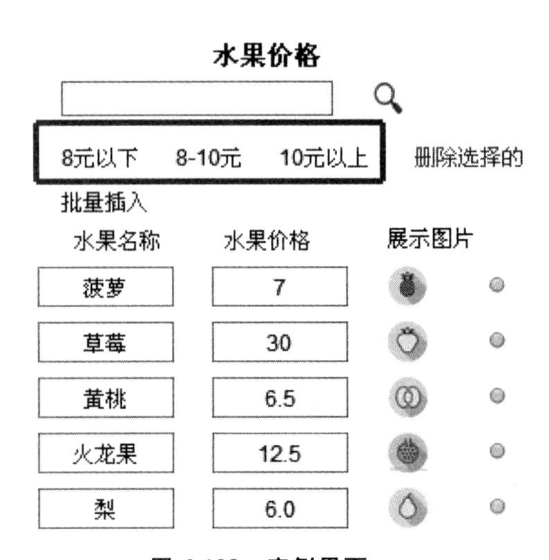

图 6-103　实例界面

6-104 的界面。

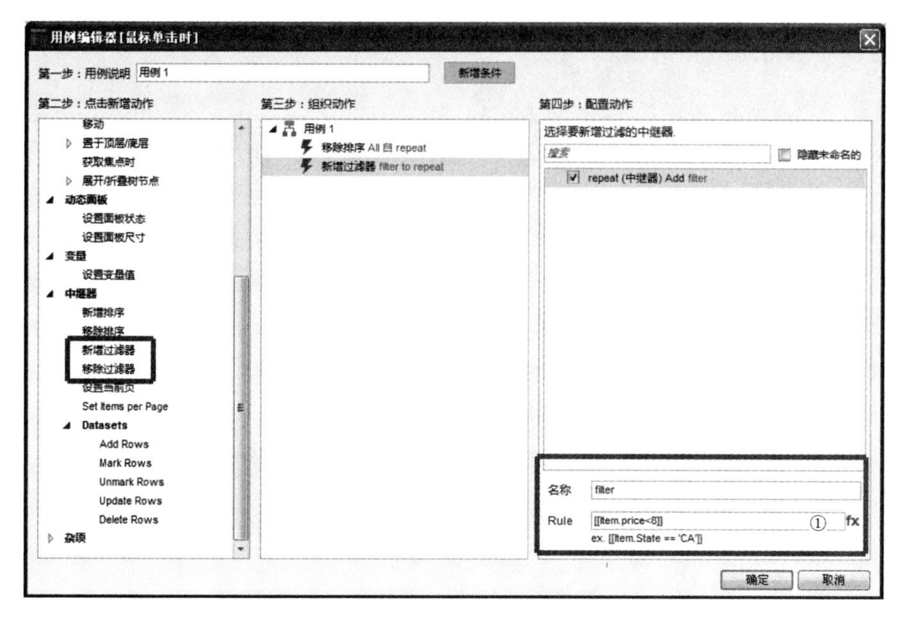

图 6-104　新增过滤动作

新增过滤器的步骤为：添加移除过滤器动作→添加新增过滤器动作→为新增的过滤器命名→为新增的过滤器添加规则条件。

添加规则条件的方法为：点击图 6-104 中①处的 fx，插入数据集中的 Item.price，编辑条件为[[Item.price<8]]，如图 6-105 所示。

8 元以下：[[Item. price<8]]

8—10 元：[[Item. price>=8 && Item.price<=10]]

10 元以上：[[Item. price>10]]

(4)移除过滤器：删除已有的过滤器。

(5)设置当前页：中继器中数据集很多时，就要分页显示，可以在此处显示中继器默认显

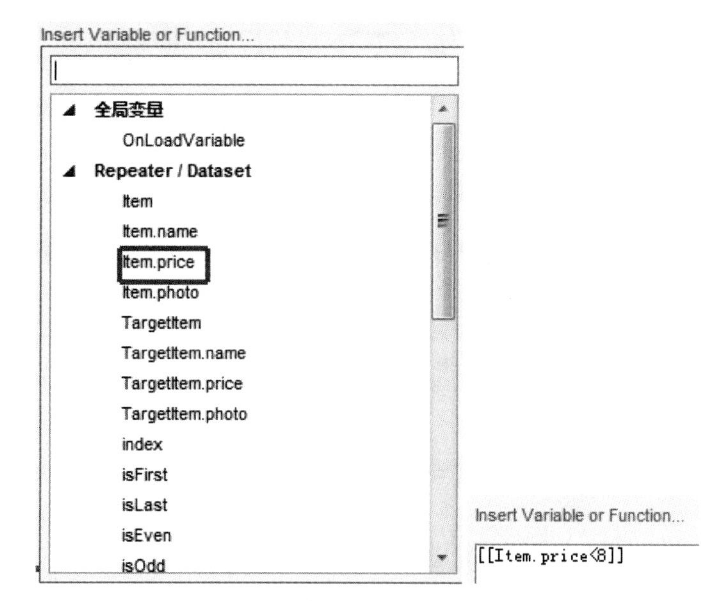

图 6-105　过滤条件的增加

示的数据页。

(6)设置每页项目数(Set Items per Page):设置中继器最终显示的项目数,可以显示所有项,也可以显示指定数量的项。

2. 数据集动作

(1)增加行(Add Rows):可以动态地为数据集增加一行新的数据。点击“新增行”,可以加入多行数据。

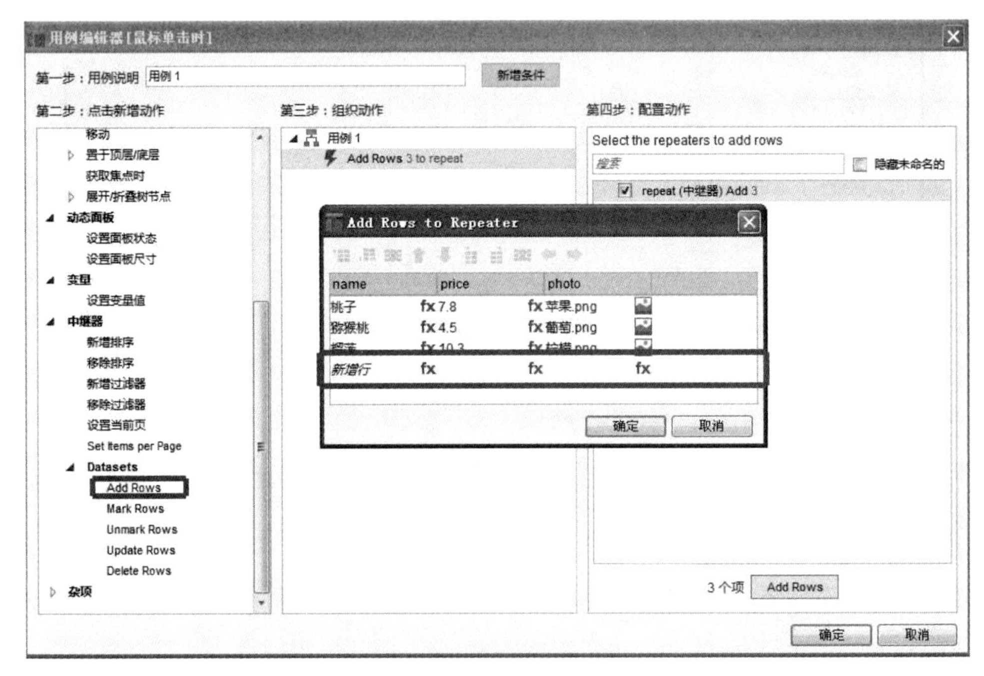

图 6-106　新增行动作

(2)删除行(Delete Rows):可以动态地删除数据集中的一行或多行数据。

(3)标记行(Mark Rows)/取消标记行(Unmark Rows):选择想要编辑的制定行数据。

需要注意的是,删除行和标记行是配套使用的,如果要删除指定行数据,必须先对指定行数据进行标记。

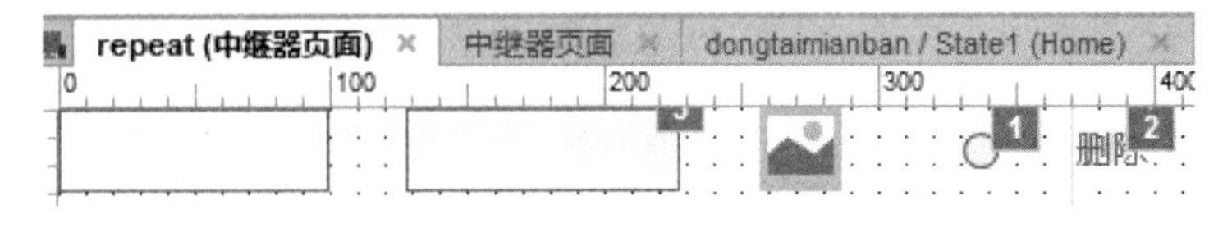

图 6-107　中继器样式

标记行复选框:当选中复选框时,则对该行进行标记,否则取消标记。添加标记后的用例如图 6-108 所示。

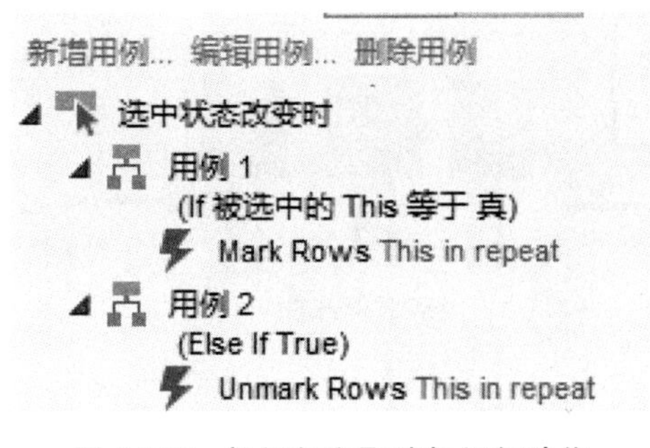

图 6-108　标记行和取消标记行动作

删除标记行按钮：在删除行时，可以选择标记行或当前行，图 6-109 中选择的是删除标记行。

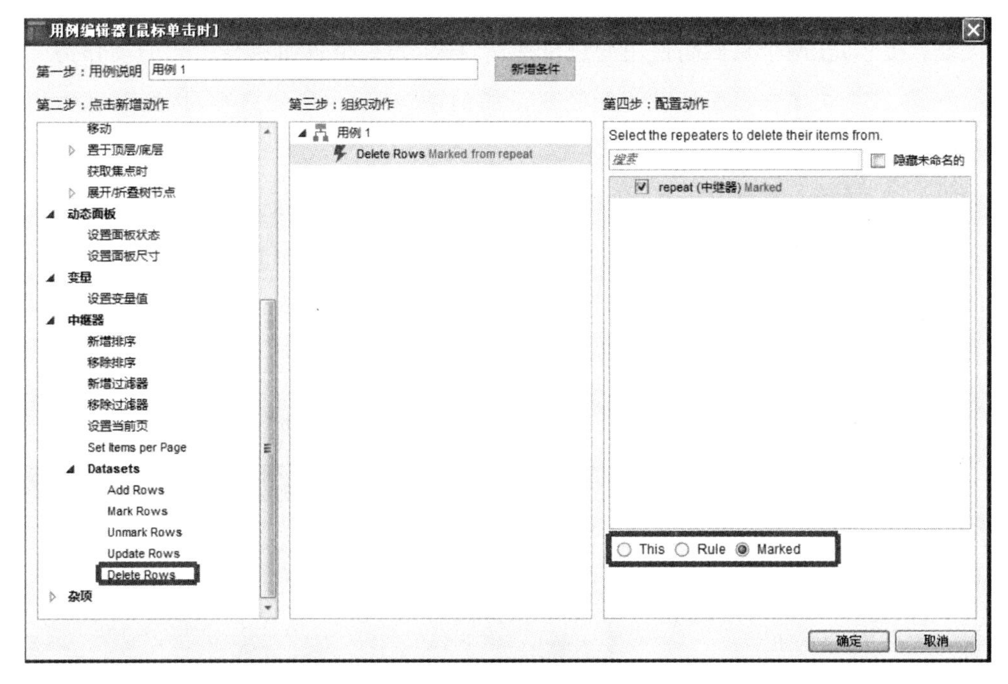

图 6-109　删除行动作

(4)更新行(Update Rows)：对数据集中的某制定行或标记行数据进行更新。

六、实例

名称：变量在不同页面间的传递。

介绍：此实例是对第六章第四节中的实例 2“动态面板与内部框架的综合应用”进行的改进，运用了变量。图 6-110 清晰地表示，虽然两个实例的最终显示效果是一样的，但用了不同的制作方法。

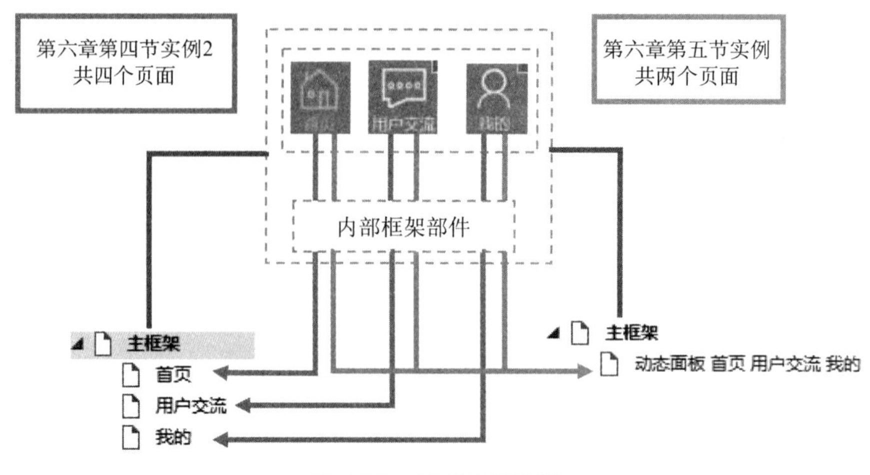

图 6-110　实例分析比较

关键点提示：在两个页面间使用变量传递信息时，第一个页面执行不同的动作为变量赋不同的值，第二个页面在页面加载时判断变量的值，并显示相应的内容，从而实现页面间变量的传递。

在图6-110中"首页""用户交流"和"我的"三个标签按钮位于主框架页面中，当分别点击这三个按钮时，第六章第四节实例2中是在该页面的内部框架部件中分别打开页面"首页""用户交流"和"我的"。而本节实例中则使用了不同的打开处理方式，以下仅详细说明不同的处理方式，该实例和第六章第四节实例2中相同的步骤这里不再赘述。

该实例页面 动态面板 首页 用户交流 我的 中只有一个动态面板部件，包括三个状态，分别为"首页""用户交流"和"我的"。点击 主框架 页面中的三个标签按钮，在内部框架中加载三个相应状态的过程如下：

Step1：在菜单栏中点击"全局变量"，新建一个全局变量，命名为"statename"，如图6-111所示。

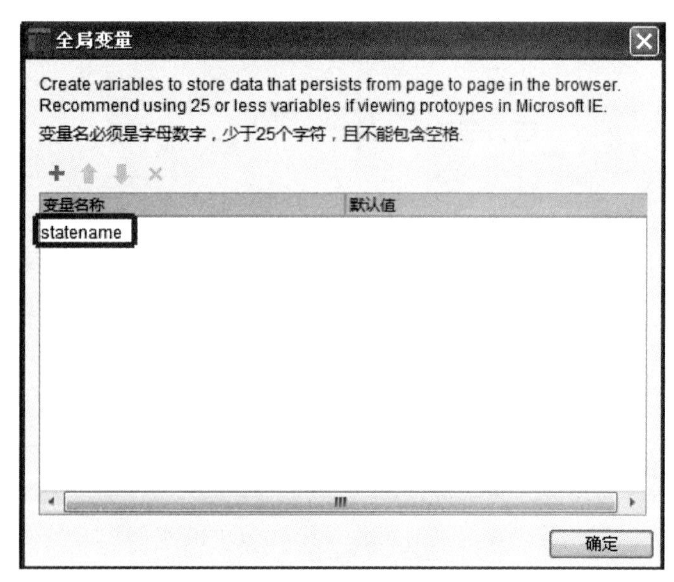

图 6-111　新增全局变量

Step2：在 主框架 页面点击"首页"标签按钮，在右侧"部件交互与注释"面板双击"鼠标单击时"。新增"设置变量值"动作，为变量“statename”赋值“mainpage”，如图 6-112 所示。同时新增“在内部框架打开链接”动作，选择 动态面板 首页 用户交流 我的 页面，如图 6-113 所示。

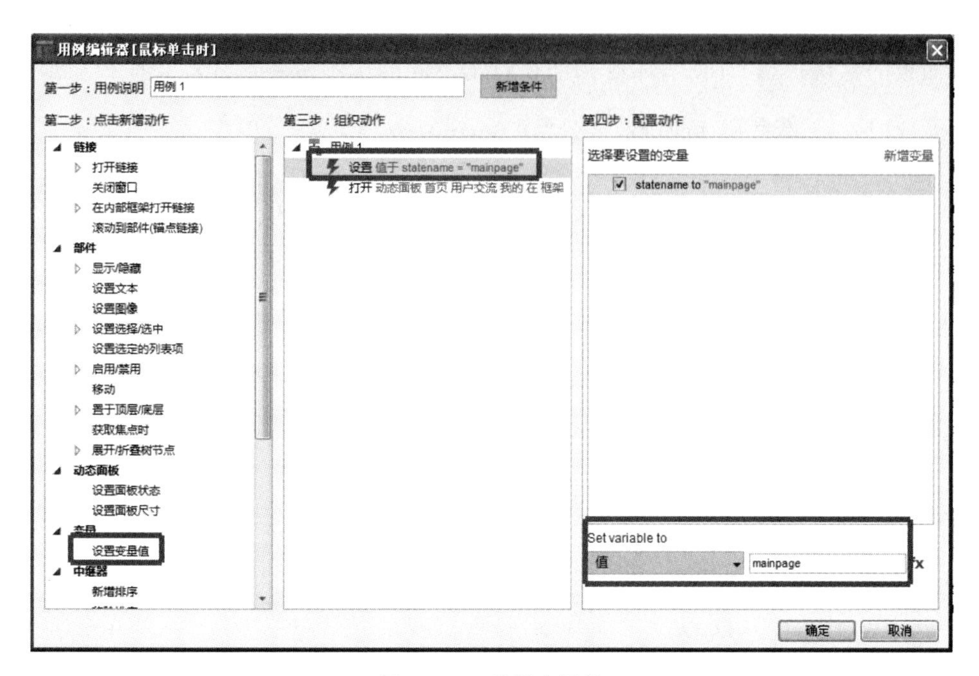

图 6-112　设置变量值

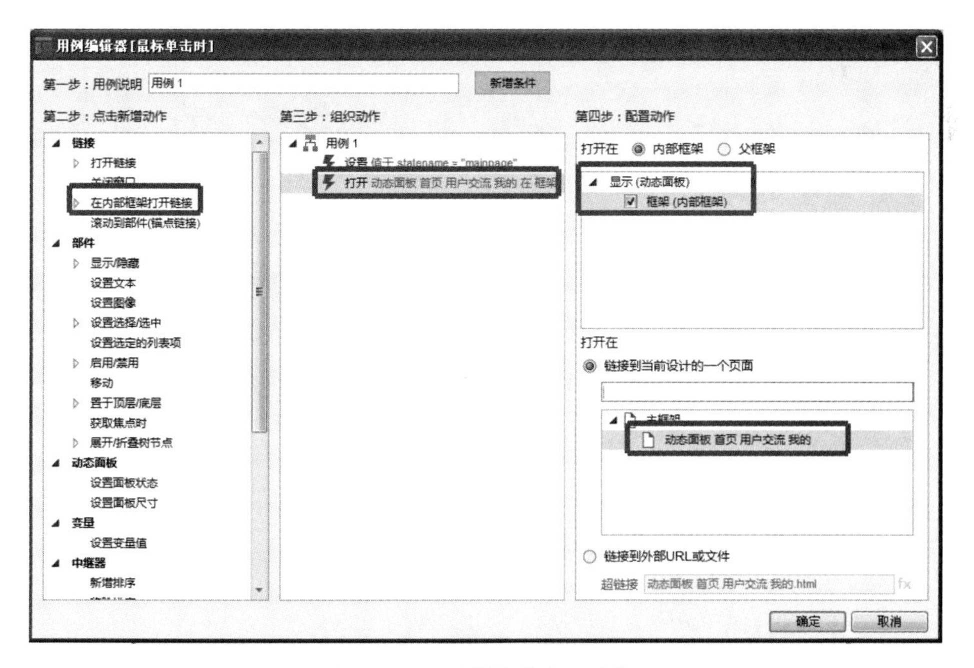

图 6-113　设置点击交互动作

继续点击“用户交流”和“我的”标签按钮，添加交互，分别为变量“statename”赋值“usercommunicate”和“my”。

值得注意的是，在内部框架中打开 动态面板 首页 用户交流 我的 页面后，页面中显示的是动态面板的默认状态“首页”，如何保证在点击不同的标签按钮后让动态面板显示正确的状态呢？这时在 主框架 页面中的变量“statename”就该发挥作用了。

Step3：双击 动态面板 首页 用户交流 我的 页面，在“页面交互”中为“页面载入时”添加三个用例，用例之间的逻辑关系如图6-114，用例设置如图6-115，具体设置方法和前面所讲的一样，不再赘述。

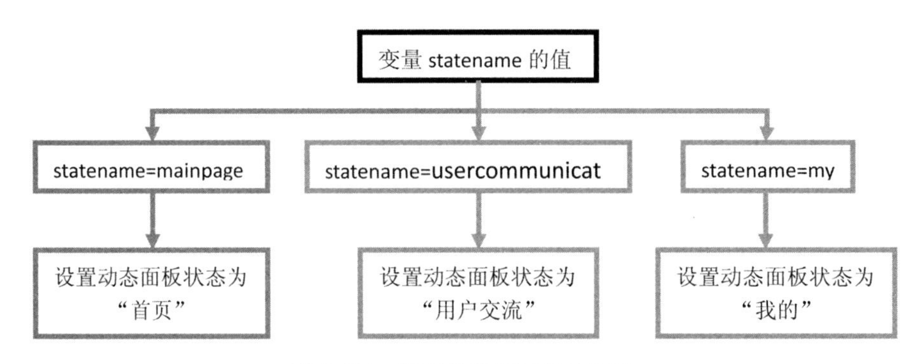

图6-114　变量设置不同值的定义

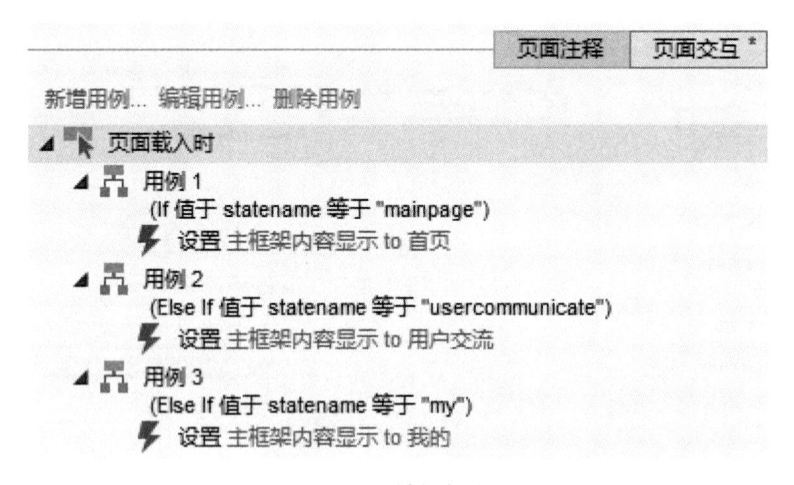

图6-115　判断变量值

简单地说，就是在加载 动态面板 首页 用户交流 我的 页面时，通过判断变量的值来决定当前页面中的动态面板显示哪个状态。

第六节　Axure 原型发布和规格说明书

设计、制作好的原型，需要经过发布才能在移动终端平台展示，Axure 中支持发布 HTML 文件，该文件可以在 Android 和 iOS 平台上展示设计好的交互原型，像使用一个真正的 App 一样方便。

点击菜单栏中的“发布”，可以看到发布选项和生成规格说明书选项。

一、原型发布

发布选项包括三项。

(一)发布项一：发布到 AxShare

AxShare 是 Axure 官方推出的免费云托管解决方案，让我们可以轻松地与团队成员或客户共享设计的原型，同时 AxShare 新增的截图功能与改进的消息提示也让沟通变得更加便捷和畅通。AxShare 是免费的，允许上传 1 000 个 100MB 以内的项目，访问地址为 http://share.axure.com。

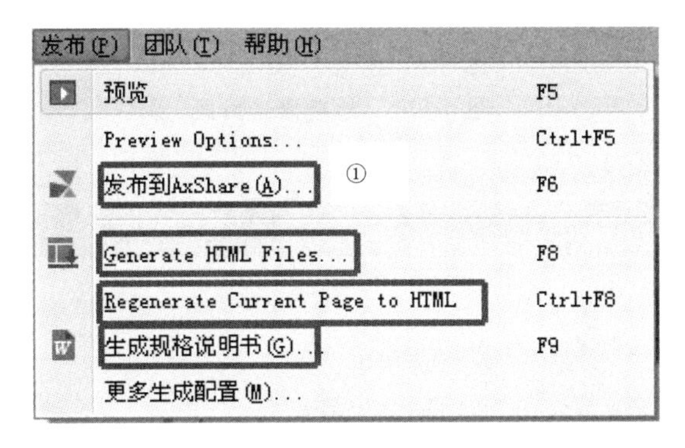

图 6-116

点击图 6-116 中①“发布到 AxShare”或按快捷键 F6 即可发布。首先我们必须创建一个 AxShare 账户（如图 6-117），输入邮箱和密码，选择 ☑ 我同意 AxShare terms ☑ 保存密码 。同时在下方输入要发布的原型文件名和密码，此处的密码和创建用户的密码不一样，是为保护原型生成的链接而设的保护密码。填写完成后，点击“发布”按钮，如图 6-118 所示。

当原型上传完毕后，复制提示框里的 URL，发送给他人，这样其他人就可以浏览我们设计的原型了。

发布到AxShare

share.axure.com　代理设置

创建账号　已有账号

Create an AxShare account to get a URL for your project.

Email

密码

我同意 AxShare terms　保存密码

Enter the project name and password protect the URL.

名称　变量在两个页面之间的传递 与动态面板内部框架的综合运用

密码　88166123

发布　取消

图 6-117　创建账号页面

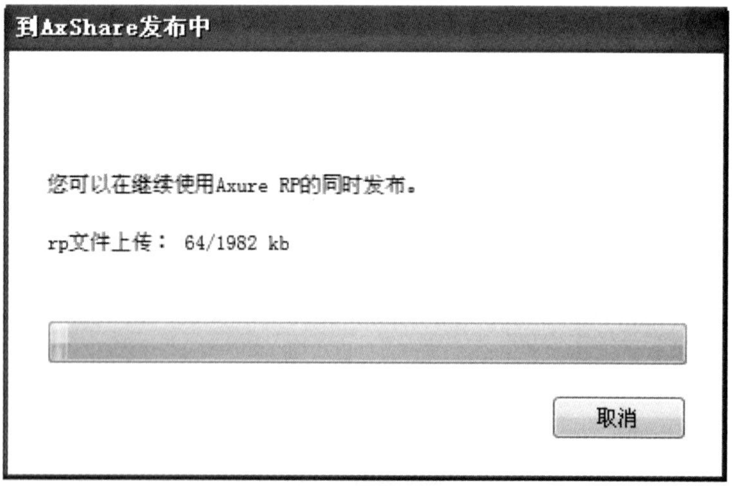

到AxShare发布中

您可以在继续使用Axure RP的同时发布。

rp文件上传：　64/1982 kb

取消

图 6-118　发布上传界面

(二)发布项二:生成 HTML 文件

可以将原型生成 HTML 文件,在 iOS 和 Android 系统进行动态演示。点击"Generate HTML Files",即"生成 HTML 文件",在弹出的图 6-119 所示的对话框中,可以配置输出的各种选项,设置完成后点击"生成"按钮即可。

图 6-119　生成 HTML 界面

那么生成的 HTML 文件如何在 Android 和 iOS 系统中演示呢?

Android 平台简单一些,直接将生成的 HTML 包拷贝到设备中,点击主页就可以开始演示了。对于 iOS 平台,则需要在手机或 Pad 上安装 App 应用程序"myAxure Lite",只需四步即可轻松完成,如图 6-120 和图 6-121 所示。

Step1:在电脑上使用 Axure 软件设计原型。

Step2:将设计好的原型发布为 HTML 文件,并将发布后的文件包压缩为 zip 压缩文件,在 http://myaxure.com/中上传压缩文件,如图 6-120 所示,上传完成后生成一个二维码,如图 6-122 所示。

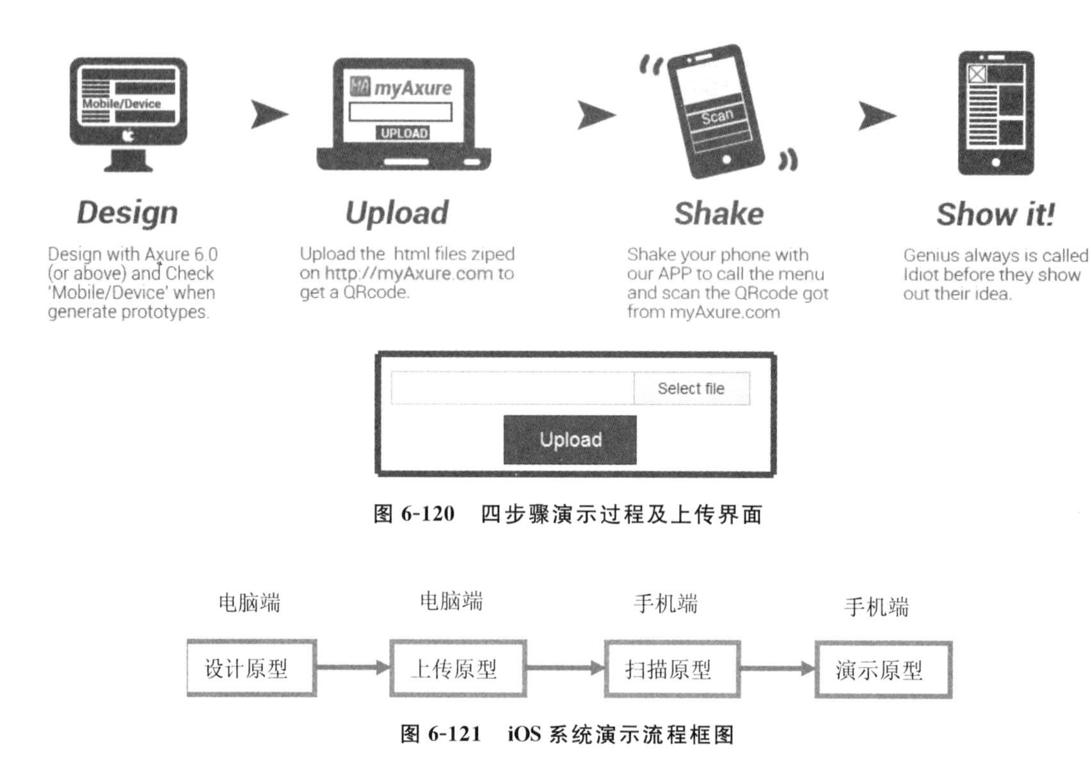

图 6-120　四步骤演示过程及上传界面

图 6-121　iOS 系统演示流程框图

图 6-122　上传原型生成的二维码

Step3:在手机端打开“myAxure Lite”应用程序,扫描 Step2 生成的二维码。

Step4:手机或 iPad 演示原型。

(三)发布项三:重新生成当前页为 HTML

可以将当前选定的页面生成为 HTML。此操作十分简单,不再赘述。

二、生成规格说明书

生成规格说明书,即生成规范格式化 word 文档,该文档是对整个设计的文档化,可以将所有的设计信息全部显示出来。若生成文档,只需要直接点击“生成规格说明书”或按下快捷键 F9 即可。在弹出的对话框中,可以配置输出的各种选项,设置完成后点击“生成”按钮就完成了,如图 6-123 所示。

同时也可以点击“更多生成配置”管理更多的生成配置方式,这里不再赘述。

图 6-123　生成规格说明书界面

第七节　多人协助和版本管理

一个共享团队项目可以被多人同时编辑，共享团队项目中也保存着项目被修订的历史，可以实现多人协作，共同完成一个项目。共享团队项目被存储在一个普通的文件目录中，该目录可以被那些允许访问此项目的人访问。存储 Axure 共享团队项目的服务器或计算机不需要安装额外的软件。

项目共享方式如图 6-124 所示。

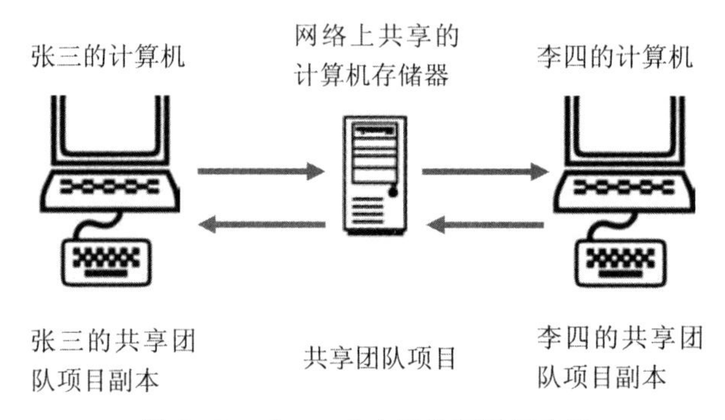

图 6-124　Axure 共享团队项目示意图

一、创建共享团队项目

通过主菜单的文件选择“新建团队项目”，这时会弹出一个创建共享项目的对话框，按照提示一步步完成项目的创建，如图 6-125 所示。

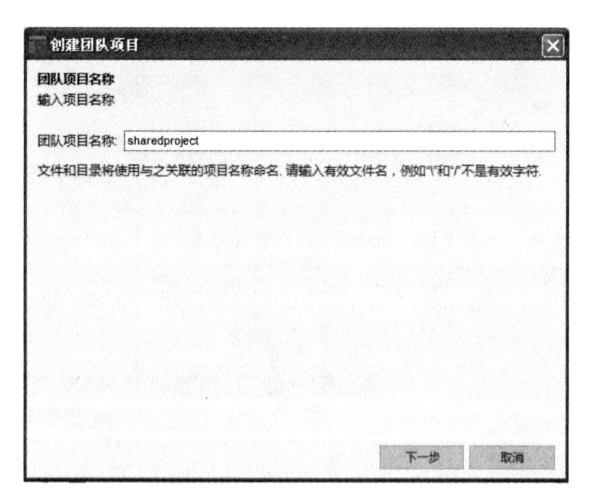

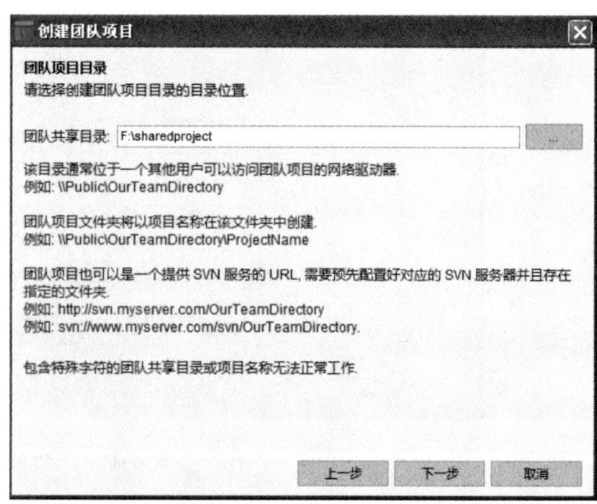

图 6-125　创建团队项目

在本地共享目录中，生成了一个 *.rpprj 文件和一个 DO_NOT_EDIT 文件夹（如图 6-126），该文件夹包含工程数据和版本控制信息，不能在 Axure 以外进行编辑，如果要移动 *.rp 文件，则同时也要移动 DO_NOT_EDIT 文件夹。

图 6-126　本地共享目录生成的文件

网络共享目录中包含共享项目，该共享项目中包含和 SVN 关联的一系列文件和目录，如图 6-127 所示。

图 6-127　网络共享目录生成的文件

二、获取共享团队项目

团队成员为了操作一个共享团队项目，需要在其使用的计算机上安装一个共享工程的本地副本。要获得共享工程的本地副本，就得选择主菜单中的文件下拉菜单，点击“获取和打开团队项目”，出现图 6-128 所示的对话框，此时输入共享工程的目录，按照提示操作，可以建立一个本地的共享项目副本，之后就可以打开共享项目了。

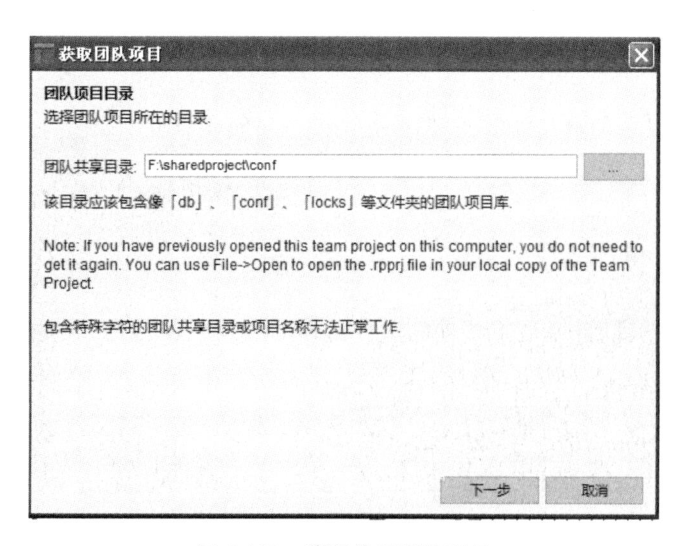

图 6-128　获取共享团队项目

三、编辑和修改共享团队项目

编辑共享团队项目的典型流程如图 6-129 所示。

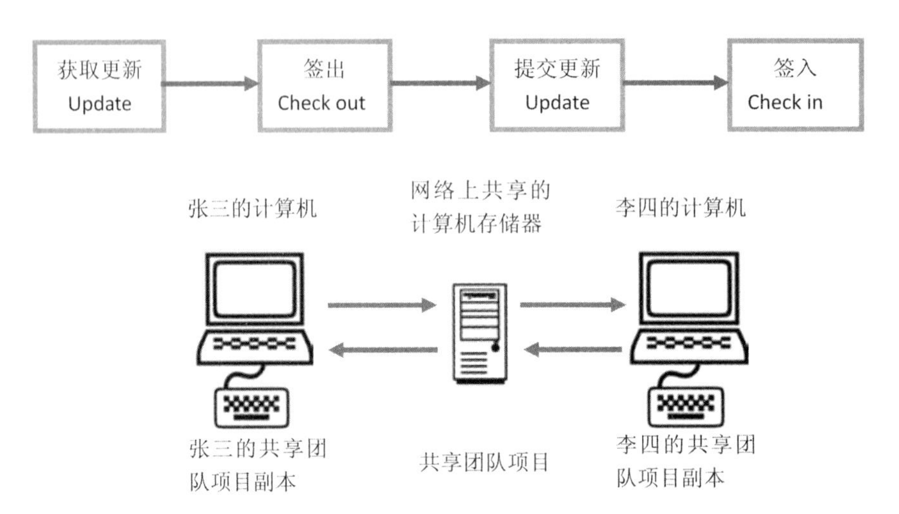

图 6-129　编辑和修改团队项目的典型流程

例如:张三要对项目中的页面 1 进行编辑,流程如下:

Step1:张三首先打开自己的项目副本,如果没有本地的项目副本,则要先获取一个本地项目副本。打开项目后,在页面 1 中单击右键,选择"获取更新",接着选择"签出",由于同时只能有一个人签出同一个页面,所以这时只有张三能修改页面 1。

Step2:张三修改好页面 1 后,在页面 1 单击右键,选择"提交更新",接着选择"签入",此时将页面 1 的修改更新到网络共享工程的目录中,也就是说张三释放了对页面 1 的编辑权,如图 6-130 所示。

Step3:李四可以在他自己的计算机上获取张三对页面 1 的修改,且此时他可以签出页面 1,自己修改了。

四、导出共享团队 RP 项目

打开共享团队项目后,通过主菜单的文件选择"导出团队项目到文件",就可以导出一个 RP 文件,导出后的这个文件可以像普通 RP 文件那样被编辑,但已经和共享团队项目没有关联了。

如果我们要将在 RP 文件中做的修改合并到一个共享团队项目中,可以先打开这个共享项目,然后通过主菜单的文件选择"导入 RP 项目",如果要用导入的页面替换共享项目中的某个页面,则必须先对共享项目中的页面进行签出操作。

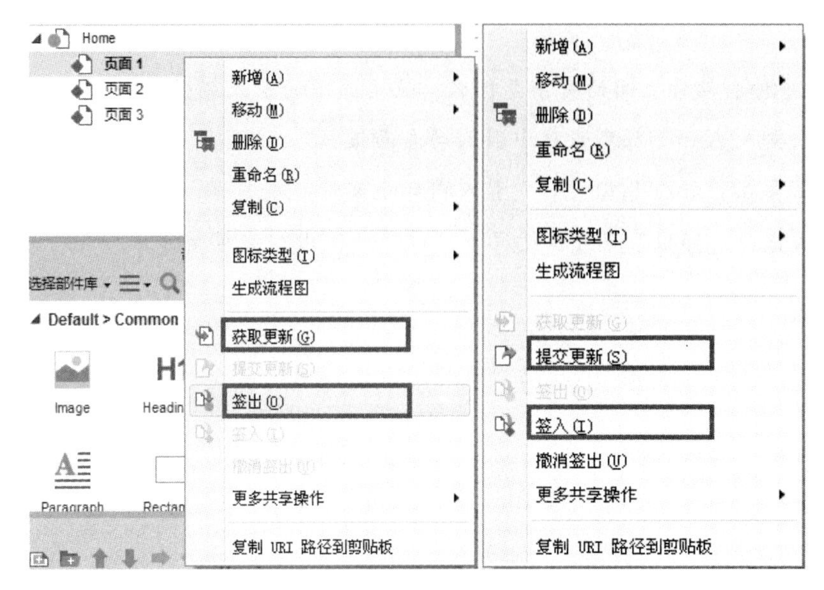

图 6-130　编辑共享团队项目的申请操作

同时，我们也可以在菜单栏的“团队”栏目中对共享项目进行更多的操作，包括查看共享项目的修改历史等，如图 6-131 所示。

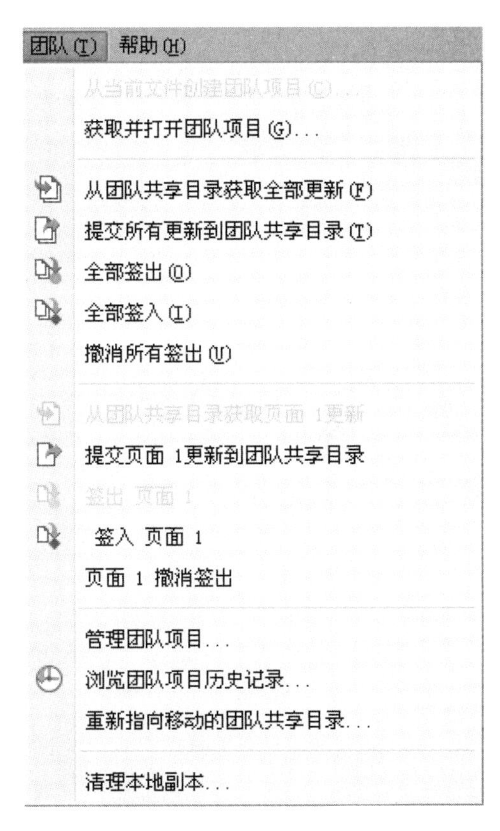

图 6-131　团队菜单栏

思考题

1. 用例、事件和动作之间的关系是什么？试用画图的形式解释。

2. 为什么要在Axure原型设计中引入动态面板？

3. 为什么要在Axure原型设计中引入内部框架？

4. 动态面板与内部框架在什么情况下可以联合使用？优势是什么？

第七章　移动平台产品设计项目实践

本章要点

1. 通过具体事例进一步了解移动产品设计的流程
2. 通过具体事例了解产品设计的规范
3. 体会移动产品设计的创新

第一节　项目一:回音

一、项目来源

早在1857年,法国发明家斯科特(Scott)就发明了声波振记器(如图7-1),这是最早的录音机,他用这台机器记录了他和朋友在月光下哼唱的一段音乐。而一百多年后的今天,我们开始用手机记录生活中的声音。声音可以记录生活的片段,可以记录生活中的灵感。2005年,自然摄影师格雷戈里・考伯尔,在威尼斯举办了自己的"Ashes and Snow 尘与雪"摄影展,成功地在人与野生动物之间寻找到了久违的爱与信赖,照片中没有恐惧与危险,而是充满了诗意和灵气,他的作品之一(如图7-2)更是触动了我们的内心深处。

这些照片触动着我们的神经,让我们有了创作灵感,即"帮助感性的人们在生活中抓住那些稍纵即逝的灵感"。语言是用来听的,文字是用来看的,在用文字记录已十分普遍的今天,我们更愿意用声音记录生活瞬间,还原语言本质。

二、工作流程

工作流程如图7-3所示。

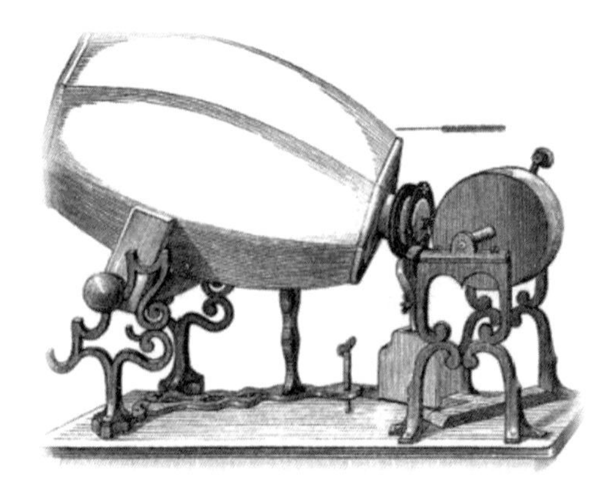

图 7-1　声波振记器

图 7-2　聆听内心深处的声音

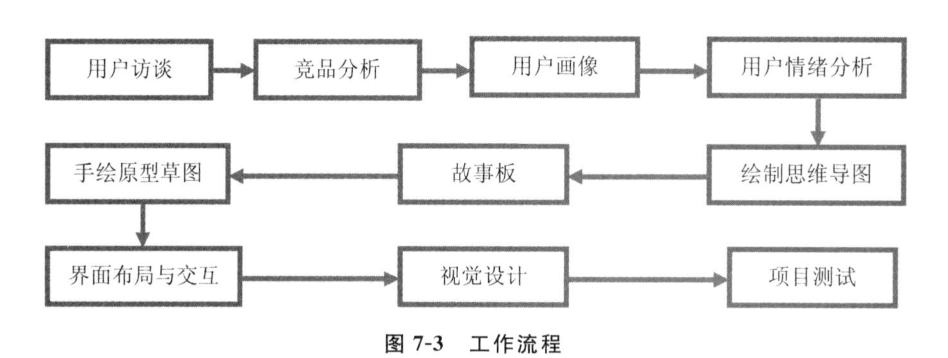

图 7-3　工作流程

三、前期准备阶段

(一)用户访谈

访谈对象:20—30 岁之间,有记录冲动,随心、感性的年轻人。

访谈内容:了解用户的兴趣爱好,创意、灵感迸发的来源,记录灵感的方式,目前对什么样的 App 感兴趣等。

记录过程如图 7-4 所示。

(二)竞品分析

目前产品的现状:太烦琐、界面单一和无趣。

(三)用户画像

在产品研发过程中,明确目标用户至关重要。不同类型的用户往往有不同甚至相冲突的需求,我们不可能做出一个满足所有用户的产品。给用户画像能够让团队在研发过程中

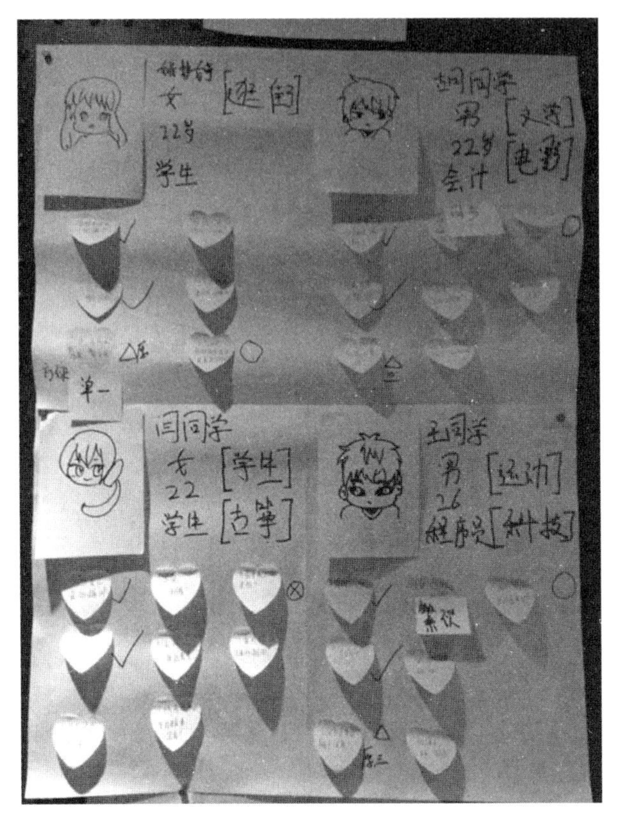

图 7-4 用户访谈记录

抛开个人喜好，将焦点放在目标用户的动机和行为上，同时更清楚每类用户的特点，从而挖掘出粉丝用户和潜在用户群体。

例如闫同学这类用户，其特点就是觉得这种记录方式有趣、好玩，希望用文字、语音和图片更高效地记录生活中的灵感，用户画像如图 7-5 所示。

图 7-5 用户画像

(四)用户情绪分析

为了更清晰地表示用户情绪的变化，我们从三个方面进行了分析，即灵感、灵感实施的过程和回顾。具体的情绪波动如图 7-6 所示。

从图 7-6 中可以看出用户有两个情绪低落点和一个兴奋点。两个情绪低落点是非常重要的信息，它们也是用户的需求“痛点”，解决了这两个主要“痛点”，就会拥有更多的潜在用户。

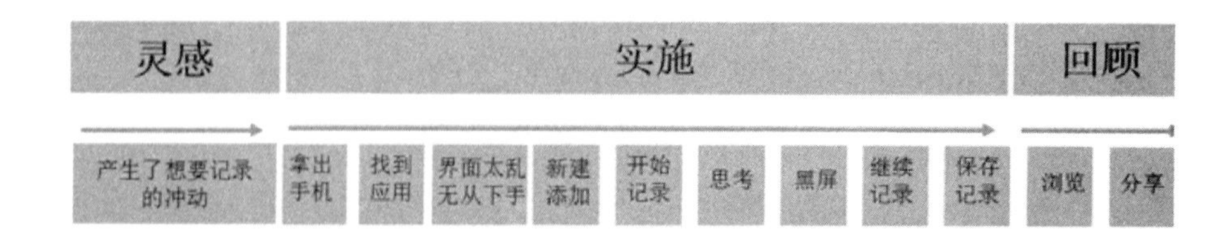

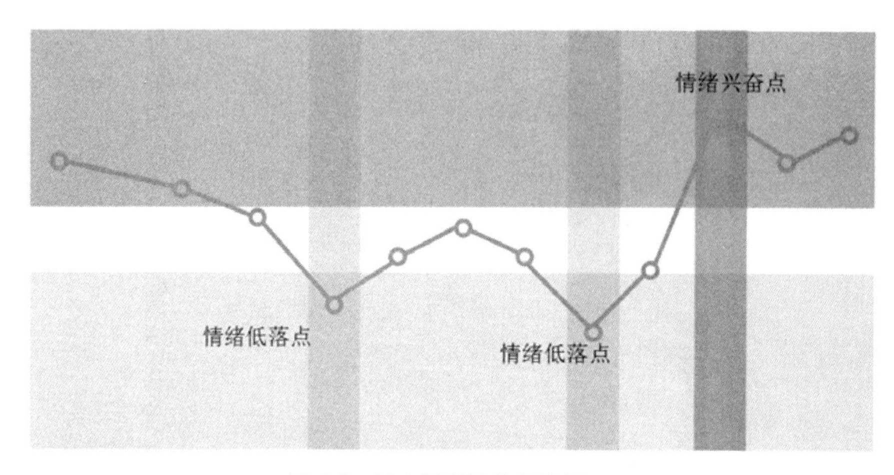

图 7-6　用户情绪波动示意图

(五)故事板

故事板如图 7-7 所示。

图 7-7　故事板

四、思维导图及草图绘制

(一)思维导图

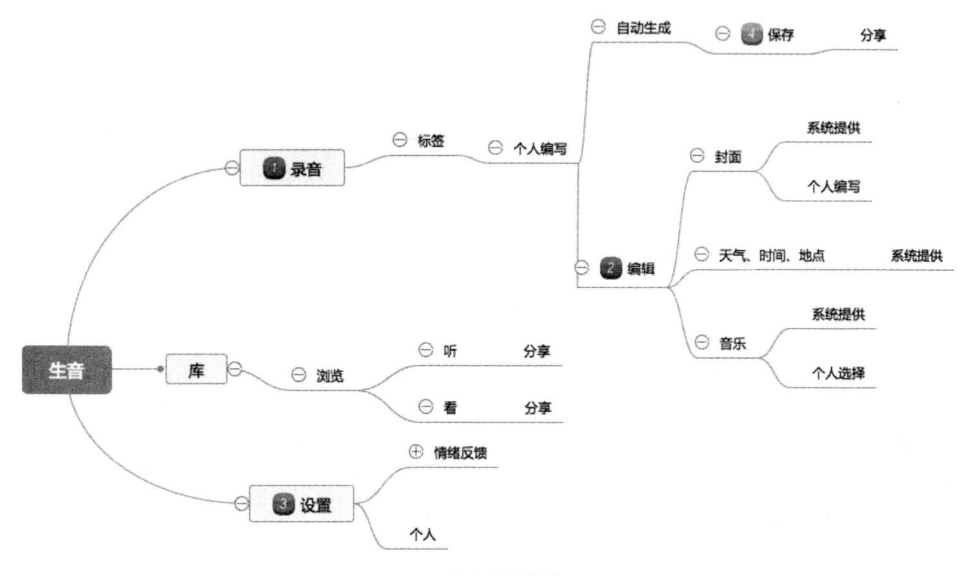

图 7-8　“生音”模块导图

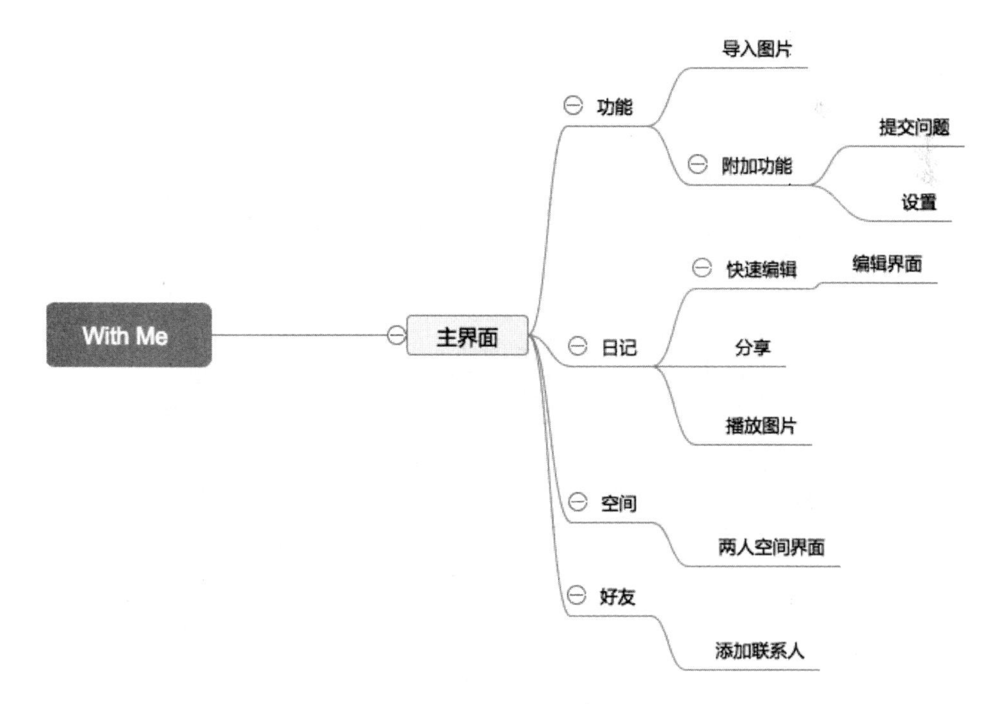

图 7-9　“with me”模块导图

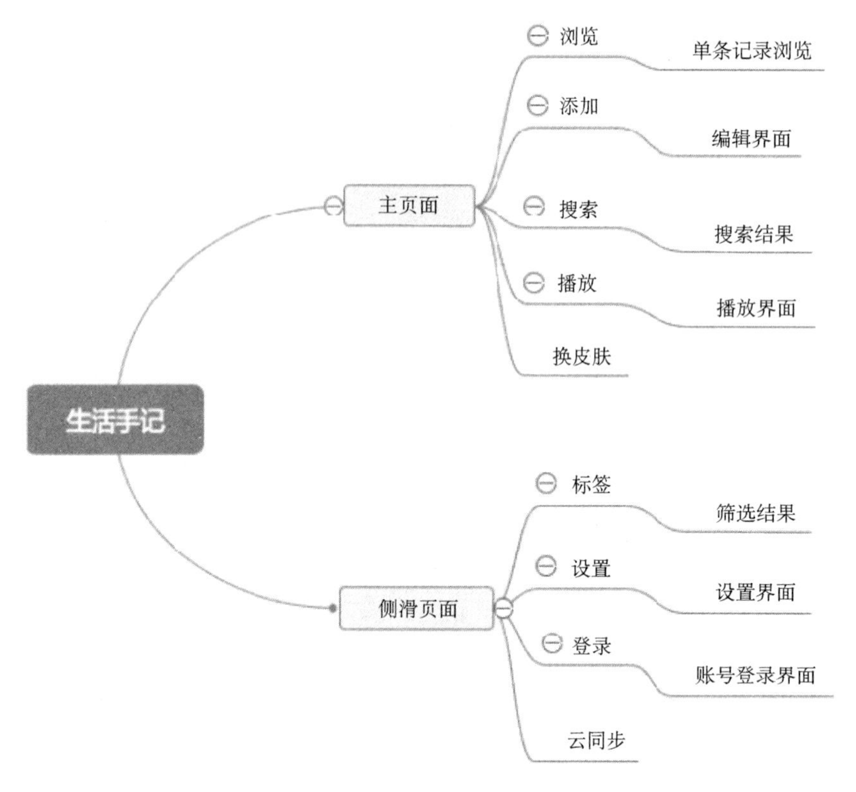

图 7-10 “生活手记”模块导图

(二)手绘原型

图 7-11 手绘原型

五、项目的中保真原型制作

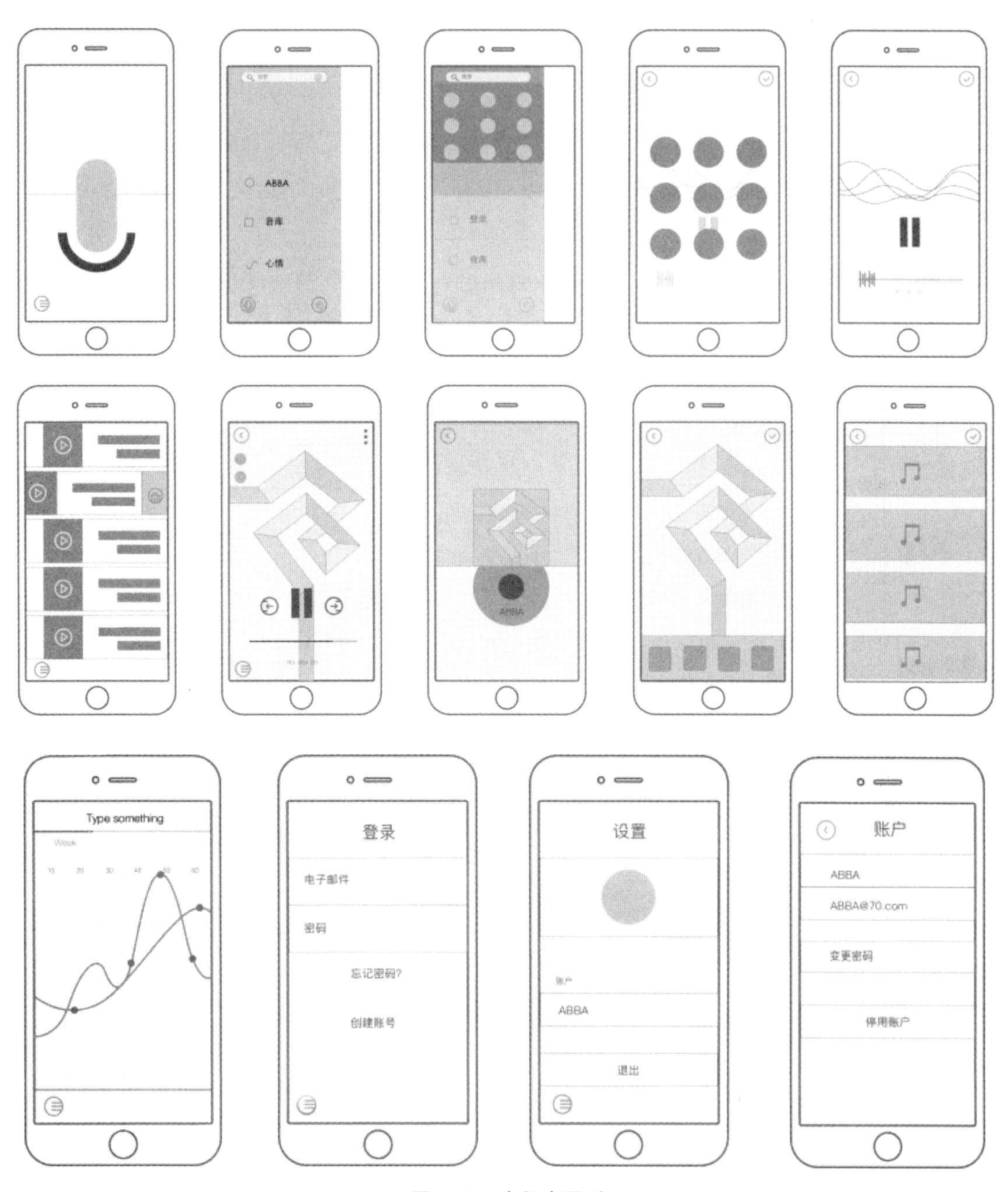

图 7-12　中保真原型

六、项目的高保真原型设计

(一)产品色彩定位

色彩设计就是颜色的搭配，自然界的色彩现象绚丽多变，色彩设计中的配色方案同样千变万化。当人们用眼睛观察自身所处的环境时，色彩首先闯入了人们的视线，产生各种各样的视觉效果，带给人不同的视觉体会，直接影响着人的美感认知、情绪波动乃至生活状态、工作效率。

该产品从三个方面进行色彩分析，即视觉映射、心境映射和物化映射，反映了快速、简洁和感性的设计情感，具体如表7-1所示。

表7-1 "回音"的关键词

	快速	简洁	感性
视觉映射	跳跃、冲刺、坠落	白色、光滑、清楚	暖色、女生、记录
心境映射	稍纵即逝的青春 奔驰跑车的残影 飞舞扬起的灰尘	一尘不染的桌面 万里无云的天空 空旷无际的原野	川流不息的街道 装满记忆的铁盒 夕阳摇坠的海面
物化映射	飞鸟、离弦之箭、动车、闪电、猎豹	蓝天白云、白墙、无印良品的本子、整洁的桌面	音乐、街道、绘画、照片、小说

对以上设计色彩的具象如图7-13至图7-15所示。

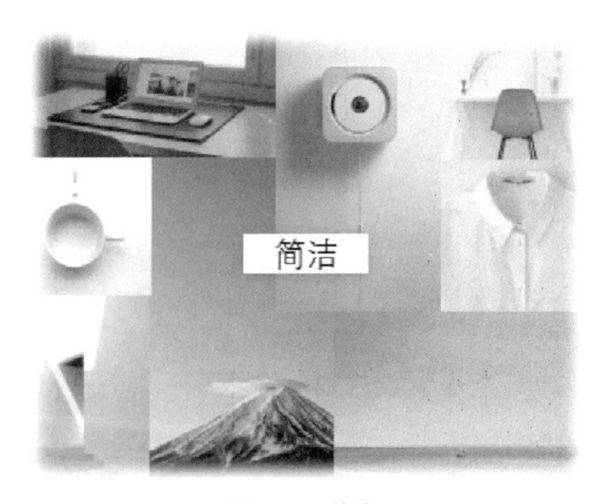

图7-13 简洁

图 7-14　快速

图 7-15　感性

(二)色彩提取

色彩的提取来源于生活，但高于生活。对于产品的色彩，我们将从生活的场景中进行提取。

(三)logo 设计来源

我们常常会在一定情境下聆听声音，聆听大海的声音时，我们会自然地想到“海螺”。多少年后，我们依然会想起那些让人感到幸福的声音，所以 logo 的设计灵感来源于激起我们回忆的“海螺”，如图 7-16 所示。

logo 设计效果如图 7-17 所示。

图 7-16　logo 设计来源

图 7-17　logo 设计稿

(四)视觉界面设计展示

图 7-18　App 商场下载界面

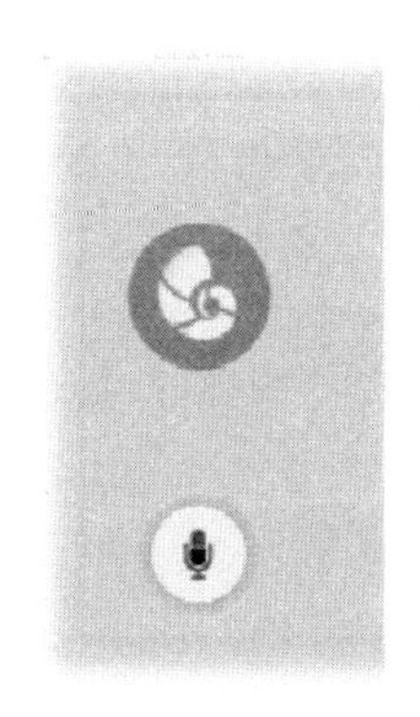

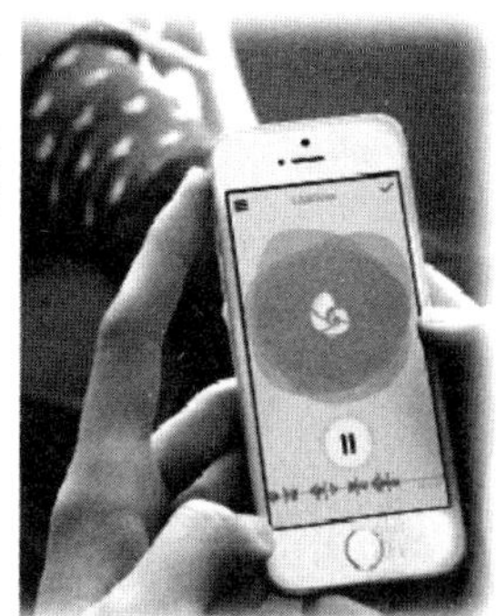

图 7-19　界面展示一

图 7-20　界面展示二

封面选择界面

再加上一个应景的封面
或选择制式
或风景实拍

专辑一样的语音

那时的照片
那时的景色
那时的心情
让每一段语音都是一个故事

图 7-21　界面展示三

语音转文字

将录制的语音自动转成文字
就像播放一首歌

图 7-22　界面展示四

背景适配

没有离别的风景

图 7-23　背景适配界面

(五)产品功能介绍

(1)快速录音,记录稍纵即逝的灵感。在主界面点击录音,便开始了一次记录。用户可以根据下方的进度条了解录音时长,点击“完成”,结束录音。

(2)结束录音后,选择心情标签,声音会被按标签进行分类,搜索时选择不同的标签即可找到对应的记录。这样可以方便以后查找,再也不怕找不到当初的回忆了。

(3)根据标签,自动匹配相应的图片与音乐生成专辑。用户也可以自己上传图片或音乐,DIY 属于自己的独一无二的专辑,让记录好听,更好看。

(4)播放时为方便识别及转载,系统会同时将语音转化为文字展示,像歌词一样。

(5)依照心情标签,绘制出心情波动图,点击曲线图上的节点,可以浏览所对应的记录,让用户更直观地回顾自己的心情状态。

(6)所有语音都可以在云端存储,永久保存。

第二节　项目二:放下

一、项目来源

人们低头看手机的情形在生活中随处可见,不论什么年龄段的人,几乎都是眼睛不离手机、时刻关注手机,所以出现了一个比较流行的网络词语——“低头族”,如图 7-24 所示。手机在帮助我们的同时也影响着我们正常的生活,我们设计产品的灵感便源于这一点。

这是一款为了帮助那些因为过度使用手机而影响到正常生活和工作的年轻人回归健康生活的 App,该款 App 的设计理念是“当你紧握双手,里面什么也没有;当你放开双手,最重要的一直在你身边”。经过用户调研,我们将核心功能设定为在生活和工作的某些重要时间段,屏蔽一些软件提醒,达到专心做手头上事情的目的。同时,对于需要为生活做规划的年轻人,为他们提供规划生活的入口,帮助他们更好地享受、拥抱现实生活。

图 7-24　“低头族”的手机生活

我们知道,在现今智能终端占领

生活的情况下，想让人一下子彻底地摆脱对手机的依赖是不现实的，所以我们希望通过该App帮助人们逐渐形成有规律地使用手机的习惯，渐渐地从不健康的对手机的依赖中回归正常的生活。

二、工作流程

工作流程如图7-25所示。

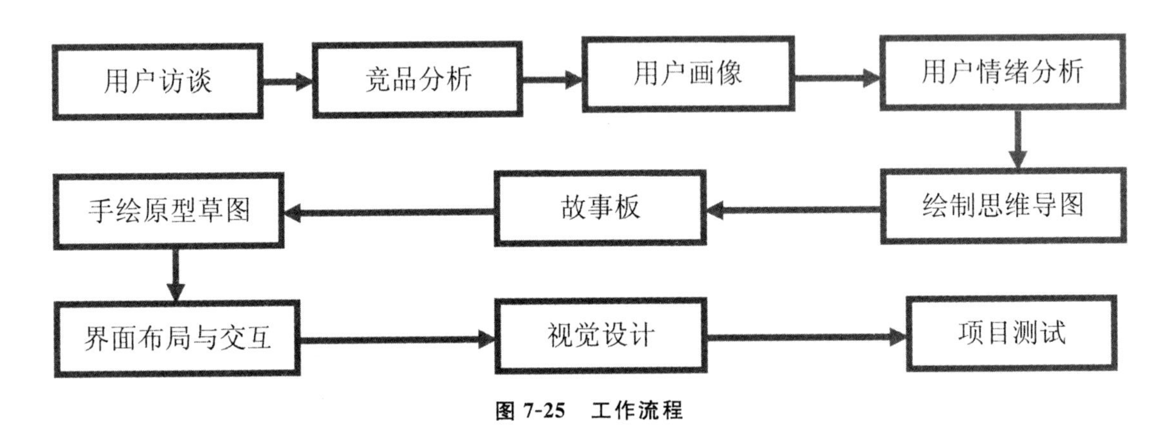

图 7-25 工作流程

三、前期准备阶段

（一）用户访谈

访谈对象：因对手机过度依赖而影响工作和生活的年轻人，选择4男2女，其中2人为上班族，4人为学生。

访谈内容：共10个问题，主要涉及生活中手机的正负面影响，了解用户的"痛点"。

用户访谈结论如下：

（1）所有人使用最多的都是社交类App。

（2）所有人或多或少都有刷微博、刷朋友圈、消除红点的习惯。

（3）多数人需要对自己的日程进行合理的规划。

（4）如果有一款App可以帮助他们合理安排使用手机的时间，他们愿意去尝试。

（二）竞品分析

目前产品的现状：权限需要太多，没有安全感；动效太美，太引人注意；步骤太烦琐等。

(三)用户画像

用户画像的作用略，详见项目一。因此，我们将用户目标分为三类，即本能目标、行为目标和反思目标。用户画像如图 7-26 所示。

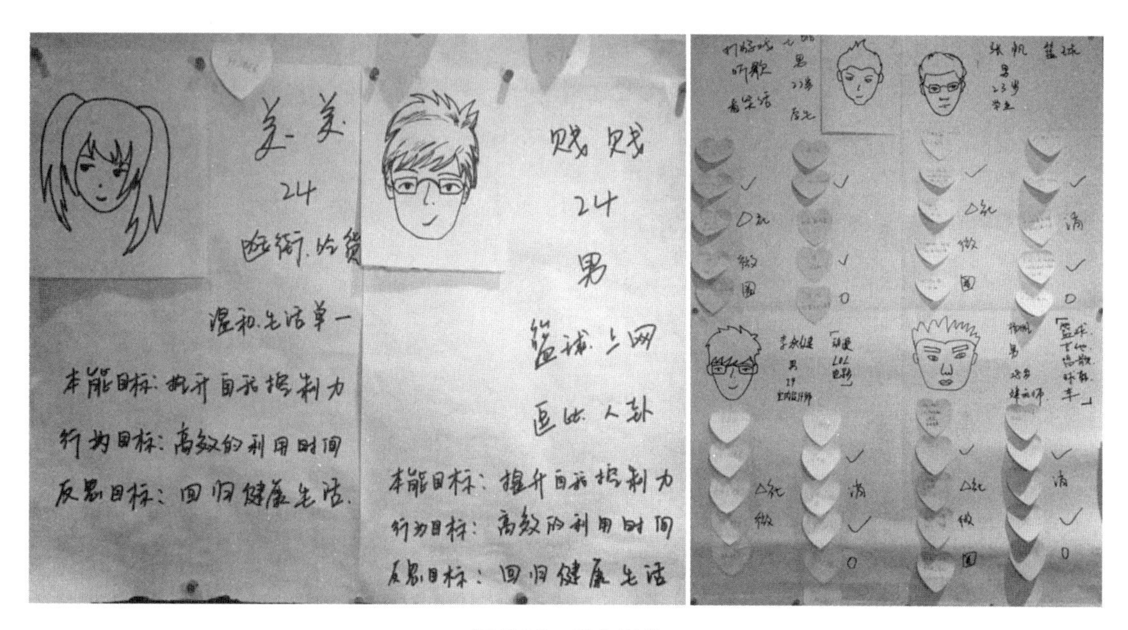

图 7-26　用户画像

(四)用户情绪分析

为了更清晰地表示用户情绪的变化，我们对手机用户进行了用户体验调查，具体情绪波动如图 7-27 所示。

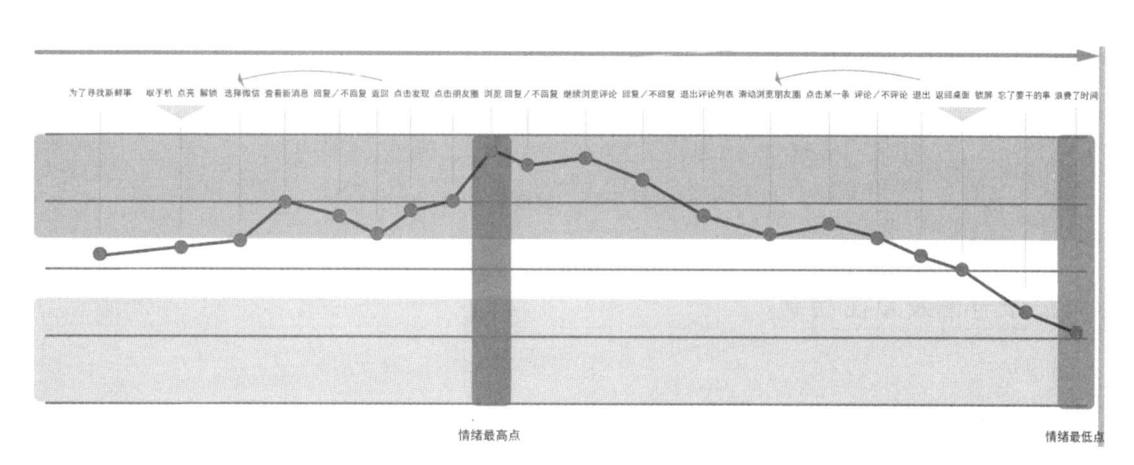

图 7-27　用户情绪波动示意图

从图7-27中可以看出用户的情绪低落点和兴奋点。尤其是情绪低落点，即“浪费了更多的时间”是非常重要的信息，这也是用户的需求“痛点”，解决了这个主要“痛点”，我们就能拥有更多的潜在用户。

（五）故事板

故事板如图7-28所示。

图7-28　故事板

四、思维导图及草图绘制

（一）头脑风暴发散思维

（1）引导用户在某一时间段内主动关闭手机。

(2)主动开关。

(3)解锁手机 10s 内无提醒。

(4)设置免打扰时间段。

(5)设置虚拟人格来提醒。

(6)伪低电量提醒,伪低电流提醒。

(7)界面打乱,完成计划后变得整齐。

(8)一段时间后自动发朋友圈。

(9)讨厌手机。

(10)尖叫鸡吃掉所有图标,完成一个任务吐一个。

(二)思维导图

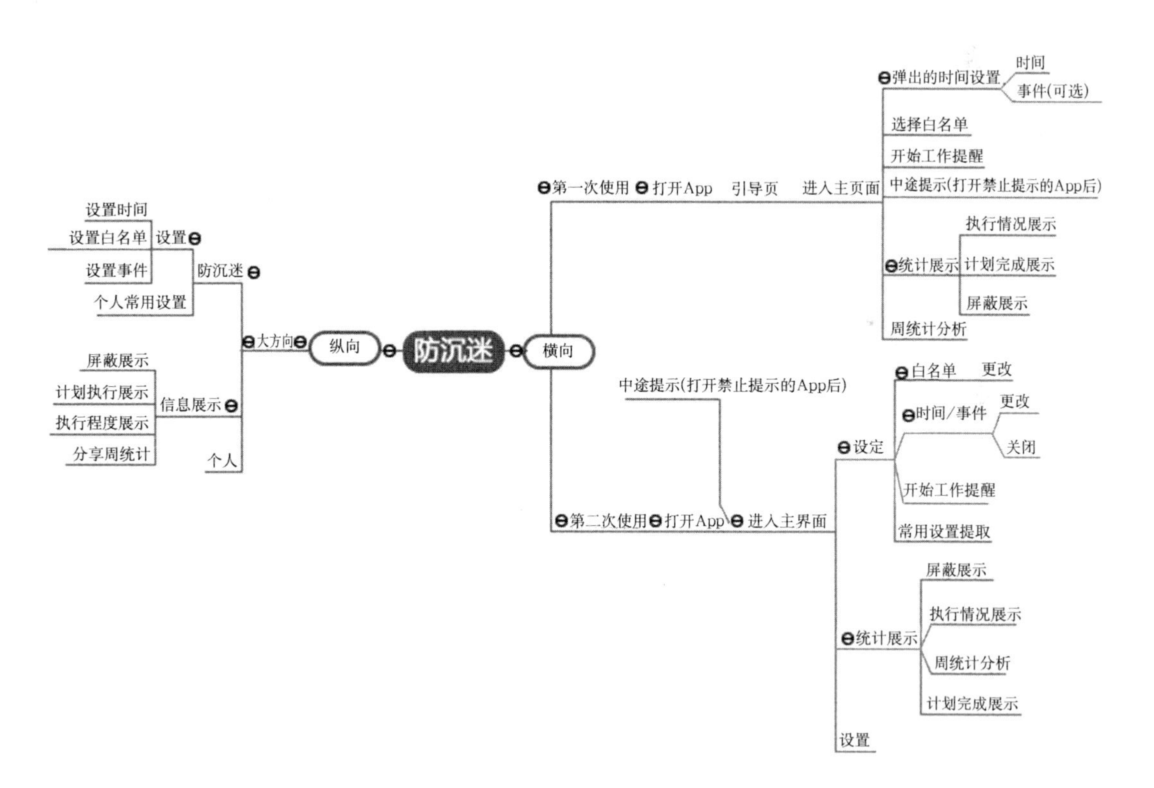

图 7-29　“防沉迷”模块导图

（三）手绘原型

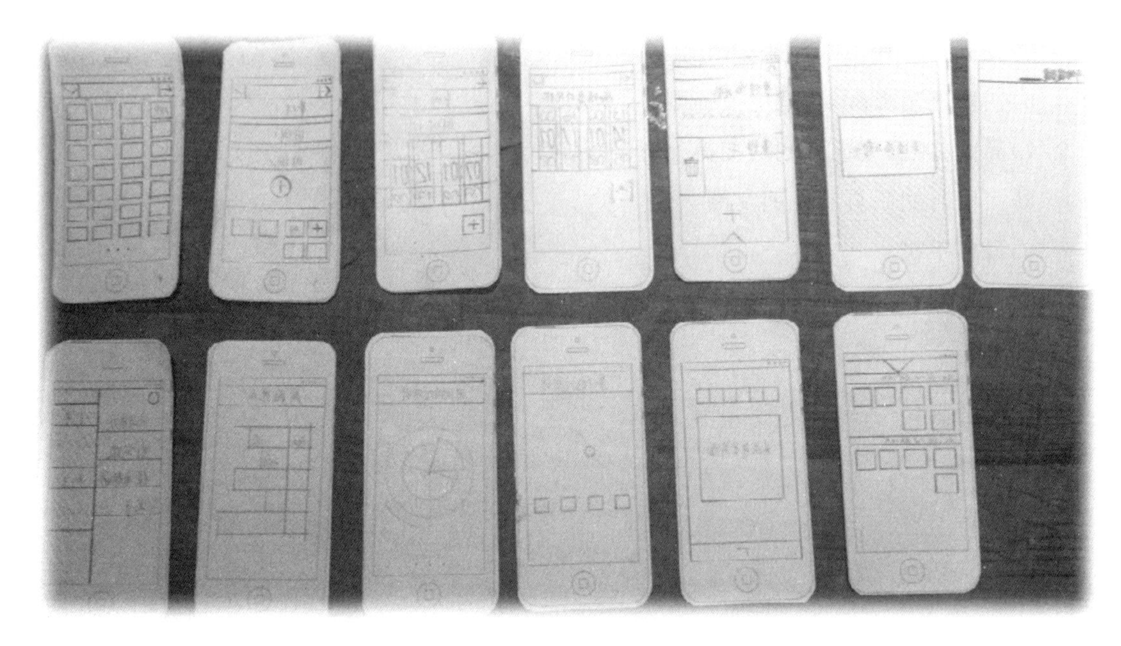

图 7-30　手绘原型

五、项目的中保真原型制作

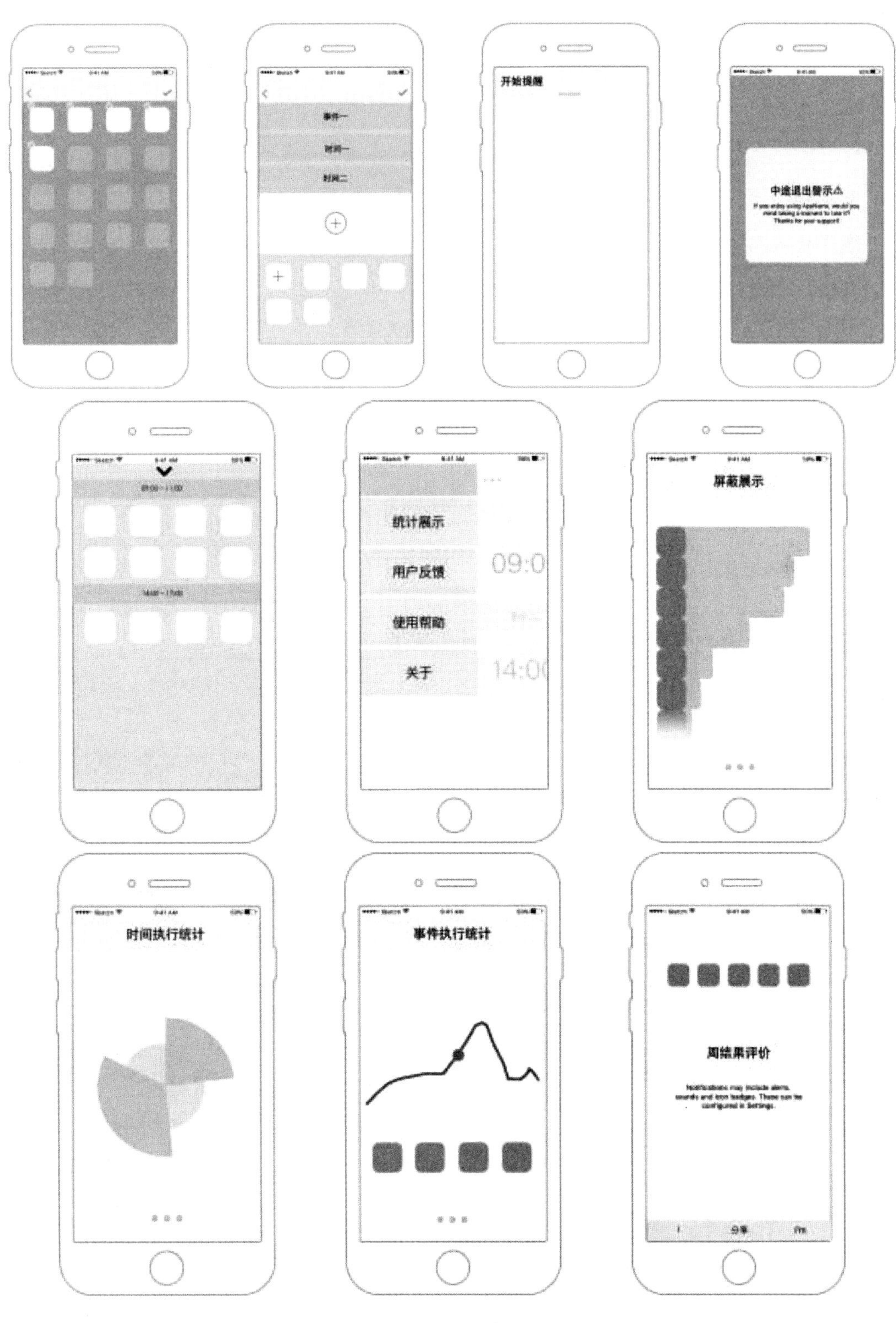
事件一
时间一
时间二
开始提醒
中途退出警示⚠
统计展示
用户反馈
使用帮助
关于
09:0
14:0
屏蔽展示
时间执行统计
事件执行统计
周结果评价
分享

图 7-31 中保真原型

六、项目的高保真原型设计

(一)产品色彩定位

色彩的作用略，详见项目一。

该产品从三个方面进行色彩分析，即视觉映射、心境映射和物化映射，反映了简单、健康、专注和轻松的设计情感，具体如表7-2所示。

表7-2 “放开”的关键词

	简单	健康	专注	轻松
视觉映射	纯洁、单一、整齐	活力橙、天气蓝、阳光	安静、统一、极致、单一	蓝天、白云、清晨的阳光
心境映射	易懂、明了	朝气、青春、梦想、和谐、生命	坚持、聚焦、认真	友好、无负担感
物化映射	无印良品 一张白纸 内容、形式、流程	交谈、户外、树木	聚光灯、工匠、微雕、显微镜、起跑、射击	床、沙发、秋千、大海、阳光、沙滩

以上对设计色彩的具象如图7-32所示。

图7-32 情绪版

(二)色彩提取

色彩的提取来源于生活,但高于生活。对于产品的色彩,将从我们生活的场景中进行提取。

温暖的阳光，沙滩　　　　广阔的天空，海洋

图 7-33　色彩提取

(三)logo 设计来源

图 7-34　logo 原型

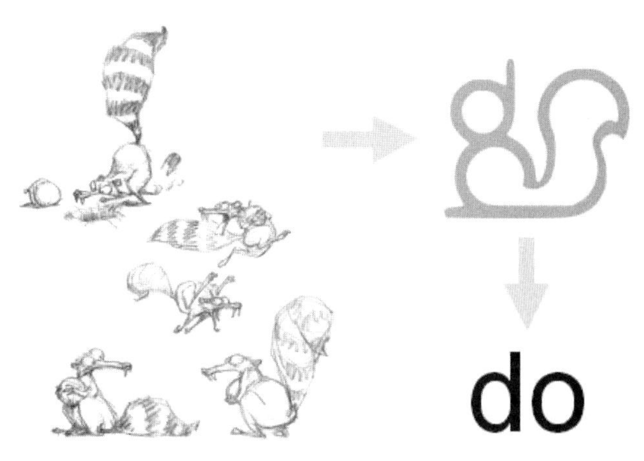

图 7-35　logo 设计来源

logo 设计效果如图 7-36 所示。

图 7-36　logo 设计稿

(四)视觉界面设计展示

图 7-37　App 商场下载界面

图 7-38　界面展示一

图 7-39 界面展示二

图 7-40 界面展示三

图 7-41 界面展示四

(五)产品功能介绍

(1)编辑:编辑屏蔽/提醒时间段、编辑规划事件、编辑白名单。

(2)提醒:开始提醒、中途退出提醒。

(3)统计:时间统计、事件统计、屏蔽应用统计、统计每天应用被屏蔽的次数。

(4)白名单预览:预览已经编辑好的具体时间段内的白名单。

(5)用户反馈:接受用户给我们的反馈意见。

(6)用户帮助:用户操作时的具体方法介绍。

第三节　项目三:减约

一、项目来源

减肥已经成为一个常被人挂在嘴边的名词,尤其是爱美的女性,更注重外在形体美,但减肥是一个痛苦的过程,一般人很难坚持到底,或者说减了一段时间又开始胖了。而"减约"就是一款让我们在体验快乐的同时完成减肥任务的App。减肥,也可以是好玩有趣的闯关游戏。

二、工作流程

工作流程如图7-42所示。

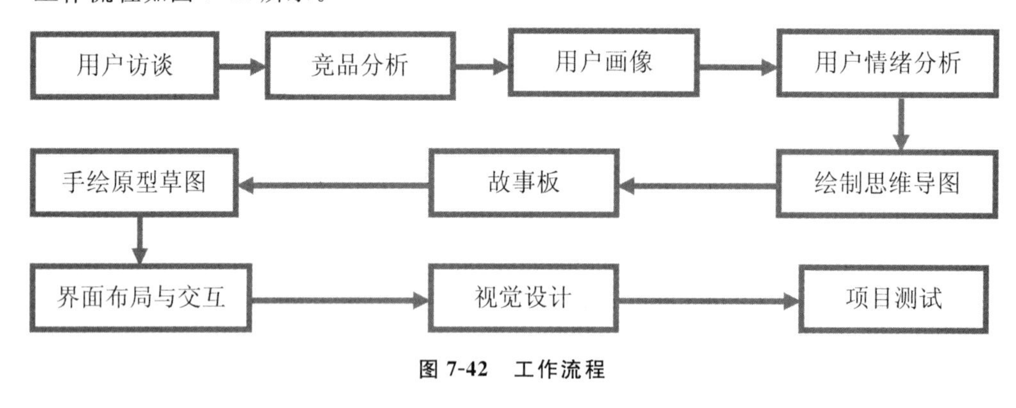

图7-42　工作流程

三、前期准备阶段

(一)用户访谈

访谈对象:年轻的在校大学生和白领上班族。

访谈内容：共 4 个问题，主要涉及生活中对减肥的认识，了解用户的“痛点”。

用户访谈结论如下：

(1)如果有人督促自己减肥、健康饮食，65.85％的人表示愿意。

(2)41.46％的人都曾经或正在减肥。

(3)9.76％的人长期运动。

(4)46.34％的人认为运动是最健康的减肥方式，19.02％的人认为健康生活、合理饮食和健康运动都非常重要。

(5)如果有一款 App 可以帮助他们快乐减肥，他们愿意去尝试。

用户调查过程记录如图 7-43、7-44 所示：

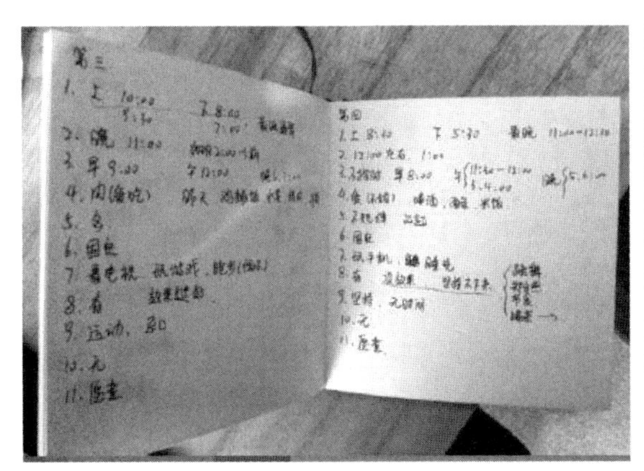

图 7-43　用户调查过程展示(1)

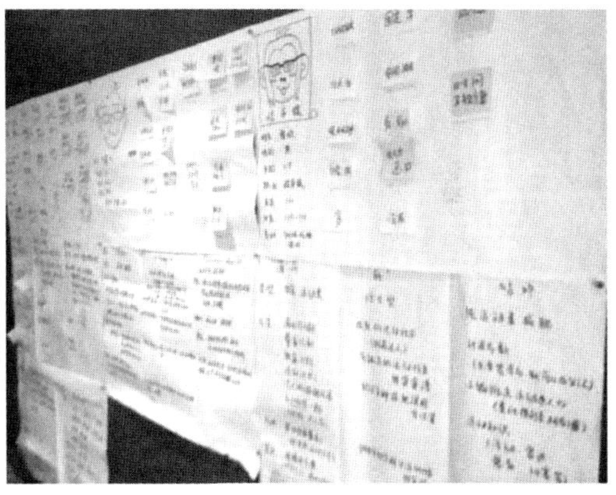

图 7-44　用户调查过程展示(2)

(二)竞品分析

目前产品的现状：虽然都有专业的视频讲解和训练计划，但是太过专业，用户难以坚持；现有 App 虽然发挥了运动和饮食相结合的优势，但界面风格太沉重，没有活力；一些减肥运动课程需要用户去购买，这些都为我们的产品提供了发展机遇和空间。

(三)用户画像

用户画像的作用略，详见项目一。我们将用户目标分为三类，即本能目标、行为目标和反思目标。用户画像如图 7-45 所示。

用户A:六神丸的老公
男
程序员
26岁
体型圆润
爱打游戏.爱看剧
在家中搞黑科技
生活不规律

特点: 懒.喜欢有意思的事物
难以长期坚持无聊的运动

用户B:贾湘铃的同学
女
上班族
23岁
体型微胖
爱做小运动
爱电视
玩手机

特点: 喜欢轻松的运动
时间不够充裕

图 7-45　用户画像

(四)用户情绪分析

为了更清晰地表示用户情绪的变化,我们对手机用户进行了用户体验调查,具体情绪波动如图 7-46 所示。

从图 7-46 中可以看出用户的情绪低落点和兴奋点。尤其是情绪低落点,即“被别人嘲笑胖了”、常规的“跑步节食”的减肥方式和“减肥后反弹”是非常重要的信息,也是用户的需

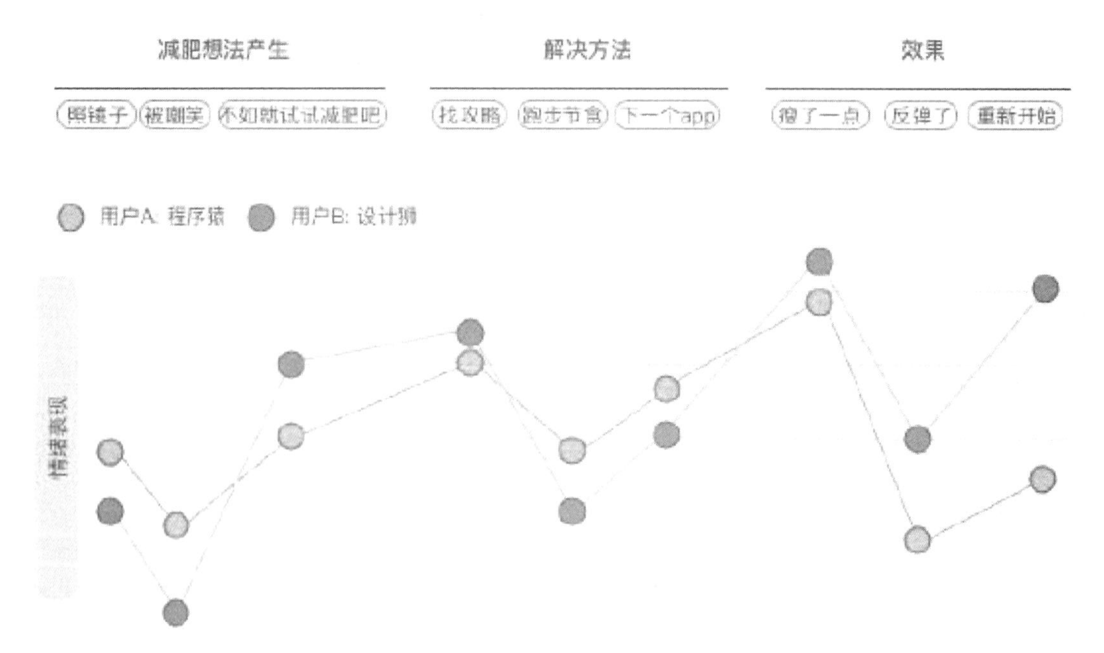

图 7-46　用户角色情感分析示意图

求“痛点”,解决了这些主要“痛点”,我们就能拥有更多的用户。我们总结出的用户的“痛点”是:运动时情绪低落的原因是目标太遥远,过程太枯燥,而且总是无人陪同。

(五)故事板

故事板如图 7-47 所示。

图 7-47　故事板

四、思维导图及草图绘制

图 7-48 是最初的模块导图,经过精心梳理后,如图 7-49 所示。

梳理过后的功能汇聚成四个:计划、小伙伴、达人堂和我的。

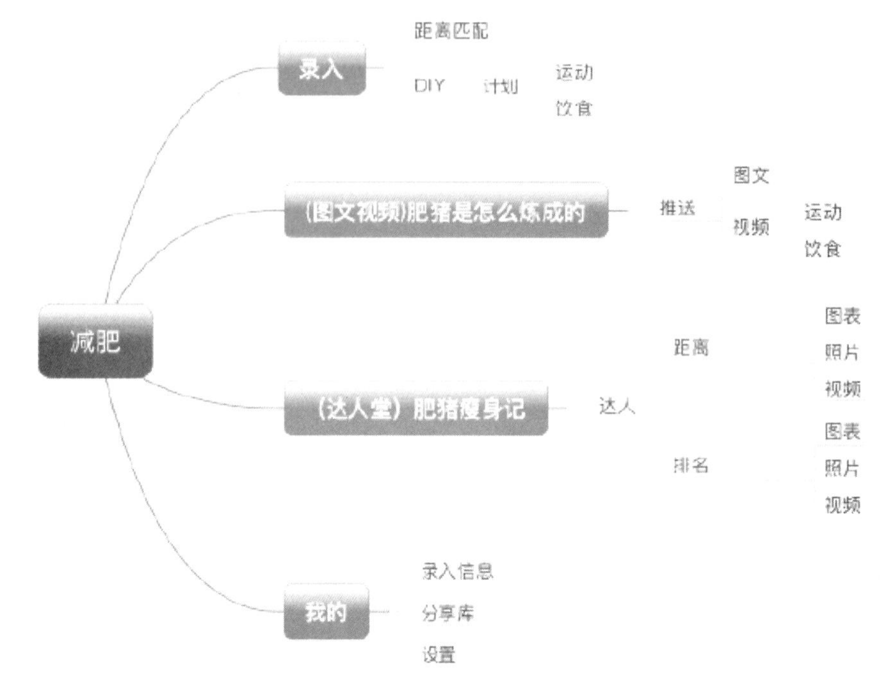

图 7-48　最初的模块导图

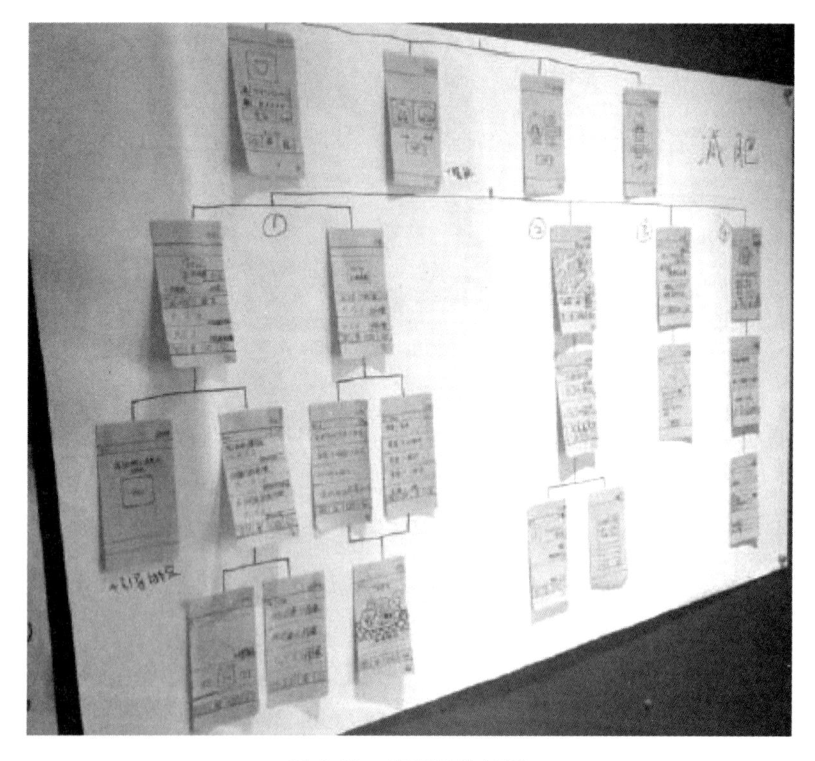

图 7-49　梳理后的导图

五、项目的中保真原型制作

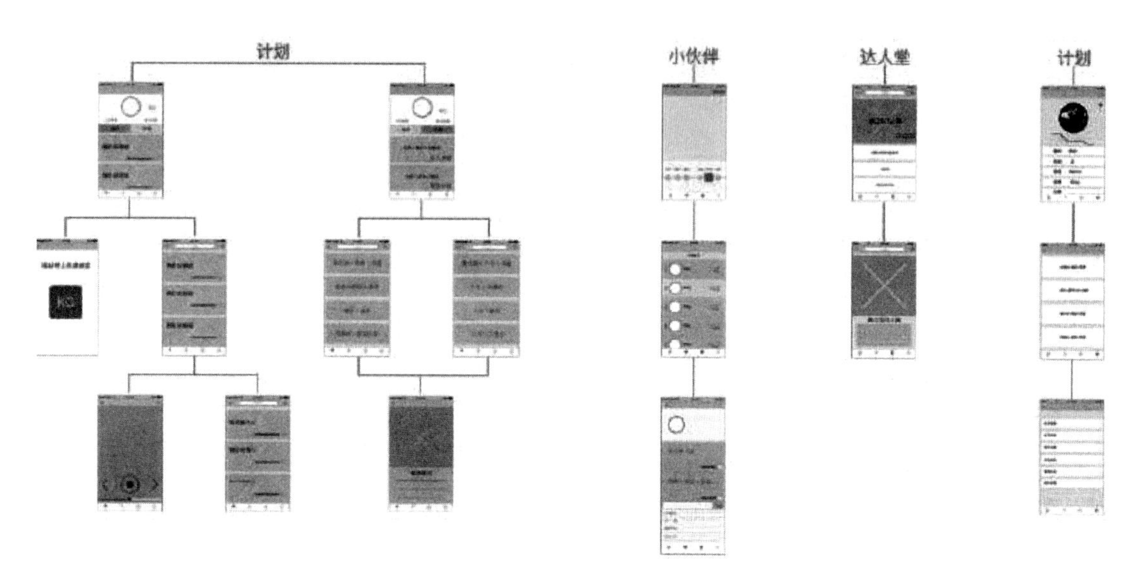

图 7-50　中保真原型

六、项目的高保真原型设计

(一)产品色彩定位

色彩的作用略,详见项目一。

该产品对色彩表达的情感定位是活力、运动、健康、简约、轻松和富有生命力。

(二)色彩提取

对于产品的色彩,将从我们生活的场景中进行提取,如图 7-51 和图 7-52 所示。

(三)视觉界面设计展示

视觉界面设计的特色如图 7-53 所示。

在视觉设计上,我们这款产品经历了两个版本,第一版如图 7-54 所示。

图 7-51　来自生活中的色彩

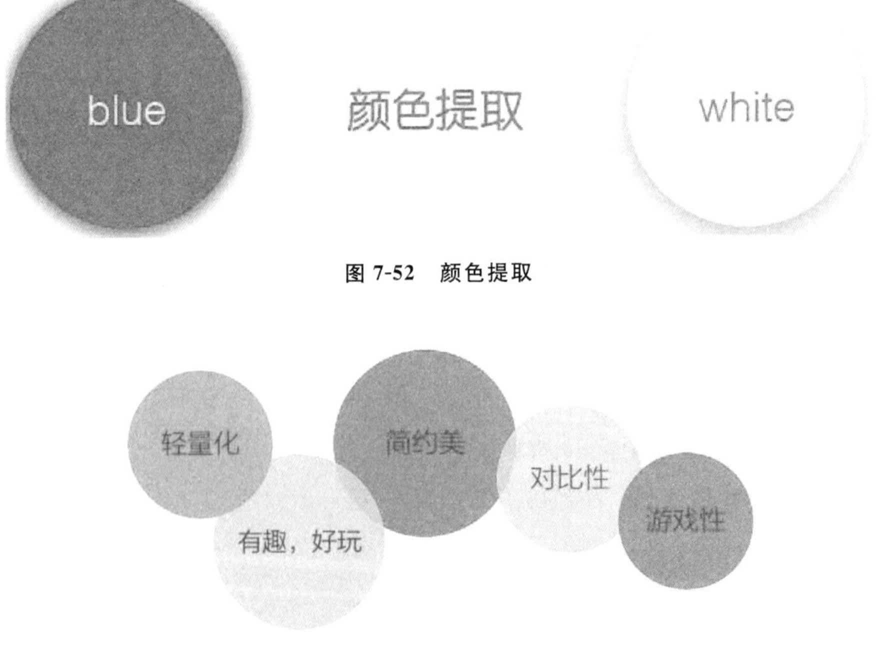

图 7-52　颜色提取

图 7-53　视觉设计特色

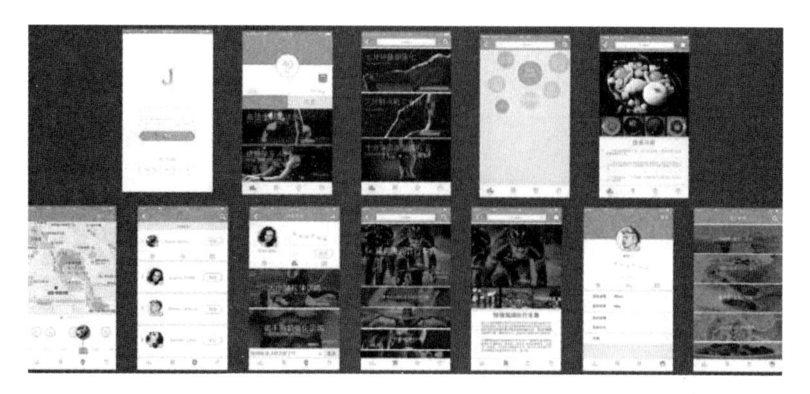

图 7-54　视觉稿改版前

改版后的视觉效果如图 7-55 至图 7-60 所示。

图 7-55　整体效果示意图

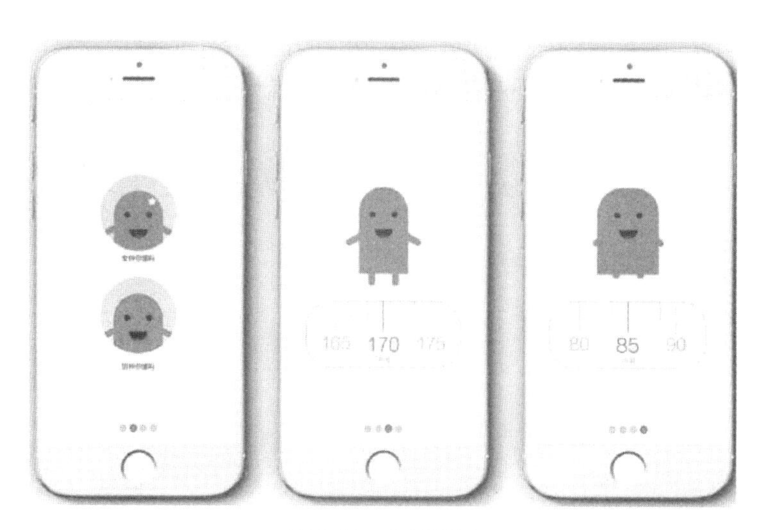

图 7-56　闪屏页面

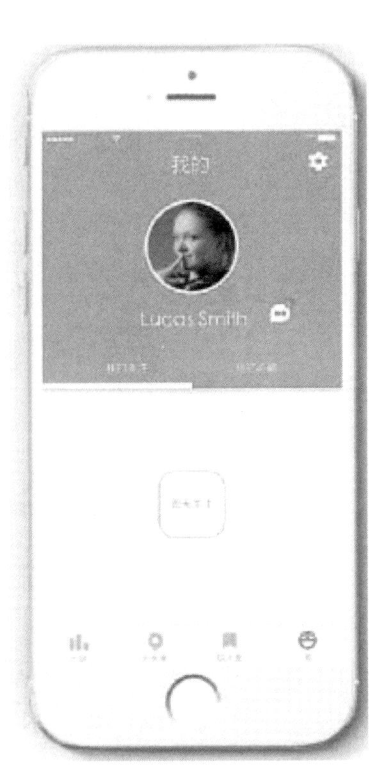

图 7-57　登录页和“我的”页面

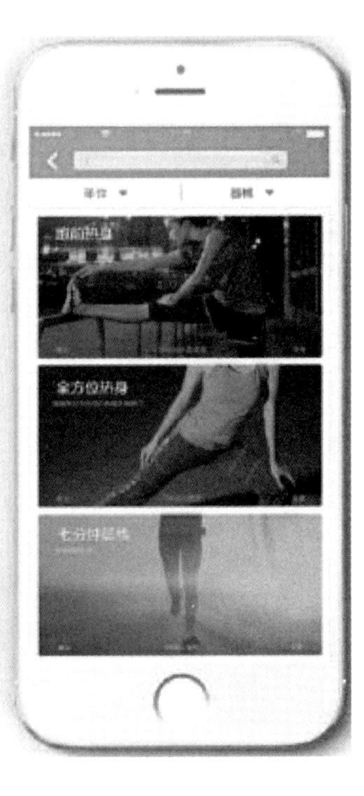

图 7-58　“计划训练”页面

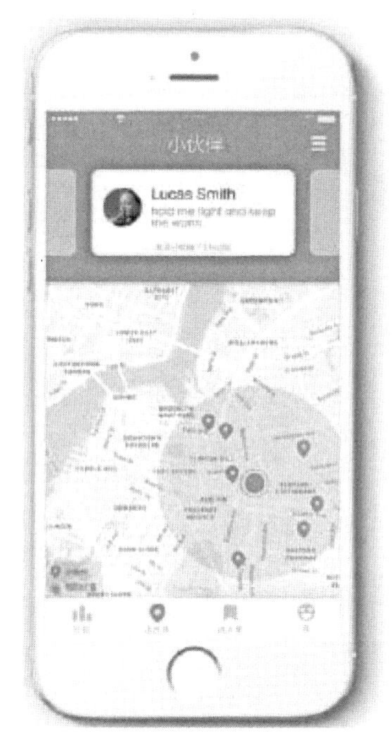

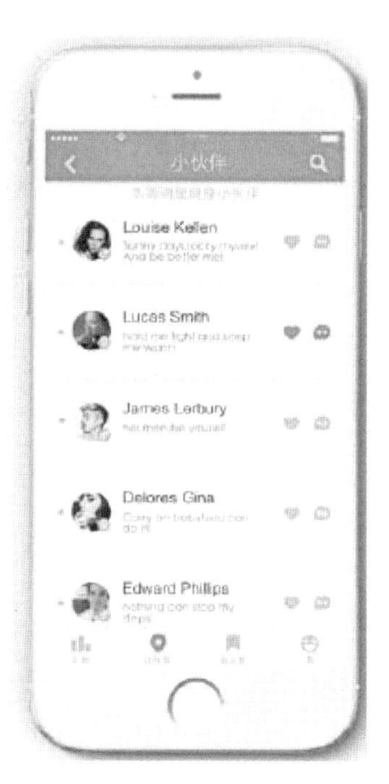

图 7-59　“小伙伴”页面

图 7-60　“达人堂”页面

附　录

附录一:常用用户体验素材网站

1. Usability.gov (http://www.usability.gov)

该网站由美国卫生与公众服务部提供可用性和用户中心设计的资源,在该网站可以学习可用性基础和可用性方法,里面包含了很多与用户体验相关的资料,包括博客资料。

2. UXmatters (http://www.uxmatters.com)

UXmatters是一个非营利性网络杂志。该杂志主要分享有效的用户体验技术,为专业人士提供用户界面资源,议题包括可用性、以用户为中心的设计、Web2.0应用等。还有一些文章讨论富网络应用对用户的帮助和搜索表单的可用性设计。

3. UXMagazine (http://www.uxmag.com)

主要讨论关于用户体验的话题,诸如层样式设计、程序员的设计技巧等,文章短小精悍,善于用通俗的案例来讲解理论知识。

4. Smashing Magazine (http://uxdesign.smashingmagazine.com)

该网站的精选文章很综合,包括Design、Coding、Mobile、Word Press等,虽然篇幅较长,但文章质量较高且体系完整,比较适合用户体验从业人员持续关注此网站。

5. UXbooth(http://www.uxbooth.com)

非常专业的用户体验网站,专注于用户体验设计的相关方面,文章整体偏向理论探讨,偏向学术派,文章质量很高。

6. Useit.com(http://www.useit.com)

该网站是可用性专家JakobNielsen建立的,网站的Alertbox部分是一个讨论当前可用性问题的双周专栏。

7. Lukew 个人博客(http://www.lukew.com)

Lukew 是一位资深的用户体验专家,是多个公司的创始人,博客中的文章几乎都是干货,分享频率很高。

8. Design Modo(http://designmodo.com)

该博客偏向于介绍设计前沿和设计趋势,Inspiration 标签中的内容尤其新颖,Resources 标签中也有很多小工具的介绍,都是很实用的内容。

9. UserInterfaceEngineerng(http://www.uie.com)

UserInterfaceEngineerng 公司主要进行用户界面工程的研究、培训和咨询,会举办用户界面年会。公司网站的文献栏目下有大量用户界面设计方面的文章,包括 Web 应用中的可用性挑战等。

10. UsableWeb(http://www.usableweb.com)

UsableWeb 收集了用户界面设计方面的文章链接,我们总能在里面找到超越时间的一些文章和资源。

11. UsabilityPost(http://www.usabilitypost.com)

该博客是一个关于可用性设计的博客,文章中提到了很多设计和应用技巧,比如用页面空白改进用户界面、用 Photoshop 颜色配置文件设计 web 图像等。

12. InfoDesign(http://www.informationdesign.org)

InfoDesign 主要讨论信息设计方面的话题,也有一些关于网络无障碍性、可用性和用户体验方面的文章可供参考。

附录二:UI 交互设计相关资料汇总

1. http://www.zcool.com.cn 站酷网

站酷网是国内最具人气的设计师互动平台,现有 200 多万设计师、艺术家聚集在此,该平台致力于打造伴随设计创意群体学习、交流、就业、交易、创业各个成长环节的生态体系。每日上传原创作品 6 000 余张,目前是国内设计创意行业深受设计师喜爱的大型社区。

2. http://www.zcool.com.cn UI 中国

UI 中国,前身为 iconfans.com,是专业的界面设计师交流、学习、展示的平台,同时也是 UI 设计师人才流动的集散地,会员均为一线 UI 设计师,覆盖主流互联网公司。拥有海量的 UI 学习资料,所有内容都围绕 UI 展开,具有很强的专业性。

3. http://dribbble.com 追波网

Dribbble 是一个展示 UI 设计细节、UI 视觉灵感的分享社区,也是一个有趣的设计交流平台,在设计师圈子中已是无人不晓。网站上有全球顶级设计师的各种设计工作的截图,也有一些概念性设计,为了保证高质量的设计内容,采用的是会员邀请制。

4. http://hao.uisdc.com 设计师网址导航

该网站是优设网旗下的导航站,当我们找不到设计资源的时候,可以通过该站去寻找设计网站。

5. http://www.iconfont.cn 阿里巴巴矢量图标库

该网站提供了阿里旗下多款产品的矢量图标下载服务,具有很强的学习指导意义,还提供了图标字体生成的解决方案。

6. http://huaban.com 花瓣网

花瓣网是一家"类 Pinterest"网站,是一个基于兴趣的社交分享网站,网站为用户提供了一个简单的采集工具,帮助用户将自己喜欢的图片重新组织和收藏。既可以当图片搜索引擎使用,也可以当收藏夹使用,人们常用它来收集网上好看的图片。

7. http://www.serve.uisdc.com 优设网

该网站是一个优秀网页设计联盟,最初以网页设计居多,现在已经聚集了很多移动设计、网页设计和摄影等方面的优秀内容,同时还有大量优秀的原创文章,内容来源于自媒体以及各大互联网公司的设计总监、资深设计人员及设计爱好者,他们分享自己的专业技术、设计理念和对于某一实际问题的理解和总结。

8. http://www.zcool.com.cn/article/ZNTMwOTI=.html

该网站关注如何高效地输出 iOS 和 Android 标注和切图。

9. http://www.origintel.com/

Origintel 绘初设计，包含了很多的案例和技术文章。

10. http://www.zcool.com.cn/article/ZNTMyNTY=.html

iOS7 设计师笔记，也可以在主页欣赏更多的原创作品以供学习。

11. http://www.zcool.com.cn/article/ZNDgzMDg=.html

《移动客户端设计开发经验——流程篇》。

12. http://www.zcool.com.cn/article/ZNDg2ODQ=.html

《移动客户端设计开发经验——设计篇》。

13. http://www.zcool.com.cn/article/ZNDQzMDA=.html

《手机客户端 UI 设计规范模版》。

14. http://www.zcool.com.cn/article/ZMzgzNDA0.html

《App 图标设计规范（翻译理论）》。

15. http://www.zcool.com.cn/article/ZMzk2MTI=.html

《浅谈手机客户端列表设计技巧》。

16. http://www.zcool.com.cn/article/ZMzg1MDM2.html

《说说 App 引导页》。

17. http://www.zcool.com.cn/article/ZMzg0MjM2.html

《UI 设计观点全球 50 位顶级 UI 设计师访谈与项目解析》图书内容分享。

18. http://fanre.lofter.com/

为范儿奋斗网站，汇集了很多原创 App 设计资料，包括完整的视觉展示，有很多还是很值得借鉴的。

19. https://www.mockplus.cn/blog/post/27

《手机网站设计尺寸及界面布局》。

20. https://www.mockplus.cn/blog/post/291

《2016 年 UI 设计的新趋势》。

21. https://www.mockplus.cn/blog/post/292

《微软设计师：什么才是好的设计？》

22. http://uxc.360.cn/

360UXC。

23. http://cdc.tencent.com/

腾讯 CDC。

24. http://isux.tencent.com/

腾讯 UX。

25. UED 大全

http://www.baiduux.com/ 百度 UFO

http://ued.sohu.com/ 搜狐 UED

http://ued.taobao.com/ 淘宝 UED

http://www.ued163.com/ 网易 UED

http://www.uedblog.com/ YAHOO! CN UED

http://ued.ctrip.com/ 携程 UED

http://fed.renren.com/ 人人网 FED

http://cdc.tencent.com/ 腾讯 CDC

http://isd.tencent.com/ 腾讯 ISD

http://www.sndaued.com/ 盛大 UED

http://ued.koubei.com/ 雅虎口碑网 UED

http://ued.alipay.com/ 支付宝 UED

http://www.aliued.cn/ 阿里巴巴(中文站)UED

http://www.aliued.com/ 阿里巴巴(国际站)UED

http://www.alisoftued.com/ 阿里软件 UED

http://www.the9ued.com/ The9 UED

26. http://bbs.xxdemo.com/forum.php? mod=viewthread&tid=7816&extra

用户体验设计和精益设计的平衡之道。

27. www.usability.gov

国外交互设计、用户体验文档。

28. 百度文库

国内用户体验文档。

29. Axure 组建库(http://www.axure.com/support/download-widget-libraries)

Axure 官方组件库平台,根据需要选择下载组件库,可以让设计工作更便捷、高效,有助于制作出精美的高保真原型。

30. http://www.uiparade.com

设计控件素材网站。

31. http://www.iicns.com

全球知名的图标欣赏网站。

32. http://www.fontsquirrel.com

全球英文字体网站。

33. http://www.deviantart.com

全球知名的艺术网站。

附录三：UI设计师必读的八本专业书籍推荐

一位资深的UI设计师应该具备哪些理论基础？其实这并没有标准答案，最关键的是市场的需求，但作为设计师也应该在设计中不断提升自己的业务能力和理论水平。

1.诺曼．设计心理学3：情感化设计[M]．梅琼，译．北京：中信出版社，2012.

2.库伯，等．About Face 3 交互设计精髓[M]．刘松涛，等，译．北京：电子工业出版社，2008.

3.科尔伯恩．简约至上交互式设计四策略[M]．李松峰，秦绪文，译．北京：人民邮电出版社，2011.

4.Alan Cooper．交互设计之路[M]．丁全钢，译．北京：电子工业出版社，2006.

5.Jesse James Garrett．用户体验要素：以用户为中心的产品设计[M]．范晓燕，译．北京：机械工业出版社，2010.

6.克鲁格．点石成金：访客至上的网页设计秘籍[M]．北京：机械工业出版社，2013.

7.Robin Williams．写给大家看的设计书：第4版[M]．苏金国，刘亮，译．北京：人民邮电出版社，2009.

8.佐佐木刚士．版式设计原理[M]．北京：中国青年出版社，2007.

参考文献

[1] 中国社会科学院新闻与传播研究所.中国新媒体发展报告(2016)[M].北京:社会科学文献出版社,2016.

[2]诺曼 . 设计心理学 3:情感化设计[M]. 梅琼,译 . 北京:中信出版社,2012.

[3]库伯,等 . About Face 3 交互设计精髓[M]. 刘松涛,等,译 . 北京:电子工业出版社,2008.

[4]科尔伯恩 . 简约至上交互式设计四策略[M]. 李松峰,秦绪文,译 . 北京:人民邮电出版社,2011.

[5] COOPER A. 交互设计之路[M]. 丁全钢,译 . 北京:电子工业出版社,2006.

[6]GARRETT J J. 用户体验要素:以用户为中心的产品设计[M]. 范晓燕,译 . 北京:机械工业出版社,2010.

[7]塞勒 . 移动浪潮:移动智能如何改变世界[M]. 邹韬,译 . 北京:中信出版社,2013.

[8]BULEY L. 用户体验多面手[M]. 新浪微博用户研究与体验设计中心七印部落,译.武汉:华中科技大学出版社,2014.

[9]常丽 . 潮流 UI 设计必修课[M]. 北京:人民邮电出版社,2015.

[10]余振华 . 术与道:移动应用 UI 设计必修课[M]. 北京:人民邮电出版社,2016.

[11]罗仕鉴,朱上上 . 用户体验与产品创新设计[M]. 北京:机械工业出版社,2010.

[12] 腾讯公司用户研究与体验设计部 . 在你身边为你设计——腾讯的用户体验设计之道[M]. 北京:电子工业出版社,2013.

[13]克鲁格 . 点石成金:访客至上的网页设计秘籍[M]. 北京:机械工业出版社,2013.

[14]RATCLIFFE L,MCNEILL M. 当用户体验设计遇上敏捷[M]. 陈宗斌,译.北京:人民邮电出版社,2013.

[15] 赵大羽,关东升 . 品味移动设计[M]. 北京:人民邮电出版社,2013.

[16] 傅小贞,胡甲超,郑元拢 . 移动设计[M]. 北京:电子工业出版社,2013.

[17]布朗．IDEO，设计改变一切[M]．侯婷，译．沈阳：万卷出版公司，2011.

[18]WILLIAMS R. 写给大家看的设计书：第4版[M]．苏金国，刘亮，译．北京：人民邮电出版社，2009.

[19]魏因申克．设计师要懂心理学[M]．徐佳，马迪，余盈亿，译.北京：人民邮电出版社，2013.

[20]佐佐木刚士．版式设计原理[M]．北京：中国青年出版社，2007.

[21]原田玲仁．每天懂一点色彩心理学[M]．郭勇，译.西安：陕西师范大学出版社，2009.

[22]CAGAN M. 启示录：打造用户喜爱的产品[M]．七印部落，译.武汉：华中科技大学出版社，2011.

[23]超全面的移动端尺寸基础知识科普指南[EB/OL]．(2015-04-20)[2015-06-18]. http://www.uisdc.com/mobile－ui－measurement－guideline.

图书在版编目(CIP)数据

用户体验与 UI 交互设计 / 石云平，鲁晨，雷子昂编著.--北京：中国传媒大学出版社，2017.8(2021.1 重印)
数字媒体艺术专业“十二五”规划教材
ISBN 978-7-5657-1982-0

Ⅰ.①用… Ⅱ.①石… ②鲁… ③雷… Ⅲ.①人机界面—程序设计—高等学校—教材 Ⅳ.①TP311.1

中国版本图书馆 CIP 数据核字(2017)第 098985 号

用户体验与 UI 交互设计
YONGHU TIYAN YU UI JIAOHU SHEJI

编　　　著 石云平　鲁　晨　雷子昂
策　　　划 张　旭
责任编辑 赖红林　张　玥
特约编辑 陈　默
装帧设计指导 吴学夫　杨　蕾　郭开鹤　吴　颖
设计总监 杨　蕾
装帧设计 徐源、刘欣怡等平面设计创作团队
责任印制 李志鹏

出版发行 中国传媒大学出版社
社　　址 北京市朝阳区定福庄东街 1 号　**邮　　编** 100024
电　　话 010-65450532　65450528　**传　　真** 65779405
网　　址 http://cucp.cuc.edu.cn
经　　销 全国新华书店

印　　刷 北京中科印刷有限公司
开　　本 787mm×1092mm　1/16
印　　张 彩色 1　黑白 20
字　　数 441 千字
版　　次 2017 年 8 月第 1 版
印　　次 2021 年 1 月第 3 次印刷

书　　号 ISBN 978-7-5657-1982-0/TP·1982　**定　价** 59.00 元

致力专业核心教材建设　提升学科与学校影响力

中国传媒大学出版社陆续推出

我校 15 个专业“十二五”规划教材 162 种

播音与主持艺术专业（10种）

广播电视编导专业（电视编辑方向）（11 种）

广播电视编导专业（文艺编导方向）（10 种）

广播电视新闻专业（11 种）

广播电视工程专业（9 种）

广告学专业（12 种）

摄影专业（11 种）

录音艺术专业（12 种）

动画专业（10 种）

数字媒体艺术专业（12 种）

数字游戏设计专业（10 种）

网络与新媒体专业（13 种）

网络工程专业（11 种）

信息安全专业（10 种）

文化产业管理专业（10 种）

本书更多相关资源可从中国传媒大学出版社网站下载

网址：http://cucp. cuc. edu. cn

责任编辑：赖红林　张玥　特约编辑：陈默　　意见反馈及投稿邮箱：cucpoffice@cuc.edu.cn

联系电话：010-65783283